DISSERTATION

SUR

L'HEMINE DE VIN,

ET SUR

LA LIVRE DE PAIN

DE S. BENOIST,

& des autres anciens Religieux.

Où l'on fait voir que cette Hémine n'étoit que le Demi-fetier, & que cette Livre n'étoit que de douze onces. L'on reprefente l'efprit des Péres & des faints Fondateurs d'Ordres, touchant le jeûne & la tempérance. L'on éclaircit quelques points remarquables de l'antiquité : Et l'on recherche la jufte proportion des poids & des mefures des Anciens avec les nôtres.

SECONDE EDITION.
Revûë, corrigée & augmentée.

AVEC

La Réponfe aux nouvelles Difficultez qui avoient été faites fur ce fujet.

ET

Une Difquifition de l'année, du jour & de l'heure où eft mort le glorieux Patriarche S. BENOîT.

A PARIS,

Chez GUILLAUME DESPREZ, Imprimeur & Libraire ordinaire du Roy, ruë S. Jacques, à S. Profper & aux trois Vertus, audeffus des Mathurins.

M. DC. LXXXVIII.
Avec Approbations & Privilége du Roi.

AVIS AU LECTEUR.

'A u t e u r de cette Differtation s'eſt trouvé engagé à y travailler ſeulement par rencontre , & non de propos deliberé.
Un de ſes amis l'avoit prié de luy fournir quelques memoires pour juſtifier une
traduction , où l'on trouvoit à redire
qu'il euſt expliqué le mot d'*Hémine* par
celuy de *Demi-ſetier.* Il ſe crut obligé
de s'acquiter de ce devoir , & c'eſt ce
qui fait que cette Diſſertation eſt écrite
en forme de lettre , parce que c'eſt ainſi
qu'elle fut envoyée. Mais comme il ſçavoit d'ailleurs que cette explication de
l'Hémine avoit encore eſté repriſe dans
d'autres ouvrages , il fut bien aiſe d'examiner plus à fonds cette matiere , qui
n'avoit jamais eſté traitée , & il y décou-
vrit diverſes choſes remarquables, deſ-
quelles la perſonne qui les receut , penſa
qu'il ne ſeroit pas inutile de faire part
au public.

ã ij

L'Auteur de son côté, ayant sçeu le dessein de son ami, ne voulut pas laisser paroître une piece qui n'avoit été faite que pour luy, sans l'appuyer encore davantage, sur tout s'étant trouvé des personnes qui y avoient formé quelques difficultez. Il fut bien aise de la revoir; & pour la fortifier, il l'augmenta en plusieurs endroits, il y ajoûta ce qui pouvoit servir de réponse aux difficultez proposées, il en prévint d'autres qu'on auroit aussi pû faire, & il joignit quelques notes en divers lieux, qui font voir plus nettement sa pensée, ou qui éclaircissent le Lecteur de certaines particularitez, qu'on est toûjours bien aise de remarquer dans ces sortes d'Ecrits.

Quoique la question qu'il traite puisse peut-être sembler d'abord un peu seche, à ceux qui ont naturellement peine à goûter tout ce qui dépend de plus d'un principe pour être examiné: on espére néanmoins que l'on trouvera dans la suite, que cet ouvrage est tellement mêlé, qu'il y a peu de personnes qui n'en puissent tirer de l'utilité, & même de l'édification. La Critique y est observée pour les choses que l'on examine ; mais la morale y eſt en même tems établie dans les maximes des Peres, & dans les exemples des Saints qu'on repreſente. La Régle de S. Benoît y eſt expliquée en divers chefs : les expériences y ſervent de preuve avec l'autorité : pluſieurs particularitez de l'hiſtoire y ſont rapportées, & l'antiquité s'y trouve éclaircie en divers points remarquables.

L'Auteur prouve donc dés l'entrée, que l'on ne peut juſtement trouver à redire, qu'on ait pris l'*Hémine pour le Demi-ſetier*, puiſque c'eſt ainſi qu'elle a toûjours été priſe par les auteurs, tant anciens que modernes. Et afin qu'on ne s'imagine pas que ce ne ſoit qu'une queſtion de nom, il démontre le rapport qu'a l'Hémine de S. Benoît avec nôtre petit Demi-ſetier de Paris, & fait voir la proportion des poids & des meſures anciennes avec les nôtres.

Il répond enſuite aux difficultez qu'on avoit voulu former contre une vérité ſi conſtante & ſi ſolidement établie. Il montre que ce qu'on allégue des anciens, *que l'Hémine avoit une livre*, ne s'entend pas comme on le prend d'ordinaire : &

qu'étant bien pris, il prouve encore cette même verité, au lieu de la combattre.

Il explique comment on doit entendre S. Isidore, & quelques autres auteurs, qui n'ont donné à l'Hémine que sept onces & demie. Il rapporte differentes opinions modernes touchant la capacité de l'Hémine ; d'où il infere, qu'on auroit tort de se plaindre de celle qu'il luy donne, puisque des gens habiles luy en donnent encore moins que luy. Et il fait encore voir la maniere d'accorder Galien avec Villalpandus, & les anciens qui n'ont donné que douze onces de mesure à l'Hémine, avec les autres qui luy en donnent dix-huit, & qui confirment leur opinion par les experiences faites sur le conge du Palais Farnese, dont il rapporte des particularitez remarquables.

Il examine aussi quelle devoit être la mesure de ce que pouvoient prendre avant le repas les Servans & le Lecteur selon la Régle de S. Benoist : si cela alloit par dessus leur portion, ou non ; & ce que signifie *biberes* ou *mixtum* dans cette Régle, montre la difference qu'il

y avoit entre le Lecteur & les Servans,
pourquoy saint Benoist use du mot de
Communion plûtôt en parlant de luy
que des autres, & ce que signifie là ce
mot. Il traite de l'ancienne coûtume des
Religieux de boire aprés None & aprés
Vespres, & marque quelle est son origine, & pourquoy saint Benoist n'en a
point parlé dans sa Régle.

Il prouve de plus que la livre de saint
Benoist ne pouvoit être que de douze
onces ; que celles du Mont-Cassin, de
saint Maur des-Fossez, de saint Medard
de Soissons, & semblables, sont fabu-
leuses : & il découvre de quelle maniere elles ont pû être introduites.

Mais il ne s'arrête pas seulement à discuter ce qui regarde précisément ces
matiéres : il a encore inseré par tout dans
cét Ecrit diverses recherches trés-uti-
les. Il dit, par exemple, que le poids du
Sanctuaire n'étoit pas different en espece du poids public, mais qu'il étoit seulement plus juste & plus exact. Et il remarque pourquoy le mot de *pondo* est si
souvent joint à celuy de *libra* en latin.

Il explique un chapitre de l'Assemblée d'Aix-la-Chapelle, & un Canon

du Concile de Nantes, qu'il semble que
personne n'ait entendus en ces derniers
temps. Il fait voir que plusieurs Auteurs
habiles se sont aussi trompez dans l'intel-
ligence de quelques Canons, & de quelques Capitulaires, & il fait voir comment on doit entendre le Canon So-
LENT rapporté par Gratien & par les
autres Canonistes : Il marque en divers
endroits quel est le tems où l'on devroit
dire les heures Canoniales de l'Eglise, &
il rapporte en d'autres des maximes con-
siderables pour l'éducation des Enfans.

Il represente aussi en une petite table la proportion que les liqueurs les
plus communes ont entre-elles. Il en
ajoûte une autre des parties proportio-
nelles de l'*As* ou de la *Livre* ancienne
avec leurs noms, qui est trés-necessaire
pour entendre beaucoup de façons de
parler difficiles qui en dépendent. Il donne l'étymologie de plusieurs mots, comme de celuy de sou, de livre de compte,
de collation & d'autres.

Il montre de quelle maniére ces collations se font introduites dans les jours
de jeune ; comment on y a changé les

heures du service & du repas , par quels degrez on est tombé dans le relâchement que nous y voyons aujourd'huy, & ce qui y a donné commencement.

En recherchant comment l'Hémine a pû passer pour une grande mesure dans les maisons religieuses , il marque précisément le temps & la naissance succesfive de plusieurs reformes de l'Ordre de saint Benoît en France & en Italie ; dans lesquelles il y a eu quelques Religieux d'ailleurs considérables, qui ayant parlé de cette mesure, ont fait des fautes surprenantes, parce qu'ils se sont suivis les uns les autres , sans rien examiner.

Et parce que la réduction de l'Hémine à un Demi-setier , pourroit sembler étrange à quelques-uns, voyant sur tout qu'elle devoit servir pour le dîner & pour le souper : il fait voir que la petitesse de cette mesure ne nous doit pas surprendre , puisque ce peu de vin n'étoit accordé que par condescendance, pour corriger la crudité de l'eau, & qu'il y a eu même des Régles anciennes qui n'ont donné que la moitié d'une Hémine de vin par jour à chaque Religieux.

Il represente ensuite quel a été l'esprit de tous les Saints, & particuliérement des Fondateurs d'Ordres touchant la fobrieté & la temperance ; faifant voir que la plûpart, ou retranchoient le vin, ou ne l'accordoient que comme une efpece de foulagement pour les infirmes. Il remonte même plus haut : il marque que les premiers & les plus excellens Religieux & Solitaires de l'antiquité ne fçavoient ce que c'étoit que de boire du vin, & que l'on s'en abftenoit autrefois auffi religieufement que de la viande.

Il rapporte quelle eftoit la vie merveilleufe des Therapeutes de Philon, & quel a efté le fentiment des Peres fur leur fujet ; il examine fi on les doit confondre avec les Effeniens, & fi on les doit prendre pour Chrétiens ou non, reprefentant en abregé tout ce qui fe peut dire de plus confiderable fur ce fujet.

Il examine auffi quel égard on doit avoir aux raifons de ceux qui difent que ces Régles qui donnent fi peu de vin, ont été faites pour des climats où il étoit plus fort qu'en celuy-cy : d'où ils inferent qu'on en doit augmenter la mefure aux autres païs.

Il confidére de même ce que d'autres alleguent ; qu'on a befoin de beaucoup de vin pour foûtenir les travaux de la vie religieufe & penitente ; & que les corps ne font pas fi forts qu'ils étoient autrefois.

Il fait voir par une induction tirée des actions de beaucoup de Saints, de particuliers, & de Communautez de ces derniers temps, qu'il n'eft pas neceffaire de chercher dans les fiecles paffez, des exemples de chofes plus difficiles, qu'il ne l'eft de fe contenter d'un demi-fetier de vin par jour. Et parce que ceux qui ne trouvoient plus rien à dire fur le refte, s'étoient particulierement retranchez en cecy ; il rapporte diverfes hiftoires merveilleufes des aufteritez furprenantes de plufieurs reformes de ces derniers temps. Il donne auffi un abregé de la vie de la B. CATHERINE DE CARDONNE, ayant crû qu'il étoit à propos de faire connoître cette Sainte, & que rien n'étoit plus propre pour montrer les merveilles de Dieu, & pour confondre ceux qni alleguent que nous ne fommes plus au temps des grandes penitences.

Pour passer plus loin, il montre que tous les Orientaux jeûnent encore aujourd'huy aussi austerement qu'ils faisoient autrefois. Il montre ensuite ce que l'on peut faire dans ce païs cy, aussi bien que dans ceux-là, sans même interesser sa santé. Il marque en peu de mots, ce qu'ont écrit touchant l'abstinence, non seulement Cornaro en Italie, mais aussi le Jésuite Lessius en Flandre : ce que pratiquent encore plusieurs personnes qui vivent dans Paris & ailleurs ; & combien la sobrieté est avantageuse pour la santé du corps aussi bien que pour celle de l'ame.

Ainsi on trouvera presque renfermé dans cét Ouvrage, tout ce qui peut nous fournir comme un petit *Thresor de temperance* ; soit pour nous faire voir en quoy elle consiste ; soit pour nous enseigner la vigilance avec laquelle on la doit pratiquer jusques dans les moindres choses; soit pour nous apprendre comment nous devrions faire les jeûnes, & particuliérement ceux du Carême, selon le véritable esprit de l'Eglise ; soit pour nous montrer jusqu'où nous pouvons aller, sans crainte d'interesser nôtre santé, ou

de blesser les régles de la discretion,
soit pour nous marquer les maximes &
les exemples qui nous peuvent animer,
à la pratique de cette vertu ; soit enfin
pour répondre aux difficultez que l'on
pouvoit opposer à des véritez si constantes.

Pour conclusion, l'Auteur déclare,
qu'il n'a prétendu traiter toutes ces choses qu'en général, & pour contenter celuy à qui il écrivoit, sans en vouloir faire aucune application qui pût blesser personne. Mais comme on ne peut nier que
ce ne soit une chose loüable, de rechercher la vérité, & que l'on ne soit obligé
de l'honorer quand on l'a trouvée : il finit cette Dissertation en representant,
qu'il est bien juste qu'on admire au moins
ce qu'on ne peut imiter, & que c'est le
premier degré pour obtenir ce qui manque à nôtre foiblesse, que de révérer
dans ses Péres & dans ses anciens, les
austéritez même dont on ne s'estime pas
capable.

Il croyoit donc pouvoir espérer, que
ce juste tempérament qu'il avoit tâché
de garder d'une part, & cette exactitude qu'il avoit fait voir de l'autre, seroient

capables de contenter tout le monde : sur tout, les experiences qui s'étoient faites depuis à sainte Geneviéve de Paris, avec une Hémine & un setier ancien, revenant parfaitement à tout ce qu'il avoit dit. Mais un sçavant Religieux qui étoit present à ces experiences, & qui en avoit été convaincu luy-même, ne laissa pas de penser qu'il y avoit un autre expedient pour sortir de ces difficultez, qui seroit de faire voir, qu'encore qu'on ne pût doûter aprés tant de preuves, & d'experiences reïterées, que ce ne fût-là la juste capacité de l'Hémine Romaine, neanmoins, il ne falloit pas en conclure que ce fût celle de l'Hémine Benedictine ; qu'il y avoit bien de la difference de l'une à l'autre , & qu'il étoit impossible que saint Benoît eût voulu reduire ses Religieux à une si petite mesure , & c'est surquoy il s'étend fort dans une longue & docte Preface d'un Ouvrage considerable. C'est donc à quoy on s'est crû obligé de satisfaire dans la REPONSE qu'on a ajoûtée à ces nouvelles difficultez, aprés quoy on ne pense pas que rien puisse empêcher de decider tout-à-fait la chose.

AVIS AU LECTEUR.

Mais comme il est certain que ce qui nous empêche ordinairement davantage de revenir de nos preventions, n'est que la peine que nous avons à nous deffaire de certaines choses, où l'imagination dans laquelle nous sommes, que nos anciens ne pourroient s'être si fort trompez ; l'Auteur produit encore une DISQUISITION de l'année & du jour de la mort de saint Benoît, où il fait voir que de tant de gens qui ont écrit en divers tems sur ce sujet, il n'y en a pas un qui ait rencontré la verité, quoy qu'elle ne soit pas difficile à trouver, pourveu qu'on la cherche avec toute l'indifference ou doit être la raison pour bien juger: ce qu'il soumet neanmoins à la prudence des sages Lecteurs.

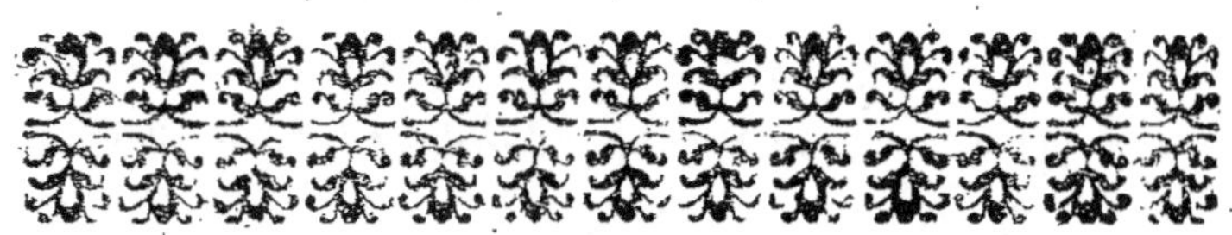

TABLE DES TITRES

Contenus en cette Dissertation.

I. DESSEIN *de cét écrit , & ce qui y a donné occasion.* Page 1.

II. *Qu'on ne peut reprendre la maniére d'expliquer l'Hémine par le mot de* Demi-setier. *Autorité des Anciens sur ce sujet.* 2.

III. *Que la Cotyle a été prise pour Synonime de l'Hémine , & que les Anciens l'ont aussi expliquée par le demy-setier.* 3.

IV. *Que les Auteurs modernes ont expliqué de même l'Hémine , & la Cotyle par le* Demy-setier. 5.

V. *Qu'il n'y a pas seulement un rapport entier entre l'Hémine , & le* Demy-setier, *quant au mot ; mais aussi quant à la mesure & la chose signifiée.* 6.

VI. *Que pour le prouver il faut supposer la subordination des mesures anciennes & quelle est cette subordination.* 7.

VII. *Autoritez qui montrent cette subordination des mesures anciennes.* 8.

VIII.

VIII. *Que cette subordination étant suppo-sée, qui connoît une mesure, connoît aussi toutes les autres.*   Page 9.

IX. *Ancienne coûtume de garder les origi-naux des mesures dans les Temples. Poids du Sanctuaire.*   10.

X. *Le Conge qui se voit encore aujourd'huy au Palais Farnese à Rome, est le meil-leur moyen d'évaluër les mesures ancien-nes aux nôtres. Son inscription.*   11.

XI. *Capacité des mesures anciennes selon le poids, prouvée par l'autorité des An-ciens.*   13.

XII. *Experience de M. Peiresk & de M. Gassendy, ce qu'ils ont trouvé que pesoit ce Conge plein d'eau du poids de Paris ; & comme par là ils ont évaluë les mesures anciennes aux nôtres.*   14.

XIII. *Conclusion de tout ce qui a été étably jusques icy.*   15.

XIV. *Objections qu'ou peut faire contre ce qui vient d'être étably & premierement de ceux qui traduisent le mot d'Hemina par celuy de pinte.*   16.

XV. *Que Budé n'a donné que trois poçons à l'Hemine.*   17.

XVI. *Des Anciens qui luy ont donné douze onces, ou une livre.*   18.

é

Titres des Matieres:

XVII. *Opinion de S. Isidore, & qu'il n'a pas toûjours esté exact dans ses Origines, la même page.*

XVIII. *Trois choses à remarquer pour bien juger de la livre qu'on donne à l'Hémine.* 19,

1. *La difference des poids des choses prises en même quantité, ou volume.* 20.

Table pour comparer les liqueurs par poids & par mesure. 21,

2. *La qualité de cette livre, qui n'a pû être que celle d'Italie de douze onces.* 22.

3. *Le veritable fondement de ces façons de parler.* 23.

XIX. *Que les noms de Livre & d'As, sont équivoques, comme aussi les noms de leurs parties. Diverses façons de parler remarquables qui dependent de là.* là-même.

Table de la division de l'As en ses parties avec le nom & la proportion de chacune. 24.

XX. *Que les mots de livre & d'once se prennent & pour le poids, & pour la mesure.* 26.

XXI. *Explication du texte allegué de saint Isidore. Difference de la Cotyle Grecque & de l'Hémine d'Italie.* 28.

XXII. *Maniere la plus certaine d'évaluer*

les mesures. Page 31.

XXIII. *Que la livre qu'on donne à l'Hémine n'est qu'une livre de mesure, & à combien elle revient de poids.* là-même.

XXIV. *Qu'il s'ensuit de tout cela que la livre qu'on donne à l'Hémine, confirme le poids, que nous luy avons donné, & que nous pouvons appeller le Demy-setier de Paris, nôtre Hémine, nôtre Cotyle, & nôtre livre de mesure.* 33.

XXV. *D'où vient la livre de* compte & le mot de francs, LOY ANCIENNE *tres remarquable sur ce sujet,* là-même.

XXVI. *D'où vient le mot de* sou: *son poids & sa valeur.* 35.

XXVII. *Ordonnance remarquable de l'Assemblée d'Aix-la-Chapelle pour le pain des Religieux, & comment il la faut entendre. Combien cette assemblée a esté estimée.* là-même.

XXVIII. *Fausses consequences qu'on a tirées de cette Ordonnance.* 38.

XXIX. *Origine de la livre du Mont-Cassin.* 39.

XXX. *Ce qui est rapporté dans Leon d'Ostie & dans la Lettre de Theodemar, des mesures laissées par S. Benoît.* 40.

XXXI. *Lettre de Theodemar à Charle-*

Magne, par laquelle il luy envoye les mesures de S. Benoît.   Page 41.

XXXII. De ce que prenoient les Religieux
servans avant le Dîner, selon la Regle de
S. Benoît. Si c'étoit par dessus leur portion, ou non. Et à quoy cela pouvoit
aller.   42.

XXXIII. Quelle difference fait la Regle entre le Lecteur & les servans. Ce
que c'est que mixtum. Et pourquoy elle
fait icy mention de la Communion.
45.

XXXIV. Que depuis l'envoy des mesures
de S Benoît à Charle-Magne, les Chroniques n'en disent plus rien. Et comment
les Moines, qui sont venus depuis la ruine du Mont-Cassin, ont pû fabriquer sur
la 57. Ordonnance de l'Assemblée d'Aix-
la-Chapelle, la livre qu'ils montrent
aujourd'huy.   51.

XXXV. Raisons qui obligent à croire, que
le poids du Mont-Cassin n'est point celuy
de S. Benoît ; & qu'il a esté fait à plaisir.   52.

XXXVI. Que le poids que Dubreüil pretend qu'on montroit à Saint-Maur, ne
pouvoit pas estre plus veritable, & que ces
deux poids de S. Maur & du Mont-

Caſſin ſervent à faire voir reciproquement la fauſſeté l'un de l'autre. Page 54.

XXXVII. *Que celuy de S. Medard de
Soiſſons, prouve encore cette même fauſſeté.* 55.

XXXVIII. *Autres raiſons contre le poids
du Mont-Caſſin, & contre celuy de Saint-
Maur ; que ce premier n'eſt nullement
reconnu par les habiles gens, & que ce
dernier ne l'eſt pas à avantage. Deux Hémines de biere pour une Hémine de Vin.* 36.

XXXIX. *Réponſe à ce qu'on allegue de Bernard Abbé du Mont-Caſſin, de Pierre &
de Paul Diacres, pour prouver que les
meſures de S. Benoît ſont encore au Mont-
Caſſin.* 59.

XL. *Autorité de Boherius oppoſée à celle de
l'Abbé Bernard.* 60.

XLI. *Que ce que Dubreuil allegue de Trithéme ſur ce ſujet, ne peut avoir aucune
autorité ; & que même il paroît ſuſpect.
Que Dubreuil impoſe aux Celeſtins.* 62.

XLII. *Changement qui s'eſt gliſſé dans la
traduction de Guy Juvenal, touchant la
maniere d'expliquer l'Hémine.* 63.

XLIII. *Congregation de Chezal-Benoît.
Sentiment de Pierre du Mas ſon reformateur.* 65.

Magne, par laquelle il luy envoye les mesures de S. Benoît. Page 41.

XXXII. De ce que prenoient les Religieux servans avant le Dîner, selon la Regle de S. Benoît. Si c'étoit par dessus leur portion, ou non. Et à quoy cela pouvoit aller. 42.

XXXIII. Quelle difference fait la Regle entre le Lecteur, & les servans. Ce que c'est que mixtum. Et pourquoy elle fait icy mention de la Communion. 45.

XXXIV. Que depuis l'envoy des mesures de S Benoît à Charle-Magne, les Chroniques n'en disent plus rien. Et comment les Moines, qui sont venus depuis la ruine du Mont-Cassin, ont pû fabriquer sur la 57. Ordonnance de l'Assemblée d'Aix-la-Chapelle, la livre qu'ils montrent aujourd'huy. 51.

XXXV. Raisons qui obligent à croire, que le poids du Mont-Cassin n'est point celuy de S. Benoît ; & qu'il a esté fait à plaisir. 52.

XXXVI. Que le poids que Dubreüil pretend qu'on montroit à Saint-Maur, ne pouvoit pas estre plus veritable, & que ces deux poids de S. Maur & du Mont-

Titres des Matieres.

Caßin servent à faire voir reciproquement la fausseté l'un de l'autre. Page 54.

XXXVII. Que celuy de S. Medard de Soißons, prouve encore cette même fausseté. 55.

XXXVIII. Autres raisons contre le poids du Mont-Caßin, & contre celuy de Saint-Maur ; que ce premier n'eſt nullement reconnu par les habiles gens, & que ce dernier ne l'eſt pas àavantage. Deux Hémines de biere pour une Hémine de Vin. 36.

XXXIX. Réponſe à ce qu'on allegue de Bernard Abbé du Mont-Caßin, de Pierre & de Paul Diacres, pour prouver que les meſures de S. Benoit ſont encore au Mont-Caßin. 59.

XL. Autorité de Boherius oppoſée à celle de l'Abbé Bernard. 60.

XLI. Que ce que Dubreuil allegue de Trithéme ſur ce ſujet, ne peut avoir aucune autorité ; & que même il paroît ſuſpect. Que Dubreuil impoſe aux Celeſtins. 62.

XLII. Changement qui s'eſt gliſſé dans la traduction de Guy Juvenal, touchant la maniere d'expliquer l'Hémine. 63.

XLIII. Congregation de Chezal-Benoit. Sentiment de Pierre du Mas ſon reformateur. 65.

XLIV. *Sentiment de Dubreüil. Que l'Hémine passant de main en main a souvent receu de nouveaux accroissemens. Et que le poids de saint Maur allegué par Dubreüil pour le vin est aussi faux que celuy du pain.* là-même page.

XLV. *Collations des jours de jeûne. Que la coûtume des anciens Religieux de boire l'apresdinée y a pû preparer le chemin: mais qu' elle ne vient pas de S. Benoît.* 67.

XLVI. *Endroits remarquables de la Régle du Maître. Qu'il y a beaucoup de choses à reprendre dans cette Régle, & quelle semble étre la premiere qui a introduit la coûtume de boire l'apresdinée, ou le soir parmy les Religieux.* 70.

XLVII. *Anciennes coûtumes de Cluny. Qu'on y voit plusieurs choses remarquables de l'antiquité, & qu'il y est aussi parlé de cette coûtume de boire, aussi bien que dans les Anciens usages de Cisteaux,* 73.

XLVIII. *De la Régle des Chevaliers du Temple, & que le mot de collation y est pris, non plus pour la lecture, mais pour la boisson. Recapitulation de ce qui a esté dit sur ce sujet.* 78.

XLIX. *Jeusne de Caresme. Qu'on n'y*

mangeoit que le soir. Passages remarquables de S. Bernard, & de Pierre de Blois sur ce sujet. Que cette coûtume neanmoins étoit déja affoiblie du temps de Boherius. Et que Charlemagne semble être un des premiers qui a donné lieu à cet affoiblissement. 80.

L. Comment les Evesques vouloient s'opposer à ce relâchement. Du Canon SOLENT. De son veritable sens, & de son Auteur. 83.

LI. Que les Theologiens qui sont venus depuis cela, ont tâché d'excuser cette pratique, & pourquoy. Sentiment d'Alexandre de Halés sur ce sujet. Mais que Hugues de S. Victor ne luy est pas si favorable qu'il s'imagine. 86.

LII. Sentiment de S. Thomas & de saint Antonin plus conforme à celuy d'Alexandre de Halés qu'à celuy de l'antiquité. 88.

LIII. Combien l'Eglise se croit obligée de surpasser la Synagogue dans les Jeûnes, aussi bien que dans les autres vertus. Endroit remarquable de Salvien. 91.

LIV. Vie admirable des Therapeutes de Philon. Et que plusieurs Peres les ont pris pour les premiers Chrétiens d'Alexandrie. 92.

ē iiij

LV. *Anacoretes d'Egypte , Solitaires d'O-rient ; Religieux qui vivoient en commun dans les deserts.* Page 96.

LVI. *Que chacun doit renouveller ses peni-tences & ses austeritez en Caresme pour se purifier.* 98.

LVII. *Que le jeusne du Carême consiste pro-prement à ne manger que le soir & à donner son dîner aux pauvres, que l'on n'y bûvoit point de vin , & que le repas du soir étoit fort sobre. Combien on doit prendre garde à ne pas blesser la temperance dans la re-ception des Hostes.* 100.

LVIII. *Que les veilles des grandes Festes mêmes on ne mangeoit que le soir.* 102.

LIX. *Que le repas du Carême , étant une fois mis à None , a esté toûjours en avan-çant. Sentiment de plusieurs Theologiens sur ce sujet.* 103.

LX. *Que ce dernier relâchement des jeûnes n'a pas commencé d'aujourd'huy. Recapi-tulation de tous les degrez par où on y est venu.* 107.

LXI. *De la Collation des jours de jeûne; comment elle s'est enfin introduite , & d'où elle a pris son nom.* 108.

LXII. *En quoy consistoit cette Collation des jours de jeûne , & quand elle a com-*

mencé. Page 111.

LXIII. Que l'on ne peut rien inferer contre ce qui vient d'être dit, ni de l'addition aux Capitulaires, ni du Concile de Châlon : & que les Ordonnances de ces Capitulaires & de ce Concile, ont esté mal prises par ceux qui les alleguent. 113.

LXIV. Que le nom de collation des jeûnes ne peut pas venir du συμβολή des Grecs. Passage remarquable de S. Jerôme sur ce sujet. 115.

LXV. Canon du Concile de Nantes mal allegué pour prouver cette étimologie, & retably dans sa veritable leçon, & son veritable sens. Festins condamnez par l'Ecriture, & par les Canons. 117.

LXVI. Que Dubreüil n'est pas supportable de donner deux chopines à l'Hémine, & que tous ceux qui en ont parlé jusqu'à present, n'ont fait que se copier l'un l'autre sans examiner la chose. 122.

LXVII. Combien Caramüel est porté à favoriser le relâchement : & combien il a mal pris la Régle de S. Benoît, dont il avoit fait profession. 123.

LXVIII. Combien les Saints ont toûjours eu à combattre pour conserver la temperance. Sentiment remarquable de S. Augustin sur ce sujet, Page 125.

LXIX. Que les Saints se sont prescrit à eux mêmes & aux autres la quantité de la nourriture contre ce qu'avance Caramüel. 127.

LXX. Combien les sentimens de Caramüel sont opposez à ceux des Saints & de toutes les personnes de pieté. 128.

LXXI. Que les Bernardins Reformez ont plus approché de la verité en parlant de l'Hémine, que les Religieux du Mont-Cassin : Mais qu'ils se sont trompez dans l'estimation de la pinte de Paris. 130.

LXXII. Combien on a eu de negligence à examiner les fausses suppositions que l'on à faites sur l'Hémine. 132.

LXXIII. Opinions ridicules de quelques auteurs du siecle passé sur ce sujet. 133.

LXXIV. Qu'il y a apparence que ces Auteurs ont rendu la Congregation du Mont-Cassin plus hardie, à publier ses sentimens touchant l'Hémine. Quand cette Congregation a esté établie. 135.

LXXV. Que c'est le Déclaratoire de la Congregation du Mont-Cassin qui a porté les autres Religieux à prendre l'Hémine pour une grande mesure. 136.

LXXVI. Qu'il ne faut pas s'étonner si

ceux qui ont écrit les premiers des mesures dans les derniers siecles n'en ont pas rencontré la justesse. Par quels degrez cette connoissance nous est venuë. 137.

LXXVII. Que plusieurs personnes habiles donnent encore moins à l'Hémine, que nous ne luy avons donné. Discussion de diverses difficultez sur l'opinion d'Agricole. Et quel a esté le fondement de celle que l'on a suivie. 139.

LXXVIII. Sentimens d'Alstedius, & du Pere Dom Hugue Ménard sur le même sujet. 144.

LXXIX. Avec combien de reserve les Anciens permettoient l'usage du vin. Sentiment de plusieurs Saints sur ce sujet. 145.

LXXX. Abstinence remarquable des Recabites, de S. Jean Batiste, des Apôtres, & des premiers Chrétiens. 147.

LXXXI, Sentimens de quelques autres Saints sur le même sujet. 149.

LXXXII. Pratique des Anciens Chartreux & de S. Bernard, touchant l'usage du vin, 153.

LXXXIII. S'il faut donner plus de vin aux Religieux deça les monts qu'en Italie. Exemples remarquables sur ce sujet. 155.

LXXXIV. *Que les mesures envoyées par Theodemar & l'Ordonnance de l'Assemblée d'Aix decident absolument cette question de la difference des païs. Que les Religieux qui sont venus d'Italie, n'ont jamais fait de fondement là dessus.* Pag. 160

LXXXV. *Qu'il est aussi inutile d'alleguer que l'on a besoin d'une grande mesure de vin pour soûtenir les travaux de la penitence. Qu'il ne faut pas égaler la necessité du vin à celle du pain. Que l'eau pure est plus saine que le vin pris en trop grande quantité. Parole remarquable d'un Ancien.* 162.

LXXXVI. *Que ceux qui alleguent la foiblesse des corps de ces derniers temps, pour faire voir le besoin que l'on a de plus de vin que n'en ordonne saint Benoît, ne sont pas mieux fondez que les autres.* 165.

LXXXVII. *Exemples remarquables des austeritez de ces derniers temps qui font voir la nullité de cette prétention.* 166.

LXXXVIII. *Combien l'on pratique encore d'austeritez dans les Religions. Et qu'il s'en est vû dans les dernieres reformes de divers Ordres, qui égalent tout ce qu'on peut dire des Anciens. Premier exemple de l'Ordre des Minimes, ou de saint Fran-*

çois de Paule. page 169.

LXXXIX. Second exemple. Des Fueillans. 170.

XC. Troisiéme exemple. De la reforme des
Carmes Deschaussez, établie par sainte
Therese. 172.

XCI Quatriéme exemple. Des Carmelites Deschaussées établies par la même
Sainte. 177.

XCII. Cinquiéme exemple. De la vie admirable de l'Illustre Catherine de Cardone. 181.

XCIII. Sixiéme exemple. Des Religieux
qui s'établirent sur la montagne de la B.
Catherine de Cardone. 198.

XCIV. Septiéme exemple. Des penitences
que l'on pratique dans les Ordres même les
plus moderez. 202.

XCV. Huitiéme exemple des Chrêtiens,
qui vivent encor aujourd'huy dans l'O-
rient. Jeûne necessaire à toutes les conditions, & à tous les âges. Severe Sulpice
expliqué. Vie des hommes aussi longue
que du temps des Prophetes. Belle parole
d'un ancien Solitaire. 204.

XCVI. Si ceux qui sont menacez d'infirmitez doivent prendre considerablement plus
de vin que n'en ordonne la Régle. Histoire

de Cornaro. *Excellentes maximes pour la santé. Effets merveilleux de la sobrieté.*   Page 208.

Conclusion de tout ce discours. Recapitulation de tout ce qui y a esté dit. Et que ceux qui ne peuvent pas égaler les vertus des Saints, doivent au moins les reconnoître, & les réverer, & tâcher d'en approcher tous les jours en quelque chose. 221.

APPENDIX.

Où l'on examine encore plus particuliérement la proportion des poids & des mesures anciennes avec les nôtres ; On justifie quelques passages de Galien ; que l'on accorde avec Villalpandus : & l'on éclaircit ce qui a esté dit en quelques endroits de cet Ouvrage.   227.

REPONSE AUX DIFFICULTEZ.

I. *Ce qui a obligé à publier cette Reponse.* 241.
II. *Que l'Auteur des actes des Saints de l'Ordre represente ce qu'il y a eu de plus remarquable dans les siecles posterieurs sur ce sujet, & que cela joint avec ce qui en a esté dit dans la Dissertation peut suffire pour en avoir une pleine connoissance.* 243.

III. *Si l'Hémine de saint Benoît étoit plus grande que la Romaine. Preuve invincible pour faire voir que cette Hémine ne pouvoit pas être fort grande. De combien étoit celle de l'Assemblée d'Aix-la-Chapelle.* Page 245.

IV. *Que les mesures Romaines n'ont point changé avant saint Benoît, & que cette supposition sur laquelle on fait fort, est insoûtenable.* 251.

V. *Que l'Hémine a toûjours passé pour une petite mesure dans les Monasteres jusqu'au temps de Charlemagne, & combien les Moines jusques à lors ont esté reservez à boire du vin. Sobrieté remarquable des anciens dans l'usage de l'eau même.* 259.

VI. *Que la décadence de la vie religieuse a presque toûjours suivi les desordres de l'Etat. Combien Charlemagne & Louis le Débonnaire travaillèrent pour rétablir l'Ordre religiéux, & que neanmoins leurs travaux n'eurent pas un succés de longue durée.* 264.

VII. *D'où peuvent être venus les écrits qui ont paru depuis ce temps-là, & qui favorisent les grandes Hémines.* 267.

VIII. *Que c'est par la pratique des anciens & veritables religieux, plûtost que par* les commentaires qu'il faut expliquer la Regle. Qu'Hildemare cependant qui est le plus ancien, reconnoît que l'Hémine n'étoit que de 12. onces aussi bien que Boherius. Justification de saint Isidore. 270.

IX. Que que ce nous avons dit jusques ici, peut suffire pour répondre à tout ce qui a esté écrit jusqu'au X. siecle. On satisfait aux difficultez proposées. 276.

X. De la decadence de la race de Charle-Magne, & du desordre que cela a causé dans l'Eglise aussi bien que dans l'Etat. Que c'est ce qui a precipité de nouveau le monde dans l'ignorance & les Moines dans le dereglement. Naissance du poids & dès mesures extraordinaires du Mont-Cassin. 281.

XI. Naissance des poids & des mesures de saint Maur. 286.

XII. De ce qu'il y a de plus remarquable à examiner sur cette matiére depuis le XII. siécle. 290.

XIII. Que l'on a toûjours plus approché de la vérité des vrayes mesures, en avançant dans les derniers tems, où il est parlé de plusieurs réformes qui se sont faites en France. 294.

XIV. On commence à discuter la livre de pain

pain. On fait voir qu'il y en a eu de deux sortes ; que Bohérius appuye encore ce qui a été dit des trente solides de l'Assemblée d'Aix : & qu'il est plus facile de convenir de cette mesure de pain, que de celle du vin.   301.

XV. Explication d'un passage difficile de S. Jerôme, duquel on montre que l'on ne peut rien conclure contre ce qui a été dit dans cet ouvrage pour l'Hémine de S. B. qu'au contraire il sert à l'appuyer.   297

XVI. De ce que prenoient les Servans & le Lecteur avant le repas.

Conclusion de tout cet Ouvrage,   305.

D I S Q U I S I T I O N.

I. Avant propos.   315.

II. En quoy consiste la difficulté de cette recherche.   316.

III. Par quel moyen on peut sortir de toutes ces difficultez.   326.

IV. Que toute la dispute de la mort de saint Benoît doit necessairement être renfermée dans quatre ou cinq années de tems. 321.

V. Quelle autorité on doit donner, à la vie de saint Maur, telle que nous l'avons à present.   325.

VI. *Que saint Benoît est certainement mort au mois de Mars, & la veille de Pasques.* 328.

VII, *Que l'opinion de ceux qui font mourir saint Benoît en 543. n'est pas moins insoûtenable que les autres que nous avons rejettées.* 334,

VIII. *Discussion des autres cinq années qui nous restent à éxaminer.* 336.

IX. *Que la mort de S. Benoît ne peut être arrivée qu'en 547.* 338,

X. *Si la narration de Fauste se peut accorder avec cette année-là.* 339.

XI. *Que l'année de la mort de saint Benoît doit être rapportée au tems de S. Innocent Evêque du Mans.* 343.

Suite de la description du voyage de saint Maur avec ses compagnons. 345.

XII. *Réponse à l'objection du 21. de Mars.* 346.

XIII. *Examen particulier du jour qu'auroit marqué Fauste, s'il avoit écrit le 12. des Kalendes d'Avril.* 349.

XIV. *Réponse à ce qu'on peut alléguer de quelques Auteurs du moyen âge, comme d'Aimoin, des Martyrologes, d'Amalarius, &c.* 354,

XV. *Comment ce nombre, du XII. des*

Calendes, *peut s'être glissé dans la narration de Fauste, & que la fête de saint Benoît semble avoir commencé assez tard à être célébrée publiquement dans l'Eglise.* 357.

XVI. *Suite du voyage de saint Maur, son arrivée en Anjou, commencement de son Monastère.* 364.

XVII *Preuve des années de la mort de Théodebert.* 366.

XVIII. *Preuve & distribution des années de saint Maur. Exactitude de son Historien, avec son retour en Italie.* 367.

XIX. *Autre preuve de la mort dé de saint Benoît en* 547. *par l'inscription qui fut trouvée dans le tombeau de saint Maur.* 370.

XX. *Réponse à quelques objections particulieres, & premierement,*

De l'Inscription qui fut mise sur le frontispice de l'Eglise de Castres. 374.

De la mort de Theodebert. 375.

De l'année du V. Concile d'Orleans. 378.

XXI. *Pourquoy Gregoire de Tours n'a rien écrit de saint Maur.* 380.

XXII. *Recapitulation de tout ce qui a été dit dans cette Disquisition.* 388.

i ij

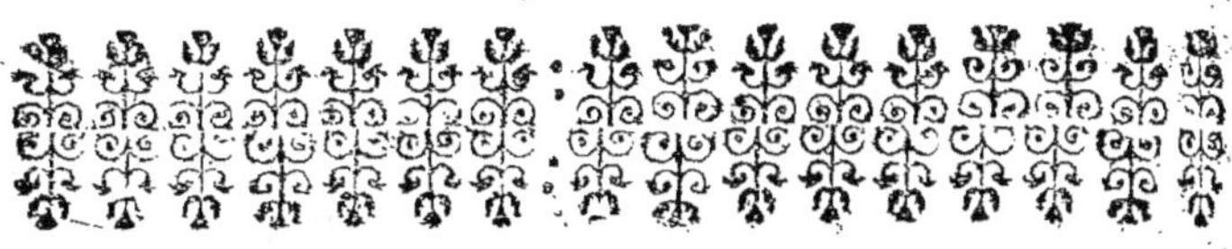

APPROBATIONS
des Docteurs,

J'Ay lû la Dissertation sur l'Hémine de Vin & sur la livre de pain de saint Benoît, revûë, corrigée & augmentée, avec la Réponse aux nouvelles difficultez qui avoient été faites sur ce sujet; Plus une Disquisition de l'année, du jour & de l'heure où est mort le glorieux Patriarche saint Benoît. Fait à Paris le 22e. jour d'Aoust 1686.

COURCIER,
Theologal de Paris.

LA science & la pieté Chrêtienne ont ensemble une si étroite liaison, que l'on peut dire hardiment, que comme cette derniere, qui est inseparable de la charité, ne peut faire de mal; la premiere aussi, qui est le fruit de nôtre

meditation , ne peut produire aucun veritable bien , que lors qu'elle eſt unie à
la ſeconde. C'eſt ce qui oblige ceux qui
ſe trouvent engagez à donner quelque
choſe au public , de travailler autant à
ce qui peut être utile à l'édification du
prochain, qu'à ce qui peut ſervir à ſon
inſtruction ; & de joindre toûjours la
priere à l'étude , afin d'obtenir du ciel
pour les autres & pour eux-mêmes ces
deux qualitez , dont l'une eſt celle qui
forme un homme de bien , au lieu que
l'autre ne pourroit ſervir au plus qu'à
faire un homme de quelque litterature.
Nous n'avons pas eu peine à reconnoître le ſoin particulier que l'auteur de
cette Diſſertation a eu de s'acquitter de
ce devoir, puiſqu'il a ſçû mêler ſi utile-
ment la ſcience des Saints avec toute
l'exactitude de la Critique qui étoit neceſſaire à ſon ſujet. Il ſeroit peut-être
difficile de trouver un meilleur commentaire de quelques chapitres de la
Régle de ſaint Benoît , & des autres
Régles qui en ont été tirées , que celuy-cy ; ni de faire mieux voir les maximes fondamentales de la temperance &
de la ſobrieté, ou d'en rapporter de plus

rares exemples ; en même temps que l'on montre la proportion la plus jufte des poids & des mefures des anciens avec les nôtres, & que l'on découvre beaucoup de chofes remarquables de l'antiquité. Nous fommes perfuadez que toutes les perfonnes équitables qui aiment la fcience & la vertu, porteront le même jugement de cet Ouvrage, dans lequel nous n'avons rien trouvé que de tres conforme aux Régles de la Religion Catholique, Apoftolique & Romaine, & de tres avantageux pour les bonnes mœurs. C'eft pour rendre ce témoignage au public que nous l'avons figné : à Paris le feptiéme May 1667.

FORTIN.   BOILEAU.

té des Imprimeurs & Libraires de Paris le
6. Juillet 1685.

Achevé d'imprimer pour la premiere
fois, en vertu du present Privilege le 15.
Decembre 1687.

DISSERTATION

DISSERTATION
SUR
L'HÉMINE DE VIN,
ET SUR
LA LIVRE DE PAIN
DE SAINT BENOIST,
& des autres anciens Religieux.

Où l'on fait voir que cette Hémine n'étoit que le Demiſetier, & que cette Livre n'étoit que de douze onces: où l'on repreſente l'eſprit des Péres, & des ſaints Fondateurs d'Ordres, touchant le jeûne & la tempérance : & où l'on éclaircit quelques points remarquables de l'Antiquité.

I.

Deſſein de cet Ecrit , & ce qui y a donné occaſion.

E n'eſt pas tant, Monſieur, par la neceſſité de vous défendre, que par l'obligation que j'ay à ne vous rien refuſer, que je me ſuis enfin réſolu de vous envoyer ce que vous m'avez demandé touchant

A

l'Hémine. Il n'eſt pas fort difficile de juſtifier la traduction que vous avez faite du mot Latin *Hemina* par celuy de demiſetier, dans vôtre regle des Solitaires. Mais parce que vous deſirez que je vous marque auſſy des raiſons & des autoritez par leſquelles on puiſſe pleinement ſatisfaire ceux qui y trouvent à redire, & éclaircir tout ce qui regarde cette matiére, je voy bien que je ſeray obligé de m'étendre un peu davantage. Peut-être qu'en récompenſe, cela me donnera lieu de dire quelque choſe qui ne ſera pas inutile, & qui ne déplaira pas à ceux qui aiment les recherches de l'antiquité comme vous.

II.

Qu'on ne peut reprendre la maniére d'expliquer l'Hémine par le mot de demiſetier. Autoritez des anciens ſur ce ſujet.

Je vous AVOÜE que plus j'ay conſidéré tout ce qui ſe peut alléguer ſur ce ſujet, & plus je me ſuis étonné, que l'on puiſſe improuver cette façon de parler dont vous vous êtes ſervi; quoy que nous ayons déja vû les mêmes plaintes ſe former contre la nouvelle traduction de la Regle de ſaint Benoiſt, qui fut faite il y a quelque tems par des perſonnes que vous eſtimez. Elle n'a pû être receûë en quelques Congregations religieuſes, qu'aprés avoir fait ſubſtituer le mot d'*Hémine*, qui ne determine rien en noſtre langue, en la place de celuy de *demiſetier*. Cependant il eſt certain que l'on ne traduit que pour ſe faire entendre, & que les Grecs & les Latins,

les anciens & les modernes, les auteurs eccléfiaftiques & les profanes, fe font toûjours fervis de
ce mot de demifetier, lors qu'ils ont voulu expliquer l'Hémine. C'eft, Monfieur, ce que je
vous fupplie tres-humblement de trouver bon
que je vous faffe remarquer avant que de paffer
outre; puis que c'eft ce qui doit fervir de fondement à tout ce que je dois dire dans la fuite.

HEMINA, ἡμίξεστον, difent les anciennes
Glofes, c'eft à dire demifetier : ces deux termes
étant tellement réciproques, que l'ancien Lexicon a auffi traduit la ἡμίξεστον, par le mot d'*Hémi-*
na. Le Grammairien Fefte en rend la raifon.
L'Hémine, dit-il, *eft ainfy nommée du Grec* ἥμισυ
(dimidium) *parce qu'elle eft la moitié du fetier.* **Lib. 3. c. 14.**
Ce qui eft confirmé par Gelle qui dit, *Que fi l'on*
a verfé une Hémine d'un fetier, il faut dire qu'on
a verfé un demifetier, & *non pas un fetier divifé*
par la moitié : DIMIDIUM, *non dimidiatum*
SEXTARIUM. L'Hémine étoit donc la moitié du fetier Romain : & c'eft de ce mot de fetier même, quoy qu'inufité parmy nous en ce
fens, que nous eft venu celuy de demifetier. D'où
il s'enfuit que nous n'en pouvons avoir de plus
propre pour marquer l'Hémine.

III.

Que la cotyle *a été prife pour fynonime de*
l'Hémine, & *que les anciens l'ont auffy*
expliquée par le demifetier.

ON peut encore appuyer cecy par l'autorité d'Apulée, qui nous fait voir en même temps

que la cotyle & l'Hémine étoient synonimes parmi les Anciens, & que tous deux se prenoient pour le demisetier. *L'Hémine*, dit-il, *est la moitié du setier; d'où vient que les Grecs l'appellent cotyle, c'est à dire incision, ou division, parce qu'elle divise le setier en deux.* Saint Isidore dit aussi la même chose dans ses Origines, presque en mêmes termes qu'Apulée.

Appul. traité des poids & mesures, à la fin des Oeuvres de Iean Mussua. Liv. 16. c. 25.

Je ne m'arrête pas maintenant à examiner si l'Hémine étoit un peu plus grande que la cotyle : j'en pourray dire un mot dans la suite. Il suffit presentement de remarquer que les anciens confondoient souvent ces deux termes ; jusques là qu'ils appelloient quelquefois l'Hémine, *la cotyle d'Italie* ; & la cotyle, *l'Hémine des Grecs* : parce que comme l'Hémine étoit la moitié du setier d'Italie, aussi la cotyle étoit la moitié du setier Grec. Et c'est, Monsieur, ce qui nous donne lieu de defendre encore vôtre traduction par de nouvelles autoritez. Car saint Epiphane dit formellement, que *la cotyle est la moitié du setier, & qu'elle est appellée cotyle, parce qu'elle divise le setier en deux.* Galien en ses livres des remedes est plein de semblables expressions ; & il fait voir que c'étoit même le langage de ceux qui l'avoient précédé. Suidas dit aussy, *Que la cotyle s'appelloit de son tems le demisetier :* ce qui est confirmé par le Scoliaste d'Aristophane, presque en mêmes termes. Enfin tous les anciens auteurs s'expliquent quasi de la même maniére, quand ils parlent de l'Hémine, comme il paroîtra encore par les autoritez, que je seray obligé d'alléguer pour d'autres sujets dans la suite.

Au traité des mesures, n. 24.

Dans son Plut. act. 1. sc. 4.

IV.

Que les auteurs modernes ont expliqué de même l'Hémine par le demisetier.

Aussy, nous ne voyons pas que les plus considérables d'entre les modernes ayent parlé autrement, ny qu'ils ayent cru faire une faute d'expliquer l'Hémine ou la cotyle par le mot de demisetier. On pourroit en rapporter une infinité d'exemples : mais je me contenteray d'en mettre icy trois ou quatre. *L'Hémine est le petit demisetier de Paris, & nous pouvons aussy l'appeller la cotyle de Paris,* dit Cenalis Evesque d'Avranche, en son livre de la véritable proportion des poids & mesures, qu'il presenta à François I. *L'Hémine Romaine est le demisetier de Paris,* dit Garaut, général de la cour des monnoyes, en ses memoires. *L'Hémine ou cotyle, que les Grecs nomment Hemixeston, est la moitié du setier ancien, ou le demisetier de Paris,* dit Fernel. *Je croy que le mot de demisetier en nôtre langue vient de ce que les Grecs appelloient la cotyle, qui est l'Hémine, Hémixeston, c'est à dire demisetier,* dit Budé. Une infinité d'autres auteurs ont parlé de la même sorte. Cela est trop clair pour en douter. Et néanmoins, Monsieur, cela seul pourroit suffire pour justifier vôtre traduction, puis qu'il n'y étoit question que d'une maniére de s'exprimer, & qu'il faudroit condamner tous ces auteurs qui vous ont précédé, avant qu'on pût vous reprendre.

Liv. 3. de arte medendi, ch. 6.

Liv. 5. de Asse.

A iij

V.

Qu'il n'y a pas seulement un rapport entier entre l'Hémine & le demisetier quant au mot, mais aussy quant à la mesure & à la chose signifiée.

MAIS, sans doute, que ce n'est pas tant dans le mot que dans la chose même, que les personnes que vous m'avez voulu marquer trouvent à redire. Ils croyent peut-être, qu'encore que, selon l'étymologie, il y ait un rapport entier entre le mot d'*hemina*, & celuy de *demisetier*; il y a néanmoins bien de la différence pour la mesure, & qu'ainsi, c'est abuser le monde, que d'expliquer l'un par l'autre.

Cependant nous voyons que presque tous les auteurs de ces derniers tems ont donné au demisetier de Paris, non seulement la même étymologie, mais encore la même mesure qu'à l'Hémine : ce qui est déja un grand préjugé, puis que plusieurs d'entr'eux, qui étoient habiles, ont traité ces matiérés exprés, & non seulement en passant. Néanmoins quelqu'un pourroit encore prétendre qu'ils ont pu se tromper : & c'est ce que nous avons à examiner plus en particulier dans la suite.

Je ne m'arrêteray donc plus aux termes : j'expliqueray la chose même, & je feray voir par autorité & par démonstration, comme vous l'avez desiré, Monsieur, quelle est la capacité de l'Hémine, & la proportion qu'elle peut avoir avec

nôtre petit demiſetier de Paris : d'où l'on con-
clura aiſément, ſi je ne me trompe, que non ſeulement on ne peut trouver de terme ni plus propre, ni plus naturel, ni plus ſignificatif que celuy-
là pour l'exprimer ; mais que même nous n'en
avons point d'autre qui puiſſe y revenir. Celuy de
Demichopine, dont on uſe en quelques Provinces, étant tout-à-fait inconnu dans le beau langage.

V I.

Que pour le prouver, il faut ſuppoſer la ſub-
ordination des meſures anciennes. Et quel-
le eſt cette ſubordination.

POUR le faire avec plus de clarté, il faut ſuppoſer, ce qui eſt connu de tout le monde ; Que
tous les peuples ont eû une ſubordination fixe
dans leurs meſures, en ſorte que les petites eſtoient toûjours compriſes un certain nombre de
fois dans les grandes ; & qu'ainſi, quand on ſçait
la capacité de l'une de ces meſures, on en inféré
auſſy-tôt celle des autres à proportion.

Nous voyons, par exemple, que ſçachant que
nôtre petit demiſetier comprend deux poçons ;
a que la chopine comprend deux demiſetiers, la
pinte deux chopines, & la quarte deux pintes ou
quatre chopines : & ſçachant d'ailleurs que ce
petit demiſetier comprend douze fois la meſure
d'un pouce cube, & qu'il peſe juſtement huit

____

a Ce mot ſemble derivé de *potio*, boiſſon : quoy que quelques-
uns le prennent pour diminutif de pot.

A iiij

onces d'eau claire ou de vin , selon le poids de
Paris (dont j'ay fait l'expérience moy - même,
comme tout le monde le peut faire) on voit
auffy-tôt combien chacune de ces autres mesures comprend de pouces cubes, & ce qu'elle pese
de nôtre poids.

Ainsi , parce que le cyathe étoit six fois dans
l'Hémine ; que l'Hémine ou la cotyle étoit deux
fois dans le setier ; & que le setier étoit six fois
dans le conge (d'où même il a pris le nom de
setier, qui vient de *sex*) il est indubitable que
quiconque sçait la capacité de l'une de ces mesures , sçait aussy celle des autres.

Je ne m'arrêteray pas maintenant à parler du
reste des mesures anciennes, ou plus grandes ou
plus petites : je prouveray seulement la subordination de celles que je viens de marquer, & qui
sont plus à mon sujet.

VII.

Autoritez qui montrent cette subordination des mesures anciennes.

CLEOPATRE (que l'on prend d'ordinaire pour la reine d'Egypte, quoy que Joseph Scaliger croye que c'est plûtôt un ancien auteur
qu'il nomme *Cleopatras*) dans les fragmens qui
nous restent de son traité des poids & des mesures, & que l'on trouve à la fin des œuvres de
Galien, en parle ainsi : *L'Hémine ou cotyle tient six
cyathes, & le setier deux Hémines.*

L'Anonyme grec, qui se trouve au même endroit, dit aussy, *que le setier contient deux Hémines*

*ou douze cyathes; & que le conge tient six setiers, ou
douze Hémines.* Ce qui nous eſt confirmé preſque
en mêmes termes dans un autre traité des poids
& meſures, dont les fragmens ſe trouvent auſſy
ſous le nom de Galien à la fin de ſes œuvres, &
que je ne croy pas néanmoins être de cet auteur, quoy qu'ils ſoient ſans doute fort anciens.

Métianus, ce ſçavant Juriſconſulte qui avoit
été précepteur d'Antonin le Philoſophe, Fannius diſciple d'Arnobe, qui a vêcu ſous Conſ-
tantin, & ſaint Iſidore, établiſſent auſſy la même
proportion dans les anciennes meſures. Il ſeroit
inutile de rapporter icy les paſſages de ces Auteurs, puis que cette ſubordination n'eſt nullement conteſtée par les habiles gens, & que ceux
qui en ont parlé exactement, ne font tous voir
que la même choſe.

*S. Iſid. en ſes
Origin. liv.
16. ch. 25.*

VIII.

*Que cette ſubordination étant ſuppoſée, qui
connoît une meſure, connoît auſſy toutes
les autres.*

Puis donc que l'Hémine eſt deux fois dans
le ſetier, & le ſetier ſix fois dans le conge; ſi nous
pouvons ſçavoir ce que le conge tenoit de nôtre
meſure, nous ſçaurons auſſy ce que comprenoit
& le ſetier & l'Hémine. Or je ne penſe pas, que
pour arriver à cette connoiſſance, on ſe puiſſe
ſervir d'un moyen plus aſûré que celuy qui
nous a été laiſſé par M. Peireſk & par M. Gaſſendi.

I X.

Ancienne coutume de garder lés originaux des mesures dans les Temples. Poids du Sanctuaire.

LES anciens avoient coutume, ainsi que l'on fait encore aujourd'huy en quelques lieux, de mettre dans les temples les originaux des mesures, pour y avoir recours quand on voudroit vérifier les autres. Et c'est ainsi que l'on peut entendre, pour ne le dire qu'en passant, ce qui est si souvent marqué dans l'Ecriture *du poids du Sanctuaire.* Car je ne croy pas que ce poids du temple ait été différent du poids public, cela n'auroit servi qu'à brouïller tout le commerce; mais il étoit seulement plus juste & plus exaĉt que tous les autres ; & c'est pour cette raison que l'Ecriture nous y rappelle toûjours, lors qu'elle nous veut marquer la plus grande exaĉtitude, & la rigueur de la justice.

Varron rapporte de même, que la balance dont on pesoit la monnoye, étoit gardée dans le temple de Saturne.

Nous lisons dans Fannius, que l'amphore, qui tenoit huit conges, fut consacrée, par les anciens Romains, à Jupiter sur le mont Tarpeïus, où étoit le Capitole :

———— quam ne violare liceret,
Sacravere Jovi, Tarpeïo in monte Quirites.

Et l'Empereur Vespasien ayant rétably le Capitole, aprés les guerres civiles de Vitellius, y remit aussy des originaux de ces mesures.

X.

Le Conge qui se voit encore aujourd'huy dans le palais Farneze à Rome, est le meilleur moyen d'évaluër les anciennes mesures aux nôtres. Son Inscription

O N montre encore aujourd'huy dans le palais Farneze à Rome, le Conge qui s'en est conservé, auquel Villalpandus, Lucas Petus, & d'autres ont eu recours en divers tems, lorsqu'ils ont voulu parler exactement de la capacité des mesures. De sorte que nous ne pouvons rien avoir de plus juste ni de plus asseuré, pour nous servir de regle en cette question, que de prendre le modelle & la capacité de ce conge, pour en inférer demonstrativement celle de toutes les mesures anciennes, & la proportion qu'elles avoient avec les nostres. Or c'est ce que M. Peiresк & M. Gassendi firent faire tres-exactement il y a quelques années, comme ce dernier le remarque dans ses Opuscules, & dans la vie de ce sçavant Conseiller du Parlement d'Aix.

Ce conge est reconnu pour authentique par tout le monde. Villalpandus rapporte que l'inscription y est encore si entiére, que le tems n'en a pas effacé une seule lettre. Il y a dans le cabinet de l'Abbaye de sainte Geneviéve une copie de ce Conge, qui a été tirée & mesurée fort exactement sur cet original, & c'est celle-là même que M. Peiresк étant à Rome prit soin de faire faire. Le Pére du Moulinet ayant eu la bon-

té de nous la communiquer nous l'avons fait
graver croyant que le public ne seroit pas fâché
d'en voir icy la figure.

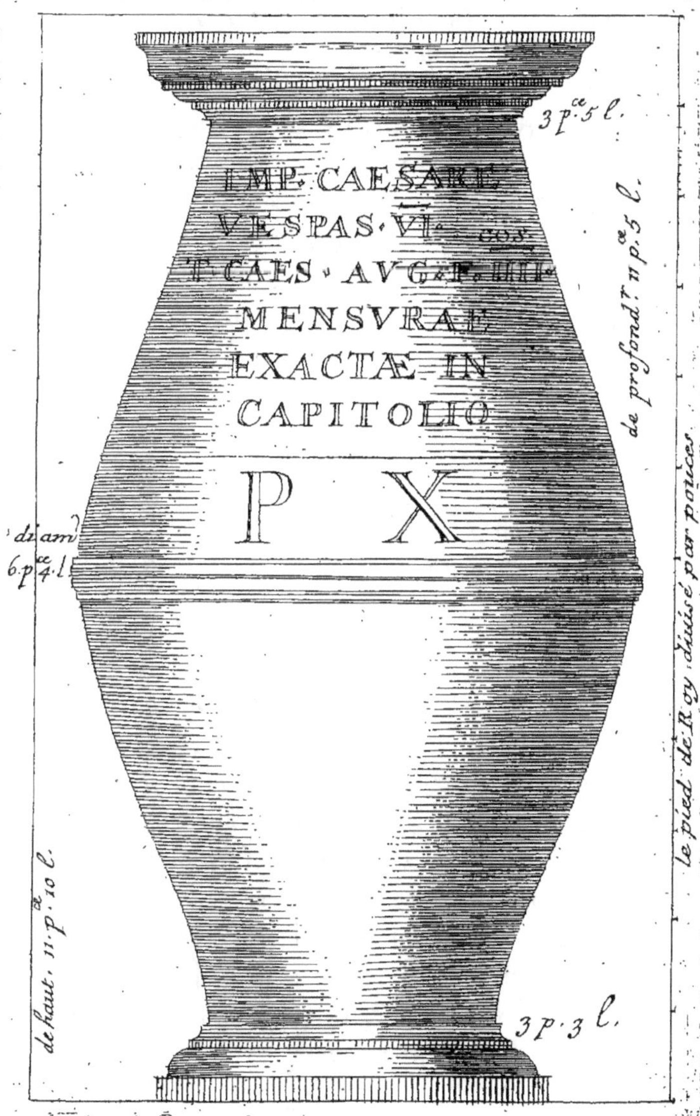

Selon les consulats marquez en cette mesure, on juge qu'elle fut faite l'an 75. de l'Ere de Jesus-Christ, en la même année que Vespasien consacra le temple de la Paix, au rapport de Dion liv. 76. 751. & 752.

Ce P. X. qui est au dessous, marque visiblement que le *poids* de cette mesure étoit *de* 10. *livres*, c'est à dire 120. onces Romaines, puis que leur livre n'étoit que de 12. onces. D'où il s'ensuit que l'Hémine qui étoit 12. fois dans le conge étoit de 10. onces de poids. Ce qu'on peut aussy prouver par le témoignage des auteurs que j'ay alleguez cy-dessus & par d'autres.

X I.

Capacité des mesures anciennes selon le poids, prouvée par l'autorité des anciens.

Dioscoride, par exemple, parlant du poids des mesures des choses liquides, pleines de vin, dit : *Le conge est de* 10. *livres, le setier d'une livre &* 8. *onces* (c'est à dire 20. onces, la livre n'en ayant que 12.) *& l'Hémine de* 10. *onces. Or l'eau & le vinaigre*, ajoûte-t-il, *sont aussy de même poids; & l'on tient que l'eau de pluye est celle qui trompe le moins dans ces experiences.*

Dans les fragmens qui sont à la fin de Galien.

L'auteur qui passe sous le nom de Galien, dans la table qu'il a faite du poids des mesures romaines, donne *au setier* 20. *onces de vin*, & *à la cotyle ou Hémine* 10. *onces.*

L'Anonyme dit que *le setier d'Italie est de* 18. *onces d'huile, ou d'une livre &* 8. *onces de vin, &*

que l'Hémine est de 9. *onces d'huile,* & *de* 10. *onces de vin.*

Et Fannius en parle de la même sorte en ses vers :

> *Nam libræ, ut memorant, bessem sextariu addet,*
>
> *Seu puros pendas latices, seu dona Liæi.*

Le setier, dit-il, *ajoûte deux tiers* (*bessem*) à *la livre*; c'est à dire 8. onces à 12. qui font 20. *soit qu'on pese de l'eau claire, ou du vin.*

Je pourrois encore rapporter une infinité d'autres semblables autoritez pour prouver la même chose, si cela étoit necessaire.

X I I.

Expérience de M. Peiresk, & *de M. Gassendi. Ce qu'ils ont trouvé que pesoit ce conge plein d'eau, du poids de Paris;* & *comme par là ils ont évalué les mesures anciennes aux nôtres.*

AINSI, Monsieur, il a été aisé à ces deux sçavans hommes de nôtre tems, que je viens d'alleguer, de reconnoître la proportion du poids des anciens avec le nôtre, & de leurs mesures avec nos mesures, en remplissant d'eau claire le conge dont j'ay parlé, & employant pour le peser le poids de Paris. Et leur expérience a été d'autant plus exacte & plus juste, qu'elle s'est faite dans une plus grande mesure & une plus grande proportion.

Ayant donc trouvé, comme M. Gaſſendi le marque luy-même, que ce Conge plein d'eau de puits, (*aquâ puteali*) peſoit de noſtre poids cent onze onces trois quarts; ils eſt viſible que c'eſt 18. onces & $\frac{5}{8}$ pour le ſetier, qui, comme nous venons de voir, peſoit 20. onces romaines, & étoit ſix fois dans le conge : & que c'eſt 9. onces & $\frac{5}{16}$ pour l'Hémine, qui étoit douze fois dans le conge, qui peſoit 10. de ces mêmes onces, & qui étoit la moitié du ſetier : c'eſt à dire qu'elle faiſoit proprement ce que nous appellons le *demiſetier bourgeois* à Paris, qui eſt un peu plus fort que celuy de meſure, lequel, comme j'ay dit, ne peſe juſtement que 8. onces d'eau claire ou de vin.

XIII.

Concluſion de tout ce qui a été étably cy-deſſus.

On ne peut donc plus douter, Monſieur, que vôtre traduction ne demeure pleinement juſtifiée, & quant à la propriété du terme dont vous vous étes ſervi, & quant à la choſe que vous avez voulu ſignifier, & quant à l'uſage de ce terme : puis que j'ay fait voir que le mot d'*hemina* vient d'ἥμισυ, ſi l'on n'aime mieux le prendre d'ἥμι, *demi*, comme étant la moitié du ſetier romain : que les expériences, dont les yeux peuvent être juges, nous montrent qu'elle revient à nôtre demiſetier bourgeois de Paris; & enfin que les anciens & les modernes l'ont interpré-

tée de même ; soit en latin, soit en grec, soit en
françois ; *dimidium sextarii*, ἡμίξεστον, demisetier

XIV.

*Objections qu'on peut faire contre ce qui vient
d'être étably. Et premiérement, de ceux
qui traduisent le mot d'*Hemina *par celuy de* Pinte.

CE n'est pas que je ne sçache qu'il se trouve
plusieurs traductions de la Regle de saint Benoist, où le mot d'*Hemina*, dont ce saint Patriarche s'étoit servi pour regler le vin qu'on
devoit donner par jour à ses Religieux, est expliqué par le mot de *Pinte*. Mais il est aisé, Monsieur, de faire voir, que ce sont ces traductions
qui sont abusives, & non pas la vôtre. Et pour
moy je vous avoüe, que quelque soin que j'aye
pû prendre jusques à cette heure pour examiner
cette question, je n'ay encore pû reconnoître
quel a été le fondement de ceux qui disent, que
l'Hémine se doit prendre pour une pinte, & même pour une grande pinte de saint Dénis, ainsi
que font quelques-uns. Ce que du Breüil, ancien Religieux de saint Germain des Prez, dit
Supplement latin des Antiquitez de Paris, pag. 92.
être *assez proportionné à la necessité humaine*,
SATIS CONGRUERE NECESSITATI HUMANÆ;
devant être *divisee au dîner & au souper*.
Mais il devoit considérer que cette grande mesure ne peut avoir été celle de saint Benoist,
puis que ce Saint n'accorde le vin à ses Religieux

gieux qu'avec une extréme réserve ; qu'il témoigne ne le faire que par condescendance ; & qu'il les rappelle à cette parole remarquable des anciens Péres du desert : VINUM OMNINO MONACHORUM NON ESSE ; *Que le vin ne convient nullement à des Religieux.* Reg ch. 40.

Quoy qu'il en soit, nous ne voyons pas que, hors peut-être quelques Religieux des derniers tems, ceux qui ont fait monter plus haut l'Hémine, l'ayent jamais prise pour une pinte.

X V.

Que Budé n'a donné que trois poçons à l'Hémine.

B U D E', par exemple (dont Agricole montre que les expériences en ce point, n'ont pas été justes, parce qu'elles n'ont été faites qu'en pesant du bled) fait le setier romain, & par conséquent l'Hémine, un peu plus grande que nous. Mais il ne donne que trois petits demisetiers au setier ancien, qui feront trois poçons pour l'Hémine, c'est à dire un demisetier & demi. Et il étoit tellement persuadé que c'étoit tout ce qu'on pouvoit donner à cette mesure, qu'il fut prêt de le soûtenir au péril de tout son bien: *Quod judicatum iri,* dit-il, *omnibus fortunis meis cavere non dubitaverim.* Ceux qui liront cet ouvrage jugeront si cette prétention étoit téméraire ou judicieuse ; mais enfin c'étoit son sentiment. De Asse, l. 3. §.

B

XVI.

Des Anciens qui lui ont donné douze onces, ou une livre.

ENTRE les Anciens, nous trouvons bien qu'Héfyque dit *que le cyathe* (qui étoit la fixiéme partie de la cotyle ou Hémine) *comprenoit deux onces de quelque liqueur*, ce qui revient à l'expreffion de l'Anonyme & d'Apulée, qui difent *que la cotyle ou Hémine avoit* 12. *onces.* Mais ces auteurs ne marquent pas s'ils ont entendu des onces de mefure dont nous parlerons cy-aprés, ou bien des onces de poids : de forte qu'il eft affez difficile de rien conclure de déterminé de ces paffages.

XVII.

Opinion de faint Ifidore. Et qu'il n'a pas toûjours été exact dans fes Origines.

SAINT ISIDORE a parlé plus expreffément lors qu'il a dit ; *L'Hémine péfe une livre, & deux Hémines font le fetier.* Et Smaragdus dit la même chofe dans fon commentaire fur la Régle de faint Benoift, n'ayant fait que copier faint Ifidore fans le citer : ce qui a auffi été fuivi par plufiéurs autres fans l'examiner.

Mais il faut prendre garde que faint Ifidore confond les chofes dans ce même chapitre, ayant dit un peu auparavant ; *Que le cyathe péfe* 10. *dragmes.* Car puis que le cyathe eft fix fois dans l'Hémine, comme nous avons veu cy-deffus, &

Orig. liv. 1.
ch. 25.

comme il le remarque luy-même ; ſi le cyathe
péſe 10. dragmes, ce ſera 60. dragmes que l'Hémine péſera ; c'eſt à dire 7. onces & demie du
poids ancien, puis que l'on donne ordinairement 8. dragmes à l'once, comme ce Saint le
marque luy-même.

Nous verrons cy‑aprés comment tout cela
doit être démélé. Je fais ſeulement obſerver icy
que cette diverſité ne vient que de ce que ſaint
Iſidore a confondu les meſures des Grecs avec
celles des Romains. Surquoy il eſt bon de remarquer que ce Saint n'avoit fait que ramaſ-
ſer les choſes de cette nature & les prendre des
autres, ſans avoir eu le tems de les examiner; parce
qu'il mourut avant que d'avoir achevé ſes livres
des Origines. Il eſt vrai que ſaint Braüille Eveſque de Saragoce, à la priére duquel il avoit entrepris cet ouvrage, les revit & les donna en l'ordre où nous les avons. Mais il y a apparence que
ces ſaints Eveſques ou n'avoient pas les principes néceſſaires pour examiner toutes ces petites
choſes à fonds, ou que leurs plus grandes & plus
ſérieuſes occupations ne leur en donnoient pas le
loiſir.

Voyez n. XXI.
Et la Rep. aux
diffic. n. IV.

XVIII.

*Trois choſes à remarquer pour bien juger de
la livre qu'on donne à l'Hémine.*

Quoi qu'il en ſoit, Monſieur, puis qu'il y a
beaucoup d'auteurs qui ont fait l'Hémine d'une
livre, & que c'eſt preſque l'unique fondement de
ceux qui la veulent faire paſſer pour une grande

B ij

mesure; il est bon de voir quelle a pu être la raison de ces expressions, & ce qu'on en peut inférer. Sur quoi je vous supplie de remarquer trois choses.

La prémiere, Qu'on ne peut rien conclure de ces expressions vagues & indéterminées qui marquent que l'Hémine pese une livre, sans déterminer la chose pésée. Car il y a bien de la différence entre le poids d'une mesure qu'on empliroit de choses séches; par exemple, de bled, d'avoine, &c: & celuy de la même mesure emplie de choses liquides. Entre les liqueurs mêmes, autre est le poids de l'eau, autre celuy de l'huile, autre celuy du miel, & ainsi des autres, quoi que prises en pareille quantité. L'huile, par exemple, à laquelle Agricole prétend qu'on doit rapporter plusieurs expressions indéterminées des anciens, est d'un onziéme plus legére que l'eau, & quelquefois même d'un dixiéme, & d'un neuviéme quand elle est bien pure, comme cet auteur le remarque. Car souvent entre les choses de même nature il y a quelque différence, comme entre du vin & du vin; de l'eau & de l'eau; de l'eau de pluïe d'été & de l'eau de pluïe d'hyver, ainsi qu'Agricole & Cenalis l'ont remarqué, & que j'en ay fait moi-même l'expérience. Ce qui est peut-être une des raisons pourquoy ceux qui ont parlé de ces choses, ne se raportent pas toûjours précisément.

Voicy une Table de la différence des liqueurs les plus communes, tirée d'une autre plus grande, qui fut faite autrefois par un habile Géometre de ce tems; sur laquelle on fera peut-être bien-aise de voir à l'œil ce que je dis.

TABLE

Pour comparer par poids & par mesure les liqueurs suivantes.

	Vif argent	Miel	Eau de mer	Eau douce	Vin	Huile	
Vif argent	I	$\frac{203}{1900}$	$\frac{322}{4275}$	$\frac{7}{95}$	$\frac{413}{5700}$	$\frac{77}{1140}$	
Miel	$9\frac{73}{203}$	I	$\frac{184}{261}$	$\frac{20}{29}$	$\frac{50}{87}$	$\frac{55}{87}$	
Eau de mer	$13\frac{89}{322}$	$1\frac{77}{184}$	I	$\frac{45}{46}$	$\frac{177}{184}$	$\frac{165}{184}$	Raison de la Pesanteur ou du Volume de ces liqueurs
Eau douce	$13\frac{4}{7}$	$1\frac{9}{20}$	$1\frac{1}{45}$	I	$\frac{59}{60}$	$\frac{11}{12}$	
Vin	$13\frac{131}{413}$	$1\frac{28}{59}$	$1\frac{7}{177}$	$1\frac{1}{59}$	I	$\frac{55}{59}$	
Huile	$14\frac{62}{77}$	$1\frac{32}{55}$	$1\frac{19}{165}$	$1\frac{1}{11}$	$1\frac{4}{55}$	I	

Ce que ces liqueurs pésent ou comprennent, l'une à l'égard de l'autre.

CETTE Table est facile à comprendre pourveu que l'on considére, qu'elle commence par les corps les plus pesans, & passe de là aux plus legers, & que tout son quarré est divisé en deux, par une suite d'unitez qui sont en plus gros caractéres, & placez sur une Diagonale, qui traverse & divise tout le carré. Car les cellules qui sont au dessus de ces unitez, nous don-

nent en moindres nombres la raison de la pefanteur des corps qui leur répondent, s'ils font en
pareille maffe ou volume : ou bien la raifon
de leur volume, s'ils font en pareille pefanteur.
Et les cellules au contraire qui font au deffous,
nous font voir combien péfe le corps le plus
lourd quand le plus leger péfe un : ou combien
donne de volumes ou de mefures le plus léger
quand le plus lourd donne un.

Par exemple, fi je veux comparer le vif-argent
avec l'huile, je trouve dans la cellule de deffus
la ligne où ces deux corps fe répondent $\frac{77}{1140}$, ce
qui montre que fi on les prend en pareil volu-
me, comme, un pouce ou un pied cube, leur
poids fera inégal, comme 1140. à 77 : Et que fi on
les prend en pareil poids, comme, un marc ou
une livre, leurs volumes ou mefures, feront
inégales en pareille raifon.

Mais fi aprés cela je prens la cellule de deffous
la ligne où ces deux mêmes corps fe répondent;
je trouve 14 $\frac{62}{77}$. Ce qui me marque que s'ils
font en pareil volume, & que le poids de l'huile
vaille un, comme une once, un marc, &c. celui
du vif argent vaudra 14 & $\frac{62}{77}$ d'once ou de marc,
&c. Et que fi au contraire ils font en pareil poids,
& que celuy du vif-argent vaille un pouce, celuy
de l'huile en vaudra 14 & $\frac{62}{77}$ & ainfi des autres.
Ce qui fuffit pour faire voir qu'on ne peut argumenter de la pefanteur des corps à la mefure, ni
de la mefure à la pefanteur; à moins qu'on ne
détermine quelle eft la chofe qu'on a mefurée ou
pefée.

2. La qualité
de cette livre,

La feconde chofe que je vous fupplie, Monfieur,

de confidérer, eft que même quand nous donnerions à l'Hémine le poids d'une livre de vin,
fans s'arrêter à la différence de la pefanteur du
vin d'avec celle des autres liqueurs ; il s'en faudroit toûjours beaucoup qu'elle n'eût la même
capacité que luy veulent donner ceux qui fe fervent de ces autoritez. La livre d'Italie n'étoit que
de 12. onces ; & ces onces étoient plus foibles
que les nôtres. Tout le monde en demeure maintenant d'accord : & nous l'avons démontré par
l'expérience de M. Gaffendi. Cette once n'étoit
à la nôtre que comme environ 10. à 11. & ainfi
ces 12. onces n'en feroient pas onze des nôtres ,
& ne donneroient pas à l'Hémine le quart d'un
poçon plus que nous ne lui avons donné: ce qui
ne vaudroit pas la peine d'en parler.

La troifiéme chofe eft, Que ces expreffions ont
un autre fondement que la plûpart du monde ne
s'imagine , & que les entendant comme il faut,
on verra que non feulement elles ne font rien
contre la capacité que nous avons donnée à l'Hémine, mais qu'elles la confirment dans toute fon
exactitude : & c'eft ce qui mérite d'être plus particuliérement confidéré.

XIX.

Que les noms de Livre, *& d'*As *font équi-*
voques , comme auffi les noms de leurs
parties. Diverfes façons de parler remar-
quables qui dépendent de là.

POUR bien comprendre cecy, il faut fçavoir,
que comme l'*As* ou la livre, qui font deux mots

synonimes parmi les Latins, étoient divisez en
12, onces; on a aussi tres-souvent appliqué ces
termes à un tout divisé en 12. parties égales; &
que le nom de leurs parties aliquotes, a été de
même attribué aux parties de ces autres choses.
C'est pourquoy il est bon de remarquer avant que
de passer outre, quelle étoit cette division de
l'*As*, & le nom de ses parties, parce que l'on rencontre souvent des façons de parler qui dépendent de cette connoissance.

Table de la division de l'As en ses parties, avec le nom
& la proportion de chacune.

12. Onces faisoient l'As, appelé aussi *Libra*		L'entier ou *le tout*, divisible par douze.
11. Le DEUNX, ainsi nommé parce que *deest uncia*.		Onze douziémes.
10. { DECUNX, comme qui diroit *dècem uncia*, ou DEXTANS, parce que *deest sextans*. }		Dix douziémes, ou cinq sixiémes.
9. DODRANS, pour *dedrans*, parce que *dee quadrans*.		Neuf douziémes, ou trois quarts.
8. BES, ou *Bessis*, pour *des*, parce que *triens deest*, selon Varron.		Huit douziémes, ou deux tiers.
7. SEPTUNX, comme pour *septem uncia*.		Sept douziémes.
6. SEMISSIS, comme pour *semiassis*.		Demy-livre, ou un deuxiéme.
5. QUINCUNX, comme *quinque uncia*.		Cinq douziémes.
4. TRIENS, c'est à dire 3e partie de l'*As*.		Un tiers.
3. QUADRANS, c'est à dire 4e partie.		Un quart.
2. SEXTANS, c'est à dire 6e partie.		Un sixiéme.
1. $\frac{1}{2}$ SESCUNX, c'est à dire *sesquiuncia*, une once & demie.		Un huitiéme.
1. UNCIA (*quasi unica*) une once.		Un douziéme.

Qui conviennent avec la livre ou l'entier en cette proportion.

De là vient qu'on dit, *hæres ex affe*, héritier universel; *hæres ex semisse*, héritier de la moitié; *ex dodrante*, des trois quarts; *ex besse*, des deux tiers; *ex quincunce*, des cinq douziémes; & semblables.

De là vient encore que le setier romain se divisant en 12. cyathes, on les a marquez de même par les parties aliquotes de l'*As*, comme dans Martial:

Sextantes, Calliste, duos infunde Falerni.

VERSEZ *moy deux sextans du vin de Falerne;* c'est à dire 4. cyathes: parce que le mot de sextans, qui signifie deux onces, ou la sixiéme partie de l'*As*, se prend icy pour deux cyathes, qui font la sixiéme partie du setier romain. De même ailleurs:

Poto ego sextantes, tu potas Cinna deunces,

JE *bois deux cyathes, mais vous, vous en beuvez* onze.

Et de là vient aussi que le pied se divisant en 12. pouces. il a été appellé du nom de *livre*, & chaque pouce du nom d'*once*. C'est pour cela que l'on trouve ces façons de parler, *Quincuncialis herba.* dans Pline, Une plante de 5. pouces de haut; *Unciales litteræ*, dans saint Jérôme, des lettres capitales, ou, d'un pouce de haut : ce que quelquesuns n'ayant pas entendu, ils ont cru qu'il vouloit dire, des lettres d'or d'un once de poids. Et dans l'Ecriture même, *Crassitudo trium unciarum,* Une épaisseur de trois pouces. L'on rencontre par tout quantité de semblables exemples.

Liv. 5. Epig. 65.

Liv. 12. Epig. 28.

En sa Préface sur Iob.

c. 7.

XX.

Que les mots de livre & d'once se prennent & pour le poids & pour la mesure.

OR ce qu'il faut particuliérement distinguer icy, sont ces deux sortes de livres; l'une de poids divisée en 12. onces, & l'autre de mesure divisée en 12. pouces : afin de démêler toutes les difficultez qu'on a voulu faire sur ce sujet.

Quoi que cette distinction de livre en poids & en mesure, se voye par tout dans les ouvrages de Galien & des médecins qui l'ont suivi, on a néanmoins l'obligation à Agricole d'avoir déterré cette vérité, qui paroissoit comme ensevelie dans l'oubli, & sans laquelle il étoit impossible de dissiper les tenebres que l'on rencontroit dans cette matiére. C'est ce qu'il confirme par un tresgrand nombre de passages tirez du même Galien, dont je me contenteray de rapporter icy quelques-uns.

Liv. 1. de la compos. des remed. selon leurs genres. Liv. 6.

On donne, dit Galien, *le même nom parmi les Romains à* LA LIVRE DE POIDS *dont on pése les corps solides, & à* LA LIVRE DE MESURE, *dont on se sert pour les liqueurs.* Le même auteur reprenant ailleurs quelques médecins qui n'exprimoient pas cette différence, dit, *Qu'ils eussent mieux fait de marquer plus soigneusement de quelles* ONCES *& de quelles* LIVRES *ils entendoient qu'on se servît pour les remedes liquides;* SI C'ETOIT DE CELLES DE POIDS, OU DE CELLES DE MESURE. Où vous observerez, Monsieur, que Galien fait voir qu'on négligeoit assez ordinairement cette distinction,

& que cette négligence pouvoit aisément tromper.

En un autre endroit, il dit que l'on marquoit
même les pouces sur ces mesures par de certaines lignes , & que ces pouces s'appelloient des
onces. *Les Romains ont*, dit-il, *une mesure dont ils* Liv. 3. ch. 8.
se servent pour vendre l'huile, distinguée par des li-
gnes qui divisent le tout en 12. parties: & ils appel-
lent Livre *la mesure entiére, &* Once *sa 12. par-*
tie. Dans un autre traité, il dit que *les cotyles d'huî-* De la Santé
le, qui doivent entrer dans la composition d'un liv. 4. ch. 8.
certain reméde, *étoient* Des cotyles d'Italie,
(c'est à dire des Hémines) *que les Romains appel-*
loient aussi Livres.

Cet usage de la *livre* & de ses parties pour le
poids & pour la mesure, étoit autrefois si ordinaire, que ceux qui s'expliquoient le plus nettement, y ajoûtoient le mot de *pondô*, afin d'éviter
toute équivoque , quand ils vouloient marquer
qu'ils parloient du poids. Or ce mot de *pondô*,
pour ne le dire icy qu'en passant, n'est point un
nominatif singulier, ou un plurier indéclinable,
comme veulent les Grammairiens ; mais un véritable ablatif de la seconde, qui fait le même effet
que s'il y avoit *pondere*. Cela est nécessaire à remarquer pour résoudre les façons de parler qui
en dépendent. Car c'est ainsi que Plaute a dit, par
exemple , *Laserpitii libram pondô diluunt ;* ils dé-
laient une livre de benjoüin : *Piscium nullam un-*
ciam hodie pondô cepi ; je n'ay pas pris aujourd'huy
une once de poisson : Que Columelle écrit : *Sex-*
tarius aquæ, cum dodrante pondô mellis : une chopine d'eau avec 9. onces de miel. Et que Tite

Live a dit auſſi : *Patera aurea fuerunt 176: libra*
ferme omnes pondô. Il y eut 176. coupes d'or qui
peſoient preſque toutes une livre. On en peut
voir une infinité d'autres exemples dans les anciens. Mais depuis que le nom de livre & celuy
de ſes parties ont commencé à être moins en uſage pour la meſure, on a négligé cette exactitude,
& l'on a mis ordinairement *libra, uncia,* & les autres ſeuls, pour marquer le poids ; parce que l'on
ne s'en ſervoit preſque plus en l'autre ſens.

C'eſt ce qui a été cauſe que ces auteurs que reprend Galien ne ſe ſont plus tant ſouciez de faire
cette diſtinction : & c'eſt ce qui en a pû tromper
pluſieurs, comme Apulée, & les autres, qui voiant
le mot, de *libra* appliqué à l'Hémine ou à la cotyle, n'ont peut-être pas aſſez pris garde de quelle livre cela ſe devoit entendre ; & ont déterminé *à une livre de poids* ce qui ne ſe devoit prendre
que pour *une livre de meſure.*

X X I.

Explication du texte allégué de ſaint Iſidore.
  Différence de la cotyle *grecque ,* & *de*
  l'Hémine d'Italie.

ON voit parlà, comment on peut expliquer
ce que nous avons rapporté cy-deſſus de ſaint
Iſidore, qui ayant dit que *le poids du cyathe eſt de*
10. dragmes (ce qui en feroit 60. pour l'Hémine,
qui ne reviendroient qu'à 7. onces & demie),
ajoûte que l'Hémine peſe une livre. Car peut-être
qu'il ne ſe contredit pas tant qu'a cru le Pére

Voyez n. 17.

Dom H. Menard: mais qu'il confond seulement
les mesures grecques & les romaines, comme ont
fait aussi quelquefois les auteurs qui sont à la fin
de Galien : & qu'il applique le mot de livre au
poids, qu'il devoit donner à la mesure. Pourvû
qu'on le prenne de cette sorte, on verra que tout
s'accorde parfaitement.

C'est ainsi que Galien justifie Héras d'une expression qui pouvoit avoir quelque rapport à
celle de saint Isidore. Il dit qu'Héras a entendu
parler *des dragmes de poids que pése l'huile, & non
de celles de mesure; supposant que la cotyle ou Hémine pese* 60. *dragmes : & qu'en effet la cotyle Atti-
que les pese, revenant à* 9. *onces de mesure d'Italie,
qui font* 7. *onces & demie du poids romain.* Ce que
l'on peut encore appuier de l'autorité de Cléopatre, qui dit, que *la cotyle contient* 60. *dragmes,
ou* 7. *onces & demie.*

Si donc on suppose seulement que saint Isidore auroit dû prendre le mot de livre qu'il donne à l'Hémine, pour la livre de mesure qu'avoit
l'Hémine d'Italie; tout le reste quadrera parfaitement : parce que ce qu'il dit des dragmes du cyathe, peut s'entendre des mesures grecques. Car
en effet l'Hémine tient la livre de 12. onces de
mesure, qui reviennent à 10. du poids d'Italie,
comme nous verrons cy-aprés: & la cotyle grecque n'en tient que 9. qui reviennent à 60. dragmes, ou 7. onces & demie du même poids, comme le marquent icy Cléopatre & Galien.

Voilà la pensée que j'avois euë d'abord pour tâcher d'accorder saint Isidore avec luy-même.
Néanmoins comme il use expressément du mot

Liv. 5. *de la
compos. des
reméd. selon
leurs genres,
ch.* 6.

Orig. l. 16.
ch. 25.

de *péſer*, *Hemina*, dit-il, *libram unam appendit, quæ geminata ſextarium facit*, il eſt plus probable qu'il a eû une autre idée, & nous en parlerons plus particuliérement dans la Réponſe aux difficultez.

Mais ce que nous pouvons remarquer icy en général, c'eſt qu'il eſt certain que cette équivoque de livre de poids & de livre de meſure, a ſouvent apporté de la confuſion dans les auteurs. Cela ſe prouve par Galien même, qui parlant de la conteſtation qu'il y avoit dés ſon tems, touchant les meſures marquées par les Auteurs qui ne s'étoient pas aſſez expliquez, avertit que les uns croioient qu'on devoit prendre le terme de cotyle ſelon la meſure d'Athenes, & les autres ſe-

Liv. 6. de la
compoſ. des
remédes ſelon
leur genre.

lon la meſure d'Italie qui étoit plus forte. *La plûpart de ceux qui ont écrit des meſures & des poids, dit-il, veulent que la cotyle ait été définie par les Médecins à 9. onces de la livre romaine : & les autres ſoûtiennent au contraire qu'ils l'ont priſe à 12. onces de meſure, qui font la livre d'huile.*

C'eſt ce qui fait que dans le même livre il reprend le jeune Andromaque, de ce qu'écrivant à Rome, il ne s'étoit pas ſervi du mot de livre, qui y étoit en uſage pour la meſure, mais avoit mieux aimé uſer de celuy de cotyle, qui faiſoit ambiguité. *Il eſt certain*, dit il, *qu'il devoit exprimer les choſes par la livre romaine : mais s'étant ſervi du mot de cotyle, il nous a laiſſé dans le doute s'il a voulu marquer celle de 9. onces de meſure, ou celle de 12.* Par où nous apprenons encore; 1. que le mot de livre a été ordinaire pour marquer la meſure; 2. que le mot de cotyle ſignifioit & la cotyle

d'Athenes, & l'Hémine des Romains ; 3. que celle d'Athenes n'avoit que 9. onces, & celle de
Rome 12. Et enfin que ces neuf & ces 12. onces,
étoient des onces de mesure.

XXII.

Maniére la plus certaine d'évaluër les mesures.

OR il faut se souvenir icy, de ce que nous
avons fait voir cy-dessus ; qu'on ne peut désigner
expressément la capacité d'une mesure par le
poids seul, à moins qu'on ne spécifie aussi la chose pesée. C'est pourquoy la maniére d'évaluër les
mesures par leur étenduë, a toûjours été jugée la
plus certaine & la plus naturelle , & elle a toûjours été tres-ordinaire : ce qui fait que Galien
rapporte tout à celle-là plûtôt qu'aux autres.

Ainsi quand il a été question de *jauger*, pour
parler en termes de mesures, ces livres dont Galien fait mention, on n'a pu le faire plus facilement qu'en prenant 12. fois la mesure d'un pouce cube plein de quelque liqueur, comme remarque fort bien Cénalis. Et en effet le pié cube
de 12. pouces , eût donné une mesure incomparablement plus grande, puis que le produit seroit
de 1728. pouces.

XXIII.

Que la livre qu'on donne à l'Hémine, n'est qu'une livre de mesure ; & à combien elle revient de poids.

VOILA donc, Monsieur, ce qui fait la livre

de mesure ; la capacité d'un pouce cube prise 12.
fois : & voilà comme on peut dire que l Hémine
avoit une livre, c'est à dire une livre de mesure.

Cette vérité, qui paroît assez établie par ce
que je viens de raporter, sera hors de toute contestation, si je fais voir que les auteurs qui ont
parlé plus distinctement, ont marqué tres-expres-
sément cette différence du poids & de la mesure, avec le rapport & la proportion qu'il y a de
l'un à l'autre. Or c'est ce qu'a fait Oribaze, lors
qu'il a dit que LE SETIER D'ITALIE TIENT 24.
ONCES DE VIN SELON LA MESURE, ET NE CON-
TIENT SELON LE POIDS QU'UNE LIVRE ET 8.
ONCES, c'est à dire 20. onces, comme nous l'a-
vons déja montré.

Ce passage est remarquable ; & l'on ne peut
rien voir de plus net, ni qui décide mieux la
question que nous traitons. Car si le setier contient 24. onces de mesure, & 20. onces de poids,
l'Hémine qui en est la moitié ; aura 12. onces de
mesure, qui font la livre dont est question, & 10.
onces de poids. D'où il s'ensuit que ces 12. onces de mesure égalent les 10 onces de poids du
vin, comme je l'ay remarqué cy-dessus.

Nous pouvons encore appuier cecy par l'autorité de Galien même, qui parle en ces termes:
*J'ay pesé autrefois ce qu'ils appellent à Rome la livre
d'huile,* (c'est à dire la livre de mesure:) ET J'AY
TROUVE' QUE 12. ONCES DE MESURE SONT
EGALES A 10. ONCES DE POIDS. Ce qui est
d'autant plus considérable, qu'on sçait que ce
sçavant Médecin apportoit une merveilleuse exactitude dans toutes les expériences qu'il faisoit.
XXIV.

Dans les Frag.
à la fin de
Galien.

Liv. 6. de la
compos. des
remedes selon
leurs genres,
ch. 8.

XXIV.

Qu'il s'ensuit de tout cela , que la livre qu'on donne à l'Hémine, confirme le poids que nous luy avons donné. Et que nous pouvons appeller le demisetier de Paris ; nostre Hémine, & nostre livre de mesure.

OR nous avons fait voir cy-dessus que ces 10. onces du poids ancien, revenoient justement à 9. onces & $\frac{5}{16}$ du nostre ; qui est ce que nous avons donné à l'Hémine, que nous avons comparée au demisetier bourgeois de Paris. Et par consequent, tant s'en faut que ceux qui ont donné une livre à l'Hémine fassent contre nous, qu'au contraire , ils confirment tres-exactement la même chose que nous avons voulu établir.

Mais il y a entre l'Hémine & le demisetier , mesure de Paris , un autre rapport, qui merite encore d'estre consideré. Car si nous voulons, nous pouvons dire aussi que nostre Hémine, est nostre petit demisetier , & qu'il contient une livre de mesure ; puis qu'il comprend 12. fois la mesure d'un pouce cube , ce que nous pouvons appeller 12. onces de mesure : quoy qu'il ne pese que 8. onces de vin, de nostre poids.

XXV.

D'où vient la livre de compte, & le mot de francs : LOY ANCIENNE tres remarquable sur ce sujet.

ET si nous voulons passer plus avant, nous

trouverons que noſtre livre de compte, que nous appellons *franc* (mot pris des anciens Francs, ou François) ne vient que des 12. onces de poids, qui compoſoient l'anciénne livre.

Boherius Religieux de ſaint Benoiſt, & depuis Eveſque en Italie, en ſon Commentaire[b] ſur la Regle de noſtre ſaint Patriarche, expliquant la livre qu'elle ordonne pour le pain de ſes Religieux, en rend la raiſon, qu'il tire de la perfection du nombre de 12. *La livre, dit-il, eſtant compoſée de 12. onces, on peut dire en quelque ſorte que c'eſt un poids parfait, parce qu'elle a autant d'onces que l'année a de mois: & la livre de deniers eſt auſſi appelée livre, parce qu'elle peſe ordinairement 12. onces.*

Et cela paroiſt tres-clairement par les loix anciennes de France, comme on le lit formellement dans l'addition du livre de la Diviſion des terres, en ces termes, que j'ay traduits mot à mot du latin : *Selon les Gaulois la vingtiéme partie de l'once eſt un denier, & 12. deniers font un ſou. Ainſi, comme ſuivant ce nombre de deniers, trois onces font cinq ſous ; de même cinq ſous reviennent à 3. onces. De ſorte que les 12. onces font la livre de 20. ſous, ou ſolides. Mais les anciens appeloient ſolides ce que nous appelons maintenant un écu d'or.*

b *Comment. MS. ſur la Regle, ch. 29.* Celuy des Celeſtins de Paris, dont je me ſuis ſervi eſt dedié *Carolo Francorum Regi Chriſtianiſſimo.* Ce qu'il faut entendre de Charles V dit le Sage, premier Dauphin de France, & Fondateur de ce Monaſtere, qui a commencé à regner l'an 1364. Et Boherius dit qu'il luy adreſſe ce commentaire ſur la Regle, de la même grotte où cette Regle avoit eſté autrefois écrite par ſaint Benoiſt : c'eſt à dire de Sublac.

XXVI.

D'où vient le mot de sou. Son poids & sa valeur.

Nous voyons donc icy ce que c'est que la livre de compte, qui n'est autre chose que 20. solides (d'où l'on a formé d'abord le mot de *sol*, que nous disons maintenant *soû*) qui reviennent à 12. onces. Et nous voyons que le solide dont parle cette loy, est composé de 12. deniers : *Ut inter Francos per duodecim denarios solidus componatur*, ainsi qu'il est encore dit dans les loix des Francs : parce que, comme Hincmar l'a remarqué dans la vie de saint Remy, les solides ont esté estimez à 40. deniers jusques au temps de Charle-Magne : ce qui se voit aussi dans les loix Saliques, dans celle des Lombards, & ailleurs.

Tit. 4.
l. 106.

XXVII.

Ordonnance remarquable de l'Assemblée d'Aix la Chapelle pour le pain des Religieux : & comment il la faut entendre. Combien a esté estimée cette Assemblée.

La loy que je viens de rapporter, merite d'autant plus de consideration, qu'elle nous donne moyen d'entendre une Ordonnance de l'Assemblée d'Aix-la-Chapelle, faite au sujet des Religieux, qu'il semble que personne n'ait bien entenduë en ces derniers temps. Je sçay bien que le Reverendissime Yepez a tâché de la déchiffrer

dans ſes Chroniques ; mais ce n'a eſté que par
des conjectures, comme le remarque le P. Mabillon : au lieu que cette loy nous en fait voir
une explication juſte, & où il n'y a rien à deviner.
De ſorte qu'aprés cela, il ſera aiſé de rendre inutiles tous les ſoins, que quelques Religieux ont
pris de groſſir leur meſure de pain, auſſi bien
que celle de vin.

Cette Aſſemblée, c que Smaragdus, & Boherius aprés luy, appelle, *Le grand Concile des François*; & que Leon d'Oſtie dit *avoir eſté obſervé
avec autant de reverence que la Regle même.* (quoy
qu'elle l'ait adoucie en beaucoup de choſes, qui
ont donné occaſion à Gui Juvenal de la rabaiſſer,)
fut tenuë en 817. par les Abbez & Religieux de
France ſous le Pape Paſcal, & l'Empereur Louïs
le Debonnaire. Et cette Ordonnance dont nous
parlons eſt la 57. où reglant le pain qu'on devoit

En leur Com-
ment. ſur la
Regle.

Chron. Caſſ.
liv. 1. ch. 18.

Reformat. des
mon. liv. 1.
ch. 13.

c Quelques-uns ayant trouvé à redire que j'euſſe donné le nom de
Concile à cette Aſſemblée, dans la premiere édition, je m'en ſuis
abſtenu dans celle-cy pour les contenter. Neanmoins ſaint Dunſ-
tan n'a pas fait difficulté de l'appeller, *Concilium magnopere cuſto-
ditum*, & Smaragdus *Francorum magnum Concilium.* Auſſi cet auteur qui l'avoit pû voir, remarque expreſſément qu'elle fut tenuë
par les Eveſques & par les Abbez. Cela ſera aiſé à accorder ſi l'on
ſuppoſe qu'alors ces Aſſemblées eſtoient comme une convocation
des Eſtats generaux, où d'un coſté les Eveſques agitoient ce qui
regardoit particulierement l'Egliſe, & de l'autre, les Abbez trai-
toient de ce qui regardoit les Religieux, ce qui ne ſe concluoit
pas neanmoins ſans la participation des Eveſques. Il y a même
beaucoup d'apparence que le Concile que l'on appelle *Concilium
primum Aquiſgranenſe*, & que l'on aſſigne à l'année 816. eſt le
même que celuy-cy, c'eſt à dire, que cette Aſſemblée qu'on met
en 817. parce qu'il a pû facilement ſe faire que le Concile ayant
eſté aſſemblé vers la fin d'une année ait continué juſqu'au commencement de l'autre. De là vient que Rupert appelle cette même
Aſſemblée *Generalem Synodum*, & que les uns donnent à ce Concile
de 816. des choſes que d'autres donnent à cette Aſſemblée de
817.

donner aux Religieux chaque jour, elle dit : Ut
libra panis triginta solidis per duodecim denarios metiatur : *Qu'on mesure la livre de pain à* 30. *solides, estimez par* 12. *deniers.*
Et le titre porte que c'estoit avant que le pain
fust cuit, *antequam coquatur.*

Ce texte a été si peu entendu, que plusieurs
ont confessé, qu'ils n'y comprenoient rien, & que
d'autres qui l'ont voulu interpreter à leur mode,
en ont tiré des consequences ridicules, quoy que
le Reverendissime Yepez en ses Chroniques de
l'Ordre ait plus approché du veritable sens que
les autres. Mais vous voyez déja sans doute,
Monsieur, qu'il n'y a rien de plus clair que cette
Ordonnance, si on la compare avec la loy que je
viens de rapporter. Car, puis que selon cette loy,
5. solides font 3. onces, & 20. solides 12. onces ;
il est visible que les 30. feront 18. onces, ou une
livre & demie, comme parle Charle-Magne, par
relation à la livre ancienne ; *triginta solidi, id est
libra & dimidia.* Et c'est ce que cette Assemblée
ordonnoit de paste pour chaque Religieux, qui
aprés la cuisson pouvoit revenir environ à 13. ou
14. onces de pain blanc, ou à 15. ou 16. onces
de pain bis, selon que le pain estoit ou plus deli-
cat, ou plus grossier, ainsi que je l'ay appris de
ceux qui entendent mieux la boulangerie, & que
je l'ay reconnu moy-même, par quelques experiences que j'en ay fait faire.

Il n'y a donc rien de plus net que cette Ordonnance, si on l'entend bien : & l'Assemblée ne pouvoit parler plus expressément. Car parce qu'a-
lors la livre estoit presque differente en toutes les

*Voyez le P.
Mabillon 1.
Pref. du 4.
siecle n.* 152.
*& Yepez sur
le Conc. d'Aix
la Chap. tom.*
3. *de sa Chr.*

Capitul. lib.
3. *tit.* 14.

villes (comme le Concile qui s'estoit assemblé
l'année precedente au même lieu pour regler les
Chanoines , l'a marqué) elle a voulu déterminer icy la livre qu'elle entendoit , en déclarant
que c'estoit une livre de 30. solides. Et parce
qu'on auroit pu encore concevoir quelque equi-
voque dans le mot de solide, qui signifioit quelquefois une piece d'or, & quelquefois estoit pris
pour 40. deniers , comme nous avons veu cy-
dessus ; elle a voulu oster toute l'ambiguité, en
specifiant qu'elle entendoit des solides à 12. deniers, *per duodecim denarios :* en quoy on ne peut
desirer une plus grande exactitude, ni une plus
grande netteté.

XXVIII.

Fausses consequences qu'on a tirées de cette Ordonnance.

IL ne nous reste donc que d'admirer la sagesse
de cette sainte Assemblée en ce point. Elle a bien
veu que le pain estoit presque la moindre nourriture qu'on puisse prendre ; ce qu'on ne peut
pas dire du vin , qui n'a esté accordé aux Religieux que par une pure condescendance. Elle a
jugé qu'il y avoit des nations, qui ont besoin de
manger plus les unes que les autres. Ainsi elle a
crû qu'on pouuoit aller jusques à 15. ou 16. onces de pain pour ce païs cy, au lieu des 12. qui
avoient esté accordées par saint Benoist , afin
qu'on n'eust pas sujet de se plaindre. Ce qui n'est
qu'une petite indulgence excusable à l'égard de
la Regle.

Cependant il eſt viſible que ces 30. ſolides de pain mal entendus, ont donné lieu à beaucoup de fauſſes conſequences. Alardus Gazeus, par exemple, a cru que par là, le Concile accordoit pour 30. ſous de pain par jour à chaque Religieux. Haëſten a pretendu que le pain qu'on leur donnoit, péſoit au moins 4. livres, c'eſt à dire 48. onces, comme il s'explique luy-même. Et peut-être qu'il s'en trouvera auſſi, qui feront contre cette Ordonnance la même plainte que le B. Pierre de Damien a formée autrefois contre celle qui fut faite au même lieu d'Aix-la Chapelle, touchant les Chanoines, pretendant que c'eſt donner aſſez à manger pour ſe crever, *non ad vomitum, ſed exenterationem.*

Sur Caſſien. l. c. c. 5.

Diſquiſit. Monaſt. l. 1. tr. 4. diſq. 2.

P. de Dami. opuſc. 25. c. 3.

XXIX.

Origine de la livre du Mont-Caſſin.

Il eſt aſſez vrai-ſemblable que c'eſt auſſi ſur le même fondement, que les Moines du Mont-Caſſin ont fabriqué leur livre de 33. onces & demie, qu'ils prétendent être celle que ſaint Benoiſt leur a laiſſée pour la meſure du pain. Je montreray cy-aprés, ſelon toutes les apparences du monde, comment cela s'eſt pû faire. Mais il faut prendre la choſe d'un peu plus haut, afin qu'on puiſſe mieux juger de ces poids & de ces meſures laiſſées par ſaint Benoiſt, quand on aura vû ce que nous en trouvons dans l'antiquité, & démêler plus facilement toutes les broüilleries qu'on a voulu faire ſur ce ſujet.

C iiij

XXX.

Ce qui est rapporté dans Leon d'Ostie, des mesures laissées par saint Benoît.

Chron. Cassin.
l. 1. c. 2.

V. La Disqu.
cy-après.

LEON d'Ostie rapporte que quand les Lombards pillerent le Mont-Cassin sur la fin du sixiéme siecle & environ 40. ans aprés la mort de saint Benoist, les Religieux s'étant tous sauvez selon la prédiction du Saint, se retirerent à Rome prés du Pape Pelage II. où ils porterent l'original de leur Régle avec le poids du pain & la mesure du vin, que ce Saint leur avoit laissez. Et il ajoûte que 130. ans aprés, le Pape ayant fait rétablir ce Monastere, y remit aussi ce même poids pour le pain, & cette même mesure pour le vin. Nous pouvons croire cela sur l'autorité d'un si grave personnage. a

a Quoique je n'aye cité Leon d'Ostie que pour le renvoy des mesures au Mont Cassin, & que je ne me rende pas garent de tout son calcul pour les onces : il est bon neanmoins de donner ici une Epoque de la ruine & de la restauration de cette Maison sainte, qui puisse satisfaire à toutes les difficultez qu'on a accoûtumé de faire là dessus.

Les Lombards étant entrez en Italie en 568. ont pû venir au Mont Cassin en 585. au commencement du regne d'Antharit, qui fit Zothon Duc de Benevent, au quel on attribuë cette désolation. Ainsi les Moines se feront retirez à Rome sous Pelage II. qui a tenu le Siege depuis 577. jusqu'à 590 Ils y seront demeurez 130. ans jusqu'à 715. seconde année de Gregoire II. qui a vécu jusqu'en l'an 731. Et saint Villibaud étant venu au Mont Cassin en 730. y aura trouvé Petronax Abbé. Quoiqu'il n'ait achevé son Monastere que sous Gregoire III. qui a vécu jusqu'en 741. Aprés quoy l'Eglise aura été dédiée par le Pape Zacharie son successeur, & saint Gregoire aura pû dire dans ses Dialogues qu'il commença en 593.. que l'Abbé Valentinien disciple de S. Benoist avoit gouverné le Monastere de Latran plusieurs années, lorsqu'il en écrivoit le 2. Livre; c'est à dire environ 8. ou 10. ans.

Mais le Mont-Caſſin n'a pas été ruiné pour une fois. Il le fut encore en l'an 884. par les Sarazins qui le brûlerent, & maſſacrerent pluſieurs des Religieux, comme nous l'apprenons du même auteur. Or il ne marque point que dans cette ſeconde deſtruction, qui fut beaucoup plus cruelle que la premiere, les Religieux ayent eû le tems ou la prévoyance de ſauver leurs meſures du pain & du vin. De ſorte que nous pouvons probablement croire qu'elles y périrent, puis qu'il n'en eſt plus fait mention dans la ſuite, Leon d'Oſtie diſant ſeulement qu'elles ont été en uſage juſqu'au tems de Theodemar douziéme Abbé du Mont-Caſſin, & qu'il les envoïa à Charle-Magne.

XXXI.

Letre de Theodemar à Charle-Magne, par laquelle il luy envoïe les meſures de S. B.

Nous avons encore la lettre de Theodemar *a*; qui fut écrite à Charle-Magne vers l'année 774. comme on le peut recueillir des Annales de France. Et voicy ce qu'il dit de ces meſures. *Nous vous avons envoié un poids de 4. livres, ſur lequel on doit faire le pain, afin qu'on le puiſſe diviſer en 4. quartiers d'une livre chacun,*

---

a Le P. Ménard ſemble avoir douté de cette lettre de Theodemar. Mais le P. Mabillon prouve fort bien qu'elle eſt de luy. Il eſt vray qu'on y remarque quelque relâchement de l'exactitude de la vie monaſtique; comme lorſqu'il dit que l'on faiſoit une petite collation aprés None en eſté, quand on travailloit à la campagne, & qu'on augmentoit l'Hémine, non ſeulement à certaines feſtes, mais auſſi tous les jours, quand on recueilloit aſſez de vin. Mais cela n'a pas empêché Leon d'Oſtie de la citer comme de cet Abbé.

suivant le texte de nôtre Régle : parce que ce poids a été trouvé ici comme il a été établi par nôtre B. Pere. Nous vous envoions encore la mesure du vin qu'on donne à diner, & celle de ce qu'on en donne à souper, nos anciens aiant cru que ces deux mesures faisoient l'Hémine. Nous y avons même joint la mesure de ce que les freres qui doivent servir, ont accoûtumé de prendre, selon qu'il est marqué dans le texte de nôtre sainte Régle.

Ainsi nous voyons que la mesure de ce qu'on donnoit de vin au dîner & celle du souper prises ensemble faisoient l'Hémine. Mais Theodemar ne détermine pas de combien étoit celle qu'on réservoit pour le souper. Il y a apparence que comme la Régle ordonne qu'on garde la troisiême partie de la livre de pain pour le soir lorsqu'on soupe, on réservoit aussi la troisiéme partie de l'Hémine ; c'est à dire quatre onces ou un poçon de Paris, parce que l'Hémine de saint Benoît, comme je le feray voir ensuite, étoit un peu plus grande que celle du commerce. Car si l'on eût divisé l'Hémine justement en deux, il n'eût pas été nécessaire d'envoyer deux sortes de mesures. Néanmoins comme saint Benoît ne dit rien de cela, il semble qu'il l'ait laissé à la discretion des Abbez.

XXXII.

De ce que prenoient les servans avant le dîner. Si c'étoit par dessus leur portion ou non. Et à quoi cela pouvoit aller.

LA mesure de ce que prenoient ceux qui ser-

voient à table & à la cuisine, devoit être encore plus petite. Mais on est en peine de sçavoir, si
cela se prenoit sur leur portion, ou s'il leur étoit
accordé par dessus. *Accipiant super statutam an-*
nonam singulos biberes & panem, dit la Regle. Ce
que Gui Juvenal traduit ainsi, *prennent sur leur*
portion ordonnée. Et le P. Menard dit de même,
Que le vin se prenoit sur l'Hémine, & le pain sur la
livre qui étoit ordonnée.

Je m'étois laissé aller à suivre ces autoritez
dans la premiere édition de ce livre. Mais j'ay
bientost reconnu qu'il faloit prendre autrement le texte de saint Benoist : & tant s'en
faut que la difficulté que fait un auteur sur le
chap. 49. de la Regle, qui est du Carême, me
puisse arrêter, qu'au contraire, c'est ce qui me
confirme. Car la propre signification de *super* qui
est formé d'ὑπὲρ, d'où vient aussi *insuper*, est de
marquer proprement ce qui surpasse & qui est
de plus, ou qui va au delà. *Super hac*, Plin. Jun.
Outre cela. *Super Garamantas & Indos.* Virg. au
delà. Ainsi *super statutam annonam*, dans saint
Benoist, signifie certainement *par dessus sa portion*
ordinaire. Ce qui nous trompe en cecy est l'idio-
me de nôtre langue, où nous disons, prendre
sur le peuple, sur le Clergé, sur la gabelle. Mais
alors les Latins se servent plutôt de *De.* comme
De meo Ter. de mon bien, à mes dépens. *De*
meis sumticulis, S. Cypr. sur mon révénu.

Quand la Regle du Maître a voulu parler de
ce que chacun prenoit sur son pain, elle a dit de
même *De pane suo.* Et quand elle a voulu marquer que les Religieux que l'on envoyoit aux

Chap. 38.

Concord. Reg. ch. 44.

Regul. Mag. cap. 27.

champs ne prendroient rien avant l'heure, elle use encore de ce mot, *De sumtibus suis nihil præsumat.* Au contraire nous voions que S. Cesaire a marqué expressément dans saRegle pour les filles, que celles qui servoient à la cuisine prendroient un doigt de vin plus que les autres ; *singuli illis meri pro labore suo adduntur,* ce qui nous doit encore plus persuader du sens de saint Benoist en ces mots : *super statutam annonam,* puis qu'il parle de la même chose.

Ces deux distinctions de *De* & de *super,* se voient clairement dans saint Benoist même, au chapitre 49. dont j'ay parlé, où il traite de la maniere de bien faire le Carême. Car il dit expressément qu'outre la pénitence qui nous est imposée par la Régle ou par l'Eglise, *super mensuram indictam,* chacun doit encore prendre quelque chose sur sa nourriture, sur sa boisson, sur son sommeil, sur ses paroles, pour l'offrir à Dieu : & alors il use de *de : De cibo, de potu, de somno, de locutione, de scurrilitate, &c.* Or ces deux derniers mots font bien voir que *super mensuram indictam,* qu'il a mis auparavant, ne signifient pas là, la portion ; mais que le Saint veut marquer quelque chose de plus que la pénitence ordinaire.

Je say bien que dans les usages ou Coutumes de Cisteaux, il est dit que ceux qui voudront boire aprés None en été, le pourront faire, pourvû qu'ils le prennent sur leur portion ordinaire, mais alors on use de *de,* ce qui confirme encore nôtre explication. *De potu justitiæ suæ.* Et l'on n'a parlé ainsi que parce que leur portion étoit déja devenuë trop grande ; ou bien parce qu'on a voulu faire voir que cela n'étant pas de la Régle, on ne l'accordoit qu'à regret, & on a voulu porter par là les particuliers à s'en paffer s'ils pouvoient. Quoi-qu'il en foit, nous voions toûjours nôtre *De* dans la fignification que j'ay marquée.

Aprés cela, il nous feroit facile de terminer la queftion que traite Haëften, en fes Difquifitions monaftiques ; fçavoir, ce que pouvoient prendre ceux qui étoient en femaine pour fervir. Car ce n'étoit qu'une fois à boire & un petit morceau de pain, *fingulos biberes & panem*, qu'ils prenoient immediatement avant l'heure du repas. Mais nous en parlerons plus particulierement dans le Commentaire fur la Régle.

XXXIII.

Quelle différence fait la Régle entre le Lecteur & les fervans. Ce que c'eft que mixtum : Et pourquoy elle fait icy mention de la Communion.

Pour le Lecteur, on peut remarquer que faint Benoift ufe d'un autre terme, & qu'il femble faire quelque différence entre luy & les fervans.

Car premierement, faint Benoift ne permet pas au Lecteur de prendre ce qu'il luy accorde avant l'heure du repas, mais feulement en entrant au Réfectoire.

Secondement, il ne fe fert pas du mot de

biber, mais de celuy de *mixtum*, & il ne fait aucune mention particuliere de pain. Ce qui en trompe plusieurs. Il est vray que le mot de *mixtum* dans sa signification naturelle veut dire proprement *du vin mêlé*; étant opposé à *merum* ou *purum*, du *vin pur*; comme nous le voyons par le Pseaume 74. *vini meri, plenus mixto*; & par Martial:

> *Cùm peterem mixtum, vendidit ille merum.*

Néanmoins *mixtum* ne signifie icy que le vin qui luy a été préparé. Car *miscere* en Latin se prend souvent pour servir ou préparer la boisson. Sur quoi l'on pourra voir encore nôtre Commentaire de la Régle, où l'on montre que le *mixtum* est le même que *biber*. De là vient que comme Theodemar parlant des mesures qu'il envoyoit à Charle-Magne, dit qu'il luy envoye la mesure de ce que les Freres, qui étoient en service, avoient coutume de prendre : *mensuram unius calicis, quam* OBSECUTURI FRATRES, *juxta sacræ Regulæ textum solent accipere*: c'est ce que saint Benoist a appelé *biberes*: aussi Leon d'Ostie use du mot de *mixtum* en rapportant la même chose, *Calicis mensuram quam in* MIXTO SERVITORES *solent accipere*.

Troisiémement, saint Benoist use du mot de Communion en parlant du Lecteur, ce qu'il ne fait pas quand il parle des officiers de la cuisine. *Propter communionem sanctam*, dit-il icy, *& ne forté grave sit ei jejunium sustinere*. La considération du jeûne & de la fatigue qui faisoit l'essentiel pour les autres, n'est icy qu'accidentelle & conditionelle. *Ne forté*, dit-il, *grave sit ei* parce qu'en

effet il y a moins de travail à lire qu'à faire la
cuisine. De sorte que cette communion est le
principal motif de ce que le Saint luy accorde
de prendre. Mais il est bon d'éxaminer ce qu'il
a voulu entendre par ce mot de *Communio.*

Ceux qui font un peu versez dans le langage
de l'Eglise, sçavent assez qu'il y a une communion de charité & de prieres, aussi-bien qu'une
communion sacramentelle du Corps de JESUS-
CHRIST. C'est cette première communion que
faint Augustin appelle *Communionem charitatis,*
& que les moindres fideles font obligez de reconnoître tous les jours en proteftant dans leur
Credo, qu'ils croyent la Communion des Saints;
Sanctorum Communionem. Et l'autre eft la Communion Euchariftique de laquelle les fidelles
ne peuvent fe rendre dignes que par le foin qu'ils
auront de fe conferver dans l'autre. Ce qui eft
fi vray que le Fils de Dieu nous a commandé
luy-même, de laiffer nôtre facrifice imparfait devant l'autel, pour aller nous reconcilier avec nôtre frére, avant que de l'achever, fi nous recon-
noiffons que nous ayons quelque chofe fur le
cœur contre luy.

Ces deux fortes de Communion ont parfaitement été exprimées par le premier Concile général au Can. 13. qui parle du Viatique, que l'on
doit donner aux mourans. Et voici comme Denis le Petit le traduit : *Quod fi quis defperatus &*
CONSECUTUS COMMUNIONEM *oblationifque par-*
ticeps factus (voilà pour ce qui regarde la Communion Euchariftique, & la participation au facrifice) *iterum convaluerit; fit inter eos qui* COM-

MUNIONEM ORATIONIS *tantummodo conse-quuntur.*

Voilà donc les deux acceptions du mot de *Communio* fort clairement marquées, l'une pour dire l'union sainte que nous avons avec nos fré-res par la priére ; & l'autre pour marquer la com-munion du corps de JESUS-CHRIST dans la reception de l'Eucharistie. Il ne reste plus que de voir dans laquelle de ces deux significations saint Benoist a pris icy ce mot en parlant du Lecteur.

J'avois suivi dans la premiere édition de ce livre, le sentiment de ceux qui veulent que ce soit de la Communion Eucharistique qu'enten-de parler saint Benoît, & que c'est de peur que le Lecteur ne crache quelque chose des espéces sacrées, qu'il use de cette précaution. Mais mon livre ne fut pas plutôt tombé entre les mains d'un des plus sçavans hommes de ce siécle dans la tradition de l'Eglise, qu'il me fit voir par de si fortes raisons que ce ne pouvoit pas être le sentiment de saint Benoît, que j'eûs de la peine à ne m'y pas rendre.

» Car premierement, cette grande précaution
» de ne point cracher quelque tems considérable
» aprés la communion étoit inouïe, disoit-il, du
» tems de saint Benoît, & dans les siécles qui l'ont
» précédé ; par ce que les espéces sont bientôt al-
» térées, & par conséquent ne conservent plus le
» Corps de JESUS-CHRIST : de même qu'on de-
» meure d'accord qu'elles ne pourroient pas être
» consacrées en cet état-là.

» Secondement, ajoûtoit-il, si saint Benoît avoit
» voulu ordonner de prendre quelque chose à raison

fon de la Communion facramentelle, il l'auroit «
marqué en général, pour tous ceux qui commu- «
nient, & auroit ordonné qu'on le prît à l'Egli- «
fe plutôt qu'au réfectoire, & auffitôt aprés avoir «
pris la fainte Hoftie, comme on fait encore en «
quelques lieux. Ce qui auroit été d'autant plus «
raifonnable qu'il pouvoit arriver aifément qu'on «
eût befoin de cracher durant Sexte, qu'on chan- «
toit avant dîner : de forte qu'il y avoit toû- «
jours un tems fort confidérable entre la Mef- «
fe & le dîner. Ce qui montre clairement que «
faint Benoît n'a pas pû prendre icy le mot dé «
fanEta communio, pour la communion de l'Eu- «
chariftie, mais pour l'union fainte qui doit être «
foigneufement confervée entre les fidelles, qui eft «
l'effet de l'union des cœurs, dont il a voulu que «
le Lecteur donnât quelque preuve fenfible à tou- «
te la Communauté avant que de commencer à «
lire ; quoi-qu'il n'eût pas jugé qu'il fût befoin «
d'ufer de la même précaution en parlant des offi- «
ciers de la cuifine, parce que la chofe étoit affez «
claire d'elle-même : puis que comme faint Paul «
dit, que ceux qui fervent à l'autel ont part à l'au- «
tel ; auffi ceux qui fervent leurs fréres à table, «
ou qui leur préparent à dîner, ont part à leur «
table, & que ce font eux qui les traitent & «
qui leur fourniffent de quoi manger : De forte «
qu'ils fourniffent plus à ce repas qu'aucun des «
autres. «

Ces raifons me femblérent fi belles & fi convaincantes, que je crus être obligé de m'y rendre, & j'ay crû depuis que le Lecteur ne feroit
pas fâché de les voir icy, quand ce ne feroit que

D

pour lui rendre compte du changement que j'ay fait de la premiére édition.

En effet, il n'y a rien de plus commun parmi les anciens Moines, que de voir le soin qu'ils avoient de faire paroître l'union sainte qu'ils avoient avec leurs fréres, & qu'ils marquoient par le mot de *Communio.*

La Régle du Maître chap. 21. dit que dés le matin, ils alloient pour cela se présenter tous, devant l'Abbé à l'Eglise, qui leur donnoit à tous le baiser de paix, & elle appelle cela, *ad communionem stare.* Elle dit de même que les officiers de la cuisine viendront aussi donner le baiser de paix simplement à l'Abbé, *soli Abbati pacem dent,* de peur que s'ils le vouloient donner à tous cela ne les retardât trop. Et elle appelle cela communier. *Ergo post modicam orationem, erecti communicent,* aprés quoi l'Abbé leur ayant donné sa bénédiction ils se retiroient.

Bien plus, cette même Régle use encore du mot de *Communio,* pour marquer l'union de la table, & l'assemblée du réfectoire. Par exemple, au chap. 14. parlant de ceux qui avoient été excommuniez, c'est à dire, retranchez de la table ou de l'Eglise; elle dit que pour marque de leur parfaite réconciliation, ils donneront ce jour-là à laver à tous ceux qui entreront au réfectoire, & elle use de ces mots, *intrantibus ad communionem.* Ce qu'elle fait encore ailleurs; mais je croi que cela suffit pour nous faire voir la véritable acception du mot de *Communio,* dont use icy saint Benoît en parlant du Lecteur.

XXXIV.

Que depuis l'envoi des mesures de saint Be-
noît à Charle-Magne, les Chroniques n'en
disent plus rien. Et comment les Moines,
qui sont venus depuis la ruine du Mont-
Cassin, ont pu fabriquer sur la 57. Or-
donnance de cette Assemblée, la livre
qu'ils montrent aujourd'hui.

O R depuis cela, les Chroniques de Léon
d'Ostie, ni celles de Pierre son continuateur, ne
parlent plus de ces mesures. Mais les Religieux
du Mont-Cassin, qui sont venus dans les siécles
suivans, ne les trouvant point, & ne pouvant douter néanmoins que l'Assemblée d'Aix-la-Chapelle ne les eût vûës, puis qu'elle ne s'assembla
que pour accomplir le dessein de réforme que
Charle-Magne avoit prémédité, lors que Théodemar lui envoia ces mesures avec la Régle, ils
ont cru qu'elle y avoit aussi proportionné son
Ordonnance. Ainsi ne voiant rien de meilleur,
ils y ont eu recours, afin d'en tirer quelque lumiére, pour apprendre quel étoit le poids & la
mesure que saint Benoît leur avoit laissez.

Il n'y ont rien trouvé de particulier pour le
vin. L'Assemblée parle de l'Hémine sans la spécifier, parce qu'il vouloit demeurer dans cette
même mesure de la Régle, & qu'elle étoit assez
connuë. Mais pour le pain, comme ils ont vû
une livre de 30. solides, n'entendant pas ce que
c'étoit que ces solides, & ne croiant pas qu'il y

eût de terme qui eût plus de rélation à la livre
que celui d'*once* ; ils ont pris ces solides pour
des onces du païs où s'étoit tenuë l'Assemblée.
De forte que pesant ces onces avec celles d'Italie qui font plus foibles, ils ont trouvé que 30.
de celles-cy, faisoient 33. & demie des autres,
ou environ : car il ne faut pas s'imaginer qu'ils
fussent si fcrupuleux dans leurs expériences.

Aiant donc fabriqué un poids là-dessus, ils
l'ont confervé comme s'il eût eu rapport à celui
que leur avoit laissé faint Benoît ; & leurs fucceffeurs, par la fuite du tems, fe font imaginé
que c'étoit celui-là même.

Je croi, Monsieur, que vous jugerez vous-même que la généalogie du poids du Mont-Cassin
fe trouve affez bien déduite de cette forte ; &
je doute que l'on puiffe aifément la condamner,
ou nous faire croire, que ce poids foit celui de
faint Benoît.

X X X V.

Raifons qui obligent à croire que le poids du
Mont-Cassin n'eft point celui de faint Be-
noît, & qu'il a été fait à plaifir.

C A R premiérement. Il eftvifible qu'un poids
d'un nombre rompu, comme eft 33. & $\frac{1}{2}$ ne peut
avoir été marqué par un Legiflateur dans une
Régle où l'on compte toûjours par nombres
ronds. Il auroit plutôt dit 30. ou 33. ou même 35.
fi vous voulez, que 33. & demie : ce qui montre
que ce nombre rompu ne peut être venu que de
la réduction d'un nombre entier, comme le

roient les 30. solides de l'Assemblée d'Aix-la-Chapelle, pris pour des onces, ainsi que nous l'avons fait voir.

Secondement. Il n'y a nulle apparence que saint Benoît se servant simplement du mot de livre dans sa Régle, ait pu entendre une autre livre que celle qui étoit reçuë communément par tout, qu'on sçait n'avoir été que de 12. onces ; ni qu'il eût manqué d'avertir de combien d'onces il entendoit qu'elle fût, s'il est vrai qu'elle eût été extraordinaire : comme nous voions que l'Assemblée n'a pas manqué de marquer de combien de solides étoit la livre qu'elle ordonnoit, & de combien de deniers étoient ces solides, afin qu'on ne s'y pût pas tromper.

Troisiémement. Qui peut s'imaginer que saint Benoît n'aiant été porté à laisser une mesure de pain & de vin que pour garder une plus grande frugalité, il en eût donné une qui allât au delà de toute mesure, & qui même à cause de cela n'auroit de rien servi ; puis que suivant les propres termes du *Déclaratoire* de la Congrégation du Mont-Cassin, cette mesure passant au delà de tout ce qu'on peut manger, ils donnent du pain tant que l'on en veut. *Parce*, disent-ils, *que le poids de la livre que nous avons reçeuë de nôtre monastére du Mont-Cassin, est de 33. onces & demie ; & qu'il est difficile qu'un Religieux puisse manger par jour cette quantité de pain : nous voulons que nôtre coutume soit toûjours gardée, qui est de servir tant de pain qu'il y en ait assez.* On en auroit bien fait autant quand on n'auroit point eu de mesure. Or qui a jamais vû prescrire ex-

preſſément une meſure qui ne ſerve de rien, &
encore la preſcrire avec une application qui
aille juſques dans les nombres rompus? Cela
ſeroit ridicule. Et par conſéquent cette livre de
33. onces & demie, ne peut être celle qu'avoit
laiſſée ſaint Benoît : & ce ſeroit faire tort à ſa
ſageſſe & à ſa prudence que de le croire.

XXXVI.

*Que le poids que Dubreuïl prétend qu'on
montroit à ſaint Maur, ne pouvoit pas
être plus véritable. Et que ces deux poids,
de ſaint Maur & du Mont-Caſſin, ſervent à faire voir réciproquement la fauſſeté l'un de l'autre.*

Dubreuïl,
Suppl. pag. 89. QUATRIE'MEMENT, Dubreuïl, dans ſon
Supplément des Antiquitez de Paris, allégue
que l'on montroit auſſi de ſon tems à ſaint Maur
des Foſſez un poids qu'on diſoit être celui que
ſaint Benoît donna à ce Saint pour la livre de
pain, lors qu'il l'envoia en France : & il ajoûte
qu'aiant exactement peſé ce poids, il a trouvé
qu'il avoit juſtement 33. & demie de nos onces.
Or quand même cette ſuppoſition ſeroit vraie,
rien ne ſeroit plus avantageux pour faire voir que
tout cecy auroit été fait à plaiſir, mais avec trop
peu d'adreſſe pour n'en pas reconnoître la fauſſeté. Car comment un poids de 33. onces & demie
du Mont-Caſſin, c'eſt à dire d'Italie, dont on
ſçait que les onces ſont plus foibles que les nôtres, pourroit-il revenir à 33. onces & demie de

France, comme il le faudroit pour justifier ce poids de saint Maur? N'est-il pas visible que tout cela n'a pû avoir été fait qu'aprés coup, par quelqu'un qui n'avoit jamais observé la différence de ces deux sortes d'onces? Le Monastére de saint Maur a été tant de fois ruïné par les Normans & par d'autres peuples, qu'il n'est pas croyable qu'on y ait pu facilement conserver le poids que saint Benoît avoit donné à ce saint Fondateur de son Ordre en France. Mais ceux qui sont venus depuis aiant peut-être ouï parler de ce poids du Mont Cassin, qu'on disoit être de 33. onces & demie, ont pu croire qu'il n'y avoit rien de plus facile que d'en faire un semblable en prenant pareil nombre de nos onces : & qu'ainsi ils auroient la gloire de montrer le poids qui leur avoit été laissé par saint Maur, comme une chose curieuse & ancienne ; au lieu que, sans y penser, ils nous ont donné moien de reconnoître la *V. la Réponse* fausseté de leur supposition, & de la détruire. *aux difficul.*

XXXVII.

Que celui de saint Médard de Soissons prouve encore cette même fausseté.

CINQUIE'MEMENT. Dubreuïl, pour appuier cecy, assure encore, qu'en l'an 1571. le poids du pain de saint Médard de Soissons étoit de 32. onces. Mais c'est ce qui fait mieux voir la fausseté de ce poids de saint Maur, & de celui du Mont-Cassin. Car si celui de saint Maur est de 33. onces & demie comme celui du Mont-Cassin ; pourquoi celui de Soissons ne sera-t-il

D iiij

que de 32 ? Et si ces 32. n'ont pas encore un juste rapport avec les 33. & demie d'Italie, qui n'en feroient pas 31. & demie des nôtres : qui ne voit que l'un ne peut avoir été pris de l'autre, mais que celui-ci a été inventé par quelqu'un, qui a voulu approcher plus prés de la proportion qu'il y avoit entre l'ancien poids & le nôtre, quoi-qu'il ne l'ait pas rencontrée ? Car la pensée de Dubreuïl qui dit que cette différence vient, de ce que l'on a voulu laisser une demie once avec le son, pour la peine du Boulenger, est une mauvaise defaite ; puis que si ce poids étoit de 33. onces & demie, y compris ce qu'on donne au Boulenger, cela feroit voir encore une plus grande différence d'avec celui d'Italie. Il est visible au contraire, que ce poids de saint Médard n'a été fait que par quelqu'un qui a essaïé d'approcher davantage de l'ancien, & qui aiant vû qu'avec 32. onces de pain, ils en auroient encore plus qu'il ne leur en faudroit, a voulu retrancher ce nombre corrompu qui les incommodoit, parce que c'étoit une trop grande conviction de fausseté.

XXXVIII.

Autres raisons contre le poids du Mont-Cassin, & contre celui de saint Maur. Que ce premier n'est nullement reconnu par les habiles gens. Et que ce dernier ne l'est pas davantage. Deux Hémines de biére pour une Hémine de vin.

SIXIÉMEMENT. Mais, pour montrer

plus clairement que les Religieux du Mont-Cassin, dont tous les autres ont suivi l'exemple, n'ont pris leur livre de pain que sur la 57. Ordonnance de l'Assemblée dont j'ay parlé ; On peut remarquer que cette Assemblée n'aiant rien déterminé de nouveau pour la mesure du vin, ceux du Mont-Cassin n'en ont aussi rien spécifié. Ils ont seulement dit *que l'Hemine étoit une mesure qui alloit au delà du nécessaire*, parce qu'ils ont crû qu'elle devoit avoir quelque rapport à celle du pain qu'ils croioïent être excessive. Cependant il est visible que l'Assmblée n'a accordé aux Religieux qu'une mesure de pain tres-raisonnable, & que pour le vin elle a prétendu qu'on demeurât précisément dans l'usage ordinaire de l'Hemine marquée par la Régle, comme il paroît par l'Ordonnance 22. où elle dit, *Qu'aux païs où il n'y aura point de vin, on donnera deux Hemines de bonne biére.* Ce que nous expliquerons plus particuliérement cy-aprés dans la Réponse aux Difficultez.

Déclaratoire sur la Régle, ch. 40.

S E T T I É M E M E N T. Ce prétendu poids du Mont-Cassin a été si peu connu dans les siécles passez, que ceux qui ont voulu rechercher un peu exactement quelle étoit la livre de saint Benoît, n'y ont eu aucun égard : d'où vient que les opinions ont été différentes parmi eux ; ce qui ne seroit pas, si ce poids avoit été en quelque considération.

Il paroît que celui de saint Maur n'y a pas été davantage, puis que jamais personne ne l'a allégué, & que Dubreuïl avoüë lui-même que les Chanoines, qui le lui avoient prété, le laisserent perdre quelque tems aprés.

J'ajoûterai de plus, que depuis avoir écrit ce-cy, j'ay été moi-même à saint Maur, pour m'informer de la vérité de ce fait, sçavoir s'il étoit vrai qu'il y eût eu autrefois un semblable poids dans leur trésor; & s'il en étoit au moins resté quelque mémoire. J'ay parlé au Sacristain ou Trésorier, qui avoit succédé dans la charge à son oncle, lequel pouvoit aisément avoir vû le tems dont parle Dubreuïl, qui écrivoit encore son Supplément en 1614. J'ay aussi parlé à d'autres Chanoines tres-anciens, & qui pouvoient avoir connoissance de ce tems-là : & tous m'ont assuré d'une voix, que jamais ils n'ont seulement ouï parler de ce poids. De sorte qu'il y a apparence, que si ce poids lui avoit été communiqué, ç'avoit été par quelqu'un qui l'avoit voulu surprendre.

Huitiémement. Enfin, le R. Pére Dom Hugues Ménard, sçavant Religieux de la Congrégation de saint Maur, rejette lui-même cette livre du Mont-Cassin, comme supposée, & dit, *que ce* *monastére aiant été ruïné plusieurs fois, celle de saint* *Benoît ne subsiste plus.* Et il montre fort bien que saint Benoît par le mot de livre, n'a pu entendre que la livre romaine de 12. onces ; puis qu'autrement il n'eût rien déterminé & n'eût point été entendu, & que son Ordonnance même n'eût de rien servi pour régler la frugalité des Religieux, qu'il avoit néanmoins en vûë.

Concord.
regul. ch. 48.

XXXIX.

Réponse à ce qu'on allégue de Bernard Abbé du Mont-Caſſin, de Pierre & de Paul Diacres, pour prouver que les meſures de ſaint Benoît ſont encore au Mont-Caſſin.

C'EST pourquoi, Monſieur, ce qu'on allégue de Bernard, Abbé du Mont-Caſſin, ne nous doit pas arréter davantage. Ce pieux Abbé qui vivoit dans le 13. ſiecle, a écrit un commentaire ſur la Régle, qui eſt ſi rare, que quelque ſoin que j'aye pris de le faire chercher dans les meilleures Bibliotheques de Paris, je n'ay pu encore le recouvrer. Mais on rapporte de lui qu'il ſe ſert de l'autorité de Pierre & de Paul Diacres de ce même monaſtére, pour faire voir que les poids & les meſures qu'on y montre, ſont ceux qui ont été laiſſez par ſaint Benoît.

Il meurut l'an 1172.

Les ouvrages de ces deux Diacres ſur la Régle, n'ont point été imprimez que je ſçache. Mais quoi-qu'ils aient écrit, j'oſe dire que l'Abbé Bernard n'en a pu rien tirer pour prouver ce qu'on lui attribuë, & qu'on ne peut rien inférer de tout cela contre ce qui vient d'être établi.

Paul a vécu ſous Charle-Magne: & ainſi il n'a pu parler de ce poids & de ces meſures que conformément à Théodemar, que j'avouë les avoir eûs. Et quand ce commentaire ne ſeroit pas de lui, ainſi que l'a cru Léon d'Oſtie; mais plutôt du moine Rutard, que Tritheme met le premier entre ceux qui ont écrit ſur la Régle,

ainſi que le prétend le Pére Ménard ; cela néanmoins ne feroit encore rien contre nous. Car
Rutard étoit diſciple de Raban. Il eſt mort en
875. & ainſi il a vécu avant la ruïne du Mont-
Caſſin par les Sarazins, arrivée, comme nous
avons dit, en 884. juſqu'au quel tems je ne
nie pas que ces meſures n'aient été conſervées.

Mais Pierre n'étant venu que dans le 12. ſiécle, ou il n'aura parlé de cecy qu'hiſtorique-
ment & comme d'une choſe paſſée, ainſi qu'a-
voit fait Léon d'Oſtie, dont il a été le continuateur, & alors il aura auſſi eu en vûë ce qu'en
avoit écrit Théodemar : ou s'il en a parlé com-
-me d'une choſe preſente, il aura pu croire, que
ce qu'on a dit de l'ancien poids, ſe devoit rapporter à celui qui ſe montroit de ſon tems. Ou
bien même que ſi les véritables meſures ſubſiſ-
toient encore alors (ce que j'ay peine à croire)
elles auront peut-être été perduës dans les diverſes ruïnes du Mont-Caſſin qui ſont arrivées
depuis.

Quoi-qu'il en ſoit, je ſoutiens que comme le
poids & la meſure dont ces auteurs ont parlé,
ne peuvent être ceux qu'on montre aujourd'hui,
s'ils approchoient des poids & des meſures ordinaires ; auſſi ils ne peuvent être ceux que ſaint
Benoît avoit laiſſez, s'ils étoient ſi extraordinaires. Ce qui ſuffit pour détruire entiéremeňt
ce que l'on attribuë à l'Abbé Bernard, qui n'aura parlé de cecy qu'en paſſant, & qui étoit trop
ſage pour y déférer ainſi que je le ferai voir
ailleurs.

X L.

Autorité de Bohérius, opposée à celle de l'Abbé Bernard.

DE là vient que Boherius, Abbé de saint Agnan, ou Chagnan, dans le diocese de saint Pons de Thomiéres, & depuis Evesque d'Orviette en Italie, qui a vécu vers la fin du 14. siécle, ne reconnoît point d'autre Hémine ni d'autre livre de saint Benoît, que celles qui étoient dans l'usage commun & ordinaire. Quoi qu'on voie assez qu'il n'étoit point trop austére pour ce qui regarde le vivre.

Il marque expressément que cette livre étoit comprise en 12. onces, ainsi que l'année en 12. *Nomb. XXV.* mois, comme nous l'avons rapporté cy-dessus. Et il dit de plus, parlant de l'Hémine, qu'elle n'avoit qu'un demisetier, *medium sextarium*. Or son autorité est d'autant plus considérable en cecy, qu'il écrivit son commentaire à Sublac, & à la priére des Religieux de cette première demeure de saint Benoît. De sorte qu'il y a peu d'apparence de croire que ces Religieux eussent pu se laisser tromper, & souffrir qu'on leur donnât une autre idée de ces mesures, que celle qui leur avoit été laissée par leur saint Patriarche, qui composa sa Régle en ce même lieu; ni que Bohérius qui étoit déja alors Evéque en Italie, eût pu ignorer ce qui se disoit au Mont-Cassin.

XLI.

Que ce que Dubreüil allégue de Tritheme
sur ce sujet, ne peut avoir aucune auto-
rité. Que même il paroît suspect. Et que
Dubreüil impose aux Celestins.

APRE's cela, ce que Dubreüil allégue deTri-
théme, dans son Supplément des Antiquitez de
Paris, me devient tout-à-fait suspect. Car outre
que cet Abbé, à qui il fait dire *que l'Hémine de*
saint Benoît est toûjours gardée au Mont-Cassin, n'a
vécu qu'au commencement du 15. siecle, (ce
qui rend son témoignage de peu d'autorité en
ce point) il est encore remarquable que Dubreüil cite ce passage de son traité 105. sur le
chapitre 40. de la Régle, quoi-que ce que nous
avons de lui ne passe pas le 7. chapitre : & il ne
nous avertit point qu'il ait tiré ce qu'il en dit,
d'aucun manuscrit.

Mais il y a quelque apparence que Dubreüil,
quoi-qu'il fût un bon homme, & sçavant même
pour son tems, n'étoit pas si scrupuleux à examiner ce qu'il disoit ; témoin ce qu'il ajoûte encore au même lieu pour confirmer sa livre du
Mont-Cassin de 33. onces & demie, & celle de
saint Médard de Soissons de 32. onces ; *Que les*
Celestins en ont pris une semblable, pour suivre ex-
actement en tout la Régle de saint Benoît. Car si
ces Péres sont loüables de s'être exactement at-
tachez à la Régle de saint Benoît, ce n'est pas
pour avoir suivi une livre extravagante & un
poids imaginaire ; mais plutôt pour s'être tenus

à la véritable livre que ce Saint avoit marquée. En effet, le pain qu'on leur sert encore aujourd'hui à dîner n'est que de huit onces, comme je l'ay vû moi-même ; & ce qu'on leur en donne à la collation n'en pese que quatre : ce qui pris ensemble revient à la livre de 12. onces de saint Benoît. Et j'ay sceu d'eux que cette pratique a toûjours été en usage dans tous leurs monastéres.

Mais je passe, Monsieur, au delà des bornes que vous m'avez prescrites, en examinant icy la mesure du pain, quoi que vous n'eussiez souhaité d'être éclairci que de celle du vin. Ces deux choses sont si naturellement unies ensemble & par elles-mêmes & par la Régle, soit de saint Benoît, soit des Solitaires, qui ont suivi ce saint Patriarche en tout, que je suis tombé insensiblement de l'une dans l'autre. Ainsi j'ay cru qu'il ne seroit pas inutile d'en parler, & que vous ne l'auriez pas desagréable.

X L I I.

Changement qui s'est glissé dans la traduction de Gui Juvénal, touchant la maniére d'expliquer l'Hémine.

Nous voions au moins par là comment il faut entendre la 57. Ordonnance de l'Assemblée d'Aix-la-Chapelle, & avec quelle réserve on doit recevoir ce que nous ont debité les Moines qui sont venus dans le déclin de la régularité & de la ferveur. Car il y en a eu quelquefois qui n'ont

pas fait ſcrupule de ſuppoſer beaucoup de choſes, pour établir ce qu'ils avoient prémédité. Je
ne ſçai ſi nous ne devons point attribuër à cet
eſprit, le changement que nous voions dans la
traduction de Gui Juvénal, Abbé de ſaint Sulpice de Bourges. Au lieu qu'on lit dans les derniéres éditions, QU'UNE HEMINE *de vin doit
ſuffire par jour à chacun, qui eſt une livre & un
quarteron, montant environ* A UNE PINTE MESURE
DE PARIS: dans les premiéres, imprimées en
lettres gothiques à Paris; comme dans celle de
1500. & dans une autre de 1501. il y a: *Nous
croions que* DEMI-MESURE *de vin, comme eſt une*
CHOPINE POUR JOUR, *ſuffit à chacun Frére.*

Ce bon Abbé, dont la traduction a toûjours
été fort conſidérée, avoit tâché de garder l'étymologie d'*Hemina*, en traduiſant *demi-meſure*:
mais ne pouvant pas avoir aſſez de connoiſſance
de la proportion des meſures anciennes avec les
nôtres, il n'avoit pas été heureux en ajoûtant,
pour l'expliquer, le mot de *chopine*; comme nous
l'avons aſſez fait voir cy-deſſus. De ſorte que
c'étoit déja plus de vin que la Régle n'en permet : mais c'étoit encore trop peu pour le correcteur, qui a voulu ſubſtituër *Hémine*, au lieu
de *demi-meſure*; & qui cependant a aſſez mal
ajuſté ſon affaire, en ajoûtant ce qu'il ajoûte
pour expliquer cette *Hémine.* Car ſi par le mot
de *livre*, il entend celle d'Italie, qui n'étoit que
de 12. onces, cette livre & un quarteron qu'il
ajoûte, ne ſeroit que 15. onces, qui étant plus
foibles que les nôtres, ne donneront pas ſeulement trois poçons, ou un demiſetier & demi de
Paris,

Paris. Et s'il a entendu parler de nos livres de 16. onces; ce ne seroit toûjours que 20. onces; au lieu que nôtre pinte en pese 32. à raison de 8. onces pour le demisetier, ainsi que je l'ay démontré.

XLIII.

Congrégation de Chésal-Benoît. Sentiment de Pierre du Mas son réformateur.

LE vénérable Pierre du Mas, Abbé de Chésal-Benoît, dans le diocese de Bourges, & réformateur de la Congrégation qui portoit ce nom, établie en 1516. sous Leon X. & François I. avoit été apparemment trompé par quelque supposition semblable. Car il parle ainsi. *L'Hémine, comme nous l'apprenons de quelques Commentateurs de la Régle, est une mesure qui contient une livre & un quarteron de quelque liqueur, & est environ le tiers d'une quarte de Paris.* Ce qui se réduit à peu prés au calcul que je viens de détruire.

Casalis Benedicti.

Dans le Supplèment de Dubreuil. p. 91.

XLIV.

Sentiment de Dubreuil. Que l'Hémine passant de main en main, a souvent reçu de nouveaux accroissemens. Et que le poids de saint Maur des Fossez allégué par Dubreuil pour le vin, est aussi faux que celui du pain.

MAIS Dubreuil va encore plus loin. Il dit

E

que le poids qu'on montroit de son tems à saint Maur pour l'Hémine de vin, étoit de 25. onces, surpassant de 3. onces la pinte de Paris.

Ainsi nous voions, Monsieur, que l'Hémine passant de main en main, fait toûjours quelque progrés. Gui Juvénal ne lui avoit donné que chopine; Pierre du Mas lui donne le tiers d'une quarte, c'est à dire prés de 3. demisetiers; le Correcteur de Gui lui donne pinte, & Dubreüil lui donne 3. onces pardessus la pinte. Mais j'ay déja fait voir que ces poids de saint Maur sont faussement supposez. Et de plus Dubreüil s'est trompé aussi grossiérement que les autres, s'il a cru que nôtre pinte de vin ne pesoit que 22. onces, au lieu qu'elle en pese 32. comme tout le monde le peut voir.

J'avois cru qu'on le pouvoit excuser, en disant qu'il avoit voulu mettre 35. au lieu de 25. Mais j'ay vû qu'on le lit ainsi non seulement dans son Supplément latin des Antiquitez de Paris, mais aussi dans Stellartius & dans Haëften, qui le rapportent: ce qui m'a fait croire qu'il n'y avoit pas de faute, mais qu'apparemment, il avoit voulu tâcher de favoriser les suppositions que je viens de réfuter. Mais de plus, il fait voir qu'il n'avoit pas assez consideré cette Régle, en ce qu'il ajoûte de la collation; puis que quand il n'y avoit point de souper, il n'y avoit point aussi de collation.

Il est vrai que dans les jours qu'on soupoit, on réservoit une partie de l'Hémine pour le soir, aussi bien que de la livre de pain, comme nous l'avons montré cy-dessus par la lettre de Théo-

demar. Mais l'on ne trouvera pas qu'il soit fait
mention de la collation des jours de jeûne parmi les anciens , parce que l'on n'y mangeoit
qu'une fois , & seulement vers le soir , comme
il me sera facile de le prouver.

XLV.

Collations des jours de jeûne. Que la coutu-
me des anciens Religieux de bôire l'apres-
dinée, y a pu préparer le chemin : mais
que cette coutume ne vient pas de saint
Benoît.

CE que Dubreuïl auroit pu remarquer avec
peut-être plus de fondement, c'est, Monsieur,
que le mot de Collation, qui signifie aujour-
d'hui par toute l'Europe, ce que l'on mange le
soir les jours de jeûne, semble venir des lectures
que saint Benoît ordonne de faire le soir , &
qu'il appelle, *Collationes Patrum,* LES *Collations,*
ou *Conférences des Péres :* parce que c'étoit ce
qu'on y lisoit le plus souvent. Je m'imagine
que vous voudrez bien me permettre, pour vous
faire voir plus clairement ce qui se peut dire là-
dessus, de prendre la chose de plus loin. Cela
nous servira à remarquer en même tems les divers degrez par lesquels le relachement s'est introduit dans la sobriété des Religieux, & dans
les jeûnes de l'Eglise, l'exactitude merveilleuse
que les anciens y apportoient, & les Canons
qui ont été mal entendus, par ceux qui ont voulu, ou appuyer l'usage de leur tems, ou donner

à ce mot de Collation une autre étymologie.

Si donc nous voulons remonter plus haut, nous verrons premiérement une permission de boire l'apresdinée, & le soir, qui avoit été accordée autrefois aux Religieux, à cause de leurs grands travaux ; quoi-que cette liberté d'abord fût seulement pour les jours qui n'étoient pas jeûnes de l'Eglise.

Saint Benoît néanmoins n'avoit point parlé de cela dans sa Régle. Il permet bien d'augmenter l'Hémine, *durant les travaux & les grandes chaleurs de l'été*, mais non pas de boire ou de rien prendre hors les repas. Au contraire il le défend expressément en un autre endroit : *Que personne ne présume*, dit-il, DE BOIRE NI DE MANGER *quoi-que ce soit, avant ou aprés l'heure ordonnée pour le repas*. Ce qui a toûjours été si fort observé parmi les anciens, que saint Augustin en fait aussi un article exprés dans sa Régle, quoi-qu'il ne l'ait faite que pour des filles, n'en exceptant pas même celles qui ne peuvent jeûner. *Domtez & assujettissez*, dit-il, *vôtre chair par les jeûnes & par l'abstinence* DU MANGER ET DU BOIRE, *autant que vôtre santé le peut souffrir. Que si quelqu'un ne peut jeûner, il ne luy est pas toutefois permis de rien prendre hors l'heure du dîner, sinon quand elle est malade.* Sur quoi Hugues de saint de Victor dit, que c'est une des branches de la gourmandise, de prendre quelque chose hors les repas, *extra horam* CIBUM VEL POTUM SUMERE.

Cassien remarque de même que les Moines d'Egypte étoient si religieux en ce point, qu'ils n'eussent pas voulu *boire ni manger la moindre*

S. Benoît Régle, ch. 40.

Chap. 43.

S. August Régle, n. x.

Hugues de S. Victor sur la Régle, c. 3.

Cassien l. 4. ch. 18.

chose devant ou aprés l'heure du repas. Et en un autre endroit il parle ainsi : *Que le Religieux qui veut se rendre digne de soutenir les combats inté-rieurs, commence premiérement à user d'une telle vi-gilance sur luy même, qu'il ne se laisse jamais vain-cre au desir DE BOIRE OU DE MANGER aucune chose, avant que l'heure ordinaire de prendre en-semble son repas soit venuë : & qu'aprés il ne se donne pas plus de liberté que devant.* Liv. 5. c. 20.

Ce n'est pas que ces anciens Religieux de saint Benoît & les autres, ne fissent une de leurs prin-cipales dévotions & de leurs plus grandes péni-tences, du travail des mains, aussi bien que ceux à qui on permit depuis de boire hors les repas. Mais si la soif les pressoit, ils aimoient mieux l'offrir à Dieu, comme fit David, que de la sou-lager en bûvant ; sçachant, comme saint Au-gustin l'a fort bien remarqué ; *Que l'abstinence DU BOIRE, & non seulement celle du manger, est nécessaire pour domter nôtre corps,* & que même selon les maximes des Anciens. il n'y a rien qui éteigne plus les ardeurs de la sensualité, que la souffrance de la soif, lors qu'elle est jointe à l'humilité, ni qui assoupisse plus promtement les révoltes de l'impureté qui s'élevent en nous. S. Aug. Reg. n. 11.

" S. Iean
Clim Degré
" 15. n. 12.
"<br>"<br>"

XLVI.

*Endroits remarquables de la Régle du Maî-
tre. Qu'il y a beaucoup de choses à reprendre dans cette Régle, & qu'elle semble être la premiére qui a introduit la
coutume de boire l'apresdinée ou le soir
parmi les Religieux.*

L E premier que je sçache qui ait introduit
cette coutume de boire, a été celuy qui a donné
sa Régle sous le nom du Maître, *Regula Magis-
tri.* Et lequel peut avoir vécu au commencement
du 8. siécle, qui convient assez à la barbarie
de son stile. Cette Régle, ainsi que j'ay dit, a
plusieurs choses qui méritent d'être reprises,
comme quand elle inspire la vanité à ses Religieux, en disant que l'Abbé les doit tenir tous
dans l'espérance de luy succéder, afin qu'ils ayent
de l'émulation, & qu'ils tâchent de se surpasser
l'un l'autre ; *Etsi non propter timorem futuri ju-
dicii, tamen propter vita præsentis honorem.* Quand
elle ordonne que ceux qui ne se soumettront pas
humblement à la correction de l'Abbé, seront
mis en prison, & foüettez jusques à la mort; *usque ad necem* ; ou qu'on les chasse du Monastére
aprés les avoir assommez de coups ; *debent plagis
mulctati expelli.* Quand elle ordonne que les
Religieux qui seront en voyage les jours qu'on
doit jeûner jusques à None, jeûneront pourtant
jusqu'au soir, de peur qu'on ne les voulût pas recevoir à l'hostellerie s'ils ne soupoient; & qu'elle

leur permet au contraire de boire & de manger
hors les heures du repas, s'ils trouvent quelqu'un
qui leur en veuïlle donner. Quand elle laiſſe la
liberté aux Religieux de faire tout ce qu'ils voudront les Dimanches aprés l'office, ſans les obliger à lire & étudier, où au moins à travailler
comme faiſoit ſaint Benoît, & choſes ſemblables,
ſans parler de certaines expreſſions qui ſentent
fort le Pélagianiſme, qui commença à naître en
Occident dans le moyen âge. C'eſt pourquoy il
ne faut pas s'étonner ſi elle a des choſes qui ſem-
blent ſpécieuſes en apparence, & qui ne ſont
pas néanmoins ce que l'on penſe, quand on les
regarde de plus prés. Et il faut encore être moins
ſurpris ſi parmi pluſieurs relâchemens qu'elle a
introduits dans la vie monaſtique, cette coutume
de boire entre les repas en a été un ; & s'il s'eſt
en ſuite introduit dans d'autres maiſons.

Cette Régle donc aprés avoir permis de boire *Reg. Magiſt.*
cap. 27.
quatre coups de vin trempé à chaque repas, ou-
tre un verre de vin pur qu'ils prenoient au commencement, permet encore à ceux qui en voudront, d'en demander, & le cellérier ſe tenant au
milieu du réfectoire le pot à la main crioit tout
haut : *Qui ſitit fiducialiter indicet.* Alors on leur
donnoit d'un vin mixtionné, ou dans lequel on
mettoit des herbes fines.

Aprés cela, lors même qu'ils avoient mangé à
None, on leur donnoit encore deux coups à boire avant Complie, & quand on mangeoit à midi, ils bûvoient à None. Outre qu'ils pouvoient
encore boire s'ils avoient ſoif en travaillant.

Dans le tems Paſchal, ils changeoient leur

E iiij

dîner en soûper, *cœnæ mutantur in prandia.* Saint Jérôme dit la même chose des anciens Moines. Mais ceux-cy ne laissoient pas de boire le soir, quoy qu'ils appellassent cela jeûne; *consueti tanta jejunii videatur causa servari.* D'où semble être venuë la maxime de ceux qui disent que le boire ne romp pas le jeûne. Les Dimanches & les Fêtes, ou quand il survenoit quelques hôtes, ils avoient encore un coup à boire d'extraordinaire. Enfin on ne vit jamais tant boire. Encore croyoient-ils être fort sobres, parce qu'ils accompagnoient cela de quelques cérémonies & quelques priéres.

Cette coutume de boire entre les repas, ou bien même de boire le soir lors qu'il étoit jeûne, passa bien tôt dans les autres Monastéres. Et nous voyons qu'elle étoit déja introduite au Mont-Cassin, à la fin du 8. siécle, puisque l'Abbé Théodemar en fait mention dans sa lettre qu'il écrivit à Charle-Magne. *En été, dit-il, aprés Nône, si nous avons quelques fruits nous en presentons, & nous donnons une fois à boire à tous nos Fréres: & quand on fait les foins, nous ajoûtons encore vers les 4. ou 5. heures une potion de miel.*

La grande Assemblée de Religieux tenuë à Aix-la-Chapelle dans le 9. siécle, en parle encore, & le permet même le Caréme. *Que si la nécessité le requiert à cause du travail, dit-elle, que les Religieux boivent aprés le repas, pourvû que ce soit avant la lecture de Complie; même en carême, & quand on chante l'office des Morts.* Et saint Dunstan, Archevêque de Cantorbery, qui vivoit vers le milieu du 10. siécle, en fait mention dans

Conc. Aquis-gran. n. 12.

Ch. 2. & 5.

la Concorde Réguliére, qui n'est pas proprement une Régle nouvelle, mais une addition à celle de saint Benoît. Tant il est difficile de couper la racine à un relâchement, qui est couvert de quelque nécessité apparente, lors qu'il a une fois commencé à s'introduire.

XLVII.

Anciennes coutumes de Cluny. Qu'on y voit plusieurs choses remarquables de l'antiquité, & qu'il y est aussi parlé de cette coutume de boire, aussi bien que dans les anciens usages de Cisteaux.

UDALRIC, Religieux de Cluny, parle aussi de cette boisson, en rapportant les coutumes de son monastére, qu'il a écrites vers la fin de l'11. siécle, où l'on voit plusieurs choses considérables de l'antiquité, & l'image d'une vie tres-sainte que menoient encore alors les Religieux de cette célebre maison.

L'on y remarque, par exemple, la coutume de benir les fruits qu'on presentoit au Prêtre à ces paroles du Canon : *Per quem hæc omnia, Domine, semper bona creas, sanctificas, vivificas, benedicis, & præstas nobis.* L'on y remarque qu'à l'Offerte, le Célébrant tenant le calice, s'avançoit vers le chœur, afin que chacun l'offrit avec luy, *ut à singulis offeratur.* L'on y remarque qu'il communioit le Diacre de l'Hostie même du sacrifice. Que le Diacre rompoit par morceaux

Spicilegium tom. 4.

les autres Hosties, & qu'encore que l'on e trempât chaque morceau dans le précieux Sang avant que d'en communier les Fréres, c'étoit néanmoins contre l'usage ordinaire des autres lieux, où l'on communioit sous les deux especes prises séparément. L'on y remarque que l'on renouvelloit tous les Dimanches les Hosties du ciboire, & que le ciboire étoit enfermé dans une colombe suspendüe au dessus de l'autel.

c Ce n'est pas sans sujet qu'Udalric remarque icy que cette intinction des especes sacramentelles, n'étoit pas en usage ailleurs. Car en effet elle avoit été expressément défendüe par le Pape Jules, *Voyez le Micrologue ch.* 19 La coutume de communier sous la deux especes a été plus constante dans l'Ordre de Cisteaux, comme on le peut voir dans leur *Nomosticon*. DUM *autem Fratres percipiunt sanguinem, infundatur vinum in calice à Diacono, cùm opus fuerit, de ampulla antè præparata juxta altare. Vsuum cap.* 53. Il en explique encore plus particuliérement les cérémonies au chap. 58, où il marque qu'ensuite le Sacristain se tenant au haut du chœur du côté gauche, presentoit du vin à tous ceux qui avoient communié, à mesure qu'ils se retiroient de l'autel: ce qui se pratique encore à Clervaux, & en plusieurs maisons de cét Ordre. Mais la communion sous les deux especes, a commencé à y être retranchée dés le Chapitre général de l'an mil deux cens soixante & un, pour les Fréres Convers & les Religieuses; à raison des accidens qui en pouvoient arriver : ne la permettant quasi plus que pour les ministres de l'autel. Ce fut sans doute pour cette raison parmi quelques autres que la communion sous une seule espece s'étant établie insensiblement dans l'Eglise, & étant devenuë la seule en usage quelques siecles avant le Concile de Constance, ce Concile condamna la témérité de quelques Bohemiens, qui osoient reprocher à l'Eglise d'avoir abandonné l'Ecriture , & qui redemandoient la communion sous les deux especes comme essentielle au sacrement. Le Decret de ce Concile, pour justifier l'usage de l'Eglise, est dans la Session 13. Le Concile de Bâle en fit depuis un semblable dans la Session 30. Ce qui a été renouvellé dans le Concile de Trente Session 21. chap. 1. Mais ce Concile laisse au Pape le pouvoir d'accorder la communion sous les deux especes lors qu'il le jugera utile aux Eglises particuliéres.

On y voit encore que les jours ouvriers, on portoit au réfectoire des hosties non consacrées, pour les distribuër en forme de pain beni aux

Fréres qui n'avoient pas communié. Que les Religieux faisoient eux-mêmes ces hosties, & qu'on y apportoit un si grand respect, qu'aprés avoir bien lavé le blé qui y devoit servir, on ne le donnoit à porter au moulin, qu'à un domestique dont la vie fût tres-pure & tres-innocente.

On y voit que l'on donnoit l'Extréme-onction avant le Viatique. Ce qui se pratique encore aujourd'huy dans l'Ordre de Cisteaux, suivant ce qui est prescrit par les instituts & les usages de cét Ordre. Mais il est marqué icy que le malade alloit auparavant au Chapitre, ou en cas de besoin, y étoit conduit par deux Fréres, pour y obtenir le pardon de ses fautes ; & qu'il revenoit ensuite se mettre sur son lit, où on luy donnoit les saintes huiles : réservant à luy donner le Viatique lors qu'il étoit plus proche de sa fin.

Nomasticon de Cisteaux, ch. 93.

L'on y voit l'extréme vigilance avec laquelle on élevoit les enfans dans le monastére ; qu'on ne les perdoit jamais de veuë, non pas même pour les nécessitez les plus secrettes ; qu'on n'y en recevoit jamais plus de six à la fois, qui n'avoient jamais moins de deux maîtres ; & que l'exactitude avec laquelle on veilloit à leur éducation, fait que l'auteur conclut en s'écriant : *Qu'il est difficile, que les fils des Rois soient elevez avec plus de soin dans leur palais, que ne l'étoient les moindres enfans dans ce monastére.*

Enfin l'on y voit que l'Abbé faisoit luy-même la cuisine à son tour comme les autres ; que les Religieux observoient continuellement le silence : qu'ils ne parloient que par signes : qu'ils pratiquoient exactement le travail des mains: Et

que le service se faisoit avec tant de solennité
qu'ils passoient quelquefois la nuit toute entiere
dans l'Eglise; commençant l'Office avant la fin
du jour, & le jour étant déja revenu avant qu'ils
l'eussent achevé.

Voilà certainement de grands témoignages de
la sainte régularité des Religieux de cette célébre Abbaye. Cependant il faut avoüer qu'en ce
qui regarde la nourriture, ils n'étoient pas dans
toute l'exactitude que demande la Régle. Ils a-
voient souvent plus de mets qu'elle n'en permet,
& ils y ajoûtoient même quelquefois, quelque
sorte de pâtisserie. Ils ne jeûnoient pas les mé-
credis ni les vendredis de l'été : & en hiver ils
se dispensoient du jeûne durant les octaves de
saint Martin, de Noël, & de l'Epiphanie.

Lors qu'ils soupoient, on leur donnoit une
demi livre de pain, au lieu de garder la troisiéme
partie de celle du dîner selon la Régle : & on leur
remplissoit leur Hémine toute entiére, sans parler d'une autre boisson mixtionnée, dont il est
souvent fait mention dans ces Coutumes : ce qui
semble avoir encore été pris de cette Régle du
Maître dont j'ay parlé.

Vous voyez donc, Monsieur, par où a commencé le relâchement qui éclata bientôt aprés
dans ce monastére. Il faut que la vertu, pour
être solide, soit uniforme par tout ; qu'elle ne se
démente en rien ; qu'elle paroisse autant au réfectoire qu'à l'Eglise. Et il n'y a rien que les personnes qui sont à Dieu doivent plus appréhen-
der, que de vivre d'une maniére disproportionnée à la vertu dont ils font profession, ou que

leur table ne soit pas dans une frugalité, digne
de la vie qu'ils ont embrassée.

Quand ces Religeux ne soupoient pas, ils é-
toient pourtant assez soigneux d'aller boire leur
Hémine, *Quod si aliquando denuò non reficitur,*
dit Udalric, *tamen denuò bibere nunquam omitti-* Cluny, *l. 1.*
tur. Ils bûvoient aussi aprés None en été : & c. 21.
ils n'eussent pas voulu permettre qu'un Novice
qui n'eût point eu soif s'en fût excusé : *Post no-* Chap. 24.
nam, sive sitim habeat, sive non ; tamen non omittit
cum aliis ire bibere.

Udalric décrit ailleurs plus particuliérement Liv. 1. c. 41.
la maniére dont ils alloient boire. Il dit qu'aprés
Vespres on demeuroit dans le cloître, où l'on
faisoit quelque lecture : qu'ensuite on sonnoit
une cloche pour avertir de laver les mains (parce
sans doute qu'elles pouvoient s'être salies par le
travail) afin d'aller boire au réfectoire : qu'aprés
on lisoit encore ; & puis, qu'on donnoit le signal
pour la collation. *Sedemus in claustro ad lectio-*
nem, tangitur cymbalum ut manus lavemus & in
refectorio bibere veniamus : sedemus iterum ad lec-
tionem ; sonatur scilla ad collationem. Et dans le
chapitre 13. du même livre, il dit : *De collatione*
surgunt ad charitatem, & de vino quod tunc propi-
natur, nullus omnino præsumit abstinere, ut non ali-
quantulum gustet.

L'on voit icy combien le mot de *Collation*
approche de l'application que nous en faisons aujourd'huy, puis qu'on le joint presque à cette boisson qu'on alloit prendre le soir
au réfectoir. Ce n'est pas néanmoins encore ce
qu'il signifie ; il marque seulement la lecture des

conférences, que l'on sonnoit immédiatement avant Complies. Mais dans le livre des anciens Usages de Cisteaux, où il y a aussi des chapitres exprés qui réglent le boire d'aprés None & d'aprés Vespres, on en trouve un qui porte simplement pour titre *De Collatione*, où ce mot semble déja enfermer cette boisson avec cette lecture, puis qu'il y est également parlé de l'une & de l'autre ; & où il est dit qu'il sera permis à ceux qui n'auront pu aller boire avec les autres, d'y aller durant cette lecture. *Interim*, dit-il, *qui bibere defuerit, in refectorio potest bibere.*

Usages de Cisteaux, ch. 81.

XLVIII.

De la Régle des Chevaliers du Temple ; & que le mot de Collation y est pris, non plus pour la lecture, mais pour la boisson. Récapitulation de ce qui a été dit sur ce sujet.

ENFIN, Monsieur, si nous voulons passer des Constitutions de Cisteaux, à la Régle des Chevaliers du Temple de Jérusalem écrite presque en même tems, nous y trouverons déja le mot de Collation pris non plus pour la lecture, mais pour marquer ce qu'on leur permettoit de boire avant Complie. Voicy ce qu'elle porte au chap. 16. *Lorsque le jour est sur son déclin, & que l'on a donné le signal suivant la coutume du pais, il faut que vous alliez tous à Complie : mais nous desirons qu'auparavant vous fassiez collation ensemble. Nous laissons à la prudence du Maître régler cette collation, en sorte que quand il voudra ou n'y donne que de l'eau ; & que quand il l'ordonnera on y puisse aussi recevoir, comme par indulgence, un peu de vin trempé, selon qu'il le jugera à propos. Mais de telle sorte que l'on n'en prenne pas jusqu'à se satisfaire entiérement, mais toûjours moins: parce que nous voyons que le vin fait tomber les sages mêmes, dans le desordre & l'apostasie.*

Nous voyons donc avec quelle retenuë cette Régle qui fut faite au Concile de Troye où assista saint Bernard, permet l'usage du vin, même aux Chevaliers. Mais nous pouvons déja remarquer icy divers degrez dans ce petit relâchement de l'exactitude du jeûne, ou de la vie toute mortifiée & pénitente, dont les Religieux faisoient profession. Saint Benoît ne permet point de boire ni de manger hors les repas, non plus que saint Augustin, ni les Anciens dont parle Cassien. La Régle du Maître dans le 8. siécle, permet de boire, mais non pas dans les jeûnes de l'Eglise. Théodemar, dans le même siécle leur accorde quelques fruits, & même une potion de miel, mais dans les travaux & en été seulement. L'Assemblée d'Aix dans le 9. donne permission de boire aprés le repas, même en Caréme, pourvû qu'on le fît avant la lecture de Complies. Les anciens Usages de Cluny dans l'11. le marquent aussi immédiatement avant cette lecture ; & ceux de Clervaux dans le 12. le permettent durant cette lecture même, qu'ils appellent *Collatio*, si l'on n'a pas pu le faire autrement.

Enfin nous voyons comme ce mot de Collation a été pris d'abord pour la lecture, puis pour

la lecture & la boiſſon, & enfin pour la boiſſon
ſeule. Car ce n'eſt point une choſe extraordinaire dans les langues de voir qu'un mot qui eſt
propre pour ſignifier une choſe, en marque auſſi
une autre qui luy eſt jointe, & qu'enſuite l'u-
ſage qui eſt le maître du langage, l'ayant fait
paſſer de la choſe principale à la moins principale, l'applique enfin à celle-là ſeule qu'il ne
marquoit qu'accidentellement d'abord.

Je croy qu'aprés cela, il ne ſera pas fort difficile de faire voir comment ce mot de Collation
a pu être appliqué à celle qui ſe fait aujourd'huy
les jours de jeûne. Mais il nous faut examiner
auparavant par quels degrez le jeûne eſt venu
dans le grand relâchement où nous le voyons.

XLIX.

*Jeûne de Caréme. Qu'on n'y mangeoit que
le ſoir. Paſſages remarquables de ſaint
Bernard & de Pierre de Blois ſur ce ſujet.
Que cette coutume néanmoins étoit déja
affoiblie du tems de Bobérius : Et que
Charlemagne ſemble être un des premiers
qui a donné lieu à cét affoibliſſement.*

CE relâchement de boire, ſe faiſoit néanmoins, ſans que l'on interrompît les heures con-
ſacrées aux jeûnes de l'Egliſe. Car on ne mangeoit que le ſoir en Caréme, ou à None ſans
rien prendre le ſoir dans les autres tems. Et cette
coutume, pour laquelle toute l'antiquité a tant
eu de vénération, étoit encore religieuſement
obſervée

observée en France & en Angleterre dans tout
le XII. siécle, comme nous le voyons par saint
Bernard, par les anciens Statuts des Chartreux écrits par Guigue leur V. Général contemporain de saint Bernard, par la Régle que saint
Elrede Abbé de l'Ordre de Cîteaux en Angleterre, a écrite pour des filles, par Pierre de
Blois, & par une infinité d'autres Auteurs.

Regle de S. Elréde. c. 18.

Il ne se peut rien de plus beau sur ce sujet que
les paroles de saint Bernard, qui encourageant
ses Religieux à bien faire le Carême, leur parle
en ces termes : *Hactenus usque ad nonam jejuna-
vimus soli, nunc usque ad vesperam jejunabunt no-
biscum universi, reges & principes, clerus & po-
pulus, nobiles & ignobiles, simul in unum dives
& pauper.* Jusqu'à cette heure (c'est à dire depuis la sainte Croix jusqu'au Carême) *nous a-
vons été seuls,* dit-il, *à jeûner jusqu'à none : mais
en ce tems tout le monde jeûnera avec nous jusqu'au
soir ; les rois & les princes, le clergé & le peuple,
les grands & les petits, les pauvres & les riches ;
tous seront unis dans la même observation du jeûne.*

Serm. 5. du Carême.

Pierre de Blois qui a vécu jusqu'à la fin du
XII. siécle fait encore voir si nettement ce que
je dis, & marque si précisément toutes les espéces de jeûne, & les heures où l'on y mangeoit,
que je ne puis m'empêcher de raporter ses paroles. *C'est,* dit-il, *la coutume de l'Eglise de célébrer la messe, lorsqu'il n'est pas jeûne, entre l'heure
de tierce & de sexte* (c'est à dire vers les 9. ou
10. heures.) … *C'est pourquoy lorsque nous ne jeûnons pas, nous avons accoutumé de manger après la
messe & après sexte* (c'est à dire à midy.) *Mais*

Pierre de Blois serm. 11.

F

quand il est jeûne ; on ne dit la messe qu'après l'heure de sexte, afin de continuer son jeûne jusqu'à l'heure de none (c'est à dire vers les trois heures) Et en Carême on différe même de la dire jusqu'après l'heure de none, afin qu'on ne mange qu'après l'heure de vespres (c'est à dire au soir,) & que le jeûne étant plus long qu'à l'ordinaire, il chasse entièrement le venin de nôtre intempérance.

Cependant cette coutume si sainte & si solennellement établie par l'usage de tant de siécles, commençoit déja à s'affoiblir dés auparavant en quelques provinces, puisque nous voyons par Ruthérius Evêque de Vérone, qui vivoit à la fin du IX. siécle, que de son tems le jeûne du Carême ne duroit déja plus que jusqu'à none, & qu'il se moque des Grecs qui jeûnoient jusqu'au soir.

CHARLEMAGNE, si nous en croïons le Moine de saint Gal qui nous a laissé sa vie, semble avoir été un des premiers qui ait donné lieu à ce relâchement, cet auteur remarque qu'il dinoit en Carême à deux heures, afin que toute sa famille pût trouver le tems de manger successivement après lui, dont les derniers n'avoient pas achevé qu'on ne fût bien avant dans la nuit. Mais cela étoit inoüi jusqu'alors, d'où vient qu'un Evêque même s'en scandalisa & l'en reprit, comme il est remarqué dans la même vie.

Je sçay bien que quelques personnes rabaissent un peu cet auteur, mais il y en a d'autres tres-habiles dans l'histoire, qui ne laissent pas de l'estimer, parce qu'encore qu'il puisse quelquefois grossir les objets, & embellir les faits de certaines circonstances qui semblent être de son invention ; néanmoins, n'en prenant que le principal, il ne laisse pas d'être utile pour entendre diverses choses.

C'est ce que j'ay fait ici, sans m'amuser à vouloir justifier toutes les particularitez dont il accompagne cette histoire.

L.

Comment les Evéques vouloient s'opposer à ce relâchement. Du Canon SOLENT. De son véritable sens, & de son auteur.

IL y a apparence que d'autres personnes se porterent bien-tôt à imiter aussi ce relâchement de l'Empereur, commençant au moins à manger dés qu'ils entendoient sonner l'Office : au lieu que, quand on sonnoit à l'heure de None, ce n'étoit que pour manger à l'heure de Vespres, parce qu'il y avoit tout le service entre deux : Et il y a aussi apparence que c'est à quoy les Evêques vouloient tâcher de remédier par le Canon SOLENT, raporté par les anciens Canonistes sous divers noms, & par Gratien entr'autres, & Ives de Chartres sous le nom du Concile de Châlon.

Grat. de consecr. diff. 1. Ivo. part. 4. c. 45.

Il est vray que nous n'avons pas ce Concile, mais le Canon ne laisse pas d'avoir son autorité particuliére, puisqu'il se trouve dans le Capitulaire de Théodulphe Evêque d'Orléans, qui a vêcu sous Loüis le Debonnaire. Et voici comme il y est raporté.

SOLENT *plures , qui se jejunare putant in quadragesima , mox ut signum audierint ,*

Capitul. Theodul. n. 32.

*ad horam nonam comedere ; qui nullatenus jejunare
credendi sunt, si antè manducaverint quàm vesper-
tinum celebretur officium. Concurrendum est enim
ad missas, & auditis missarum solemnibus & ves-
pertinis officiis, largitis eleemosynis, ad cibum ac-
cedendum est. Si verò aliquis necessitate constrictus
fuerit, ut ad missam venire non valeat, æstimata
vespertinâ horâ ; completâ oratione suâ, jejunium
solvat.* IL Y EN A *plusieurs*, dit-il, *qui s'imaginent jeûner le Carême, en mangeant à l'heure de
None aussi-tôt qu'ils entendent sonner la closhe.
Mais on ne doit nullement croire qu'ils ayent jeûné,
s'ils mangent avant qu'on ait celebré l'office du soir.
Car il faut aller à la Messe, & aprés l'avoir entenduë, assister à Vespres, puis faire ses aumônes,
& ensuite aller manger. Que si quelqu'un néanmoins, empéché par quelque nécessité, ne sçauroit
venir à la Messe, il peut juger à peu prés luy même s'il est l'heure de vespres ; & ayant fait auparavant sa priére, rompre son jeûne.*

Il n'y a rien de plus clair que ce Canon si on
le veut bien entendre. Cependant il se trouve
dans la suite que ce qui avoit été fait pour tâcher d'arrêter le relâchement, fut pris au contraire comme un sujet de le favoriser. L'on s'i-
magina que le Canon ne disoit autre chose, sinon que l'on ne devoit manger qu'aprés l'office,
& qu'ainsi ce seroit toûjours luy obéïr que d'a-
vancer l'office afin de manger ensuite. Mais
c'est si peu là le sens de la Loy, que Théodulphe qui en est proprement l'auteur, témoigne
» immédiatement aprés, que l'essence du jeûne de
» Carême ne consiste pas tant dans l'abstinence de

Ibid. n. 40.

certaines viandes, comme de beure, d'œufs, de fromage, ou de poiſſon qu'à ne manger que le ſoir.

Je ſçay bien que d'autres Canoniſtes le citent auſſi ſous d'autres noms, comme Burchard ſous le nom de Decret du Pape Sylvére, &c. mais nous ne trouvons rien de tout cela, ce qui nous oblige à le laiſſer à Théodulphe où il ſe trouve. Et nous pouvons remarquer de plus, que quand il ſeroit d'un auteur plus ancien, cela feroit encore plus contre ceux qui s'en veulent ſervir pour autoriſer le relâchement du jeune, puiſqu'il eſt certain que dans ces premiers ſiécles, on y étoit encore bien plus exact. Enfin, ſoit que Théodulphe l'ait tiré d'ailleurs, ou qu'il l'ait formé luy-même; il eſt toûjours certain qu'il n'y a pû donner que le ſens que j'ay dit, & qu'il déclare dans le Chapitre ſuivant. D'où il s'enſuit que l'on n'y en donnoit pas d'autre de ſon tems, & que ceux qui luy en ont attribué un autre depuis, ne l'ont pas entendu.

Néanmoins la coûtume peu à peu l'emporta. L'uſage de manger à l'heure de None aux autres jeûnes, fit que l'on y réduiſit bien-tôt auſſi ceux du Carême, & l'on s'imagina que puiſque l'heure de Veſpres commençoit auſſi-tôt aprés None, c'étoit toûjours manger à Veſpres que de manger à la fin de l'heure de None.

⁂

F iij

LI.

Que les Theologiens qui sont venus depuis cela, ont tâché d'excuser cette pratique, & pourquoy. Sentiment d'Alexandre de Halés sur ce sujet. Mais que Hugues de S. Victor ne luy est pas si favorable qu'il s'imagine.

LES Théologiens qui sont venus depuis ce relâchement, ont tâché d'en rendre quelques raisons morales, non pas néanmoins pour le favoriser & le préférer à la pratique ancienne, & c'est ce qu'il faut bien remarquer ; mais seulement pour l'excuser, & empêcher qu'on ne condamnât trop facilement ceux qui en usoient, & la tolérance de l'Eglise sur ce sujet.

ALEXANDRE de Halés, Anglois de naissance, premier Docteur de l'Ordre des Cordeliers, & maître de saint Bonaventure & de saint Thomas, qui vivoit au commencement du XIII. siècle, a été un des premiers entre ceux-ci, & il en rapporte diverses raisons. Il dit que *l'heure la plus convenable pour manger les jours de jeûne semble être celle de None, sans qu'on soit obligé d'attendre jusqu'au soir. Que cela étant conforme à l'usage, s'accorde encore avec le mouvement du Soleil, & répond à la Passion de* JESUS-CHRIST, *qui étant mort en croix à cette même heure ; a cessé de souffrir alors, ce qui rend cette heure de None assez convenable à la cessation du jeûne.* QUARE *hora Nona est conveniens cessationi jejunii.*

Alexand. de Halés, part. 4. quæst. 103 memb. 2.

Et dans sa réponse aux objections, il ajoûte, que la coutume des Chrétiens en Occident étant de manger le matin & le soir, quand il n'est point jeûne, le repas qui se faisoit le matin à l'heure de Tierce, s'appelloit dîner ; & celuy qui se faisoit le soir, souper : mais que l'Eglise a voulu garder quelque milieu pour le tems des jeûnes, en sorte néanmoins, que comme le repas que l'on y fait tient plutôt lieu de souper que de dîner, il a dû aussi être plus approché de l'heure du souper que de celle du dîner : & que c'est pour cela que l'heure de None est la plus convenable.

Quoi qu'Aléxandre de Halés use ici du mot de *debuit*, en parlant de l'Eglise, il ne faut pas s'imaginer qu'il ait voulu lui imposer une nécessité, pour une chose qu'elle n'a soufert qu'avec regret & par une pure condescendance. Il étoit trop habile pour avoir cette pensée. Il marque donc seulement des raisons de convenance pour appuyer cette pratique. Mais il allègue un passage d'Hugues de saint Victor qui ne lui est pas si favorable qu'il se l'imagine. C'est de son Commentaire sur la Régle de saint Augustin, où parlant de la tempérance, il dit, *Que l'heure de manger pour ceux qui ne sont point malades, se peut prendre, aux jours qu'il n'est pas jeûne, depuis Tierce jusqu'à Sexte : & aux jours de jeûnes, depuis None jusqu'à Vespres.* On voit assez que cet auteur ne détermine ces tems que moralement ; & que ne parlant du jeûne qu'en général, il n'a pas dû spécifier autrement l'heure du repas que l'on y prend, Car en effet, il y avoit des jeûnes où l'on mangeoit à None, comme ceux qui

Hugues de S.
Victor sur la
Régle de S.
Aug. ch. 3.

F iiij

étoient particuliers aux Religieux , les Quatre-
tems , & les veilles ordinaires : & il y en avoit
d'autres où l'on ne mangeoit qu'à Vespres, comme le Carême & les veilles des grandes fêtes.
Or on ne peut pas douter que ce ne fût encore
là la pratique générale de l'Eglise du tems d'Hugues de saint Victor , aprés ce que nous avons
raporté de saint Bernard qui vivoit en même
tems que lui , & de Pierre de Blois qui n'est venu que depuis lui.

L I I.

*Sentiment de saint Thomas & de saint An-
tonin , plus conforme à celuy d'Alexandre de-Halés qu'à celui de l'antiquité.*

Nous devons prendre dans le même sens ce
que dit saint Thomas dans la seconde partie de
» sa Morale, ou traitant cette matiere, il s'objecte
» l'usage des Juifs de jeûner jusqu'au soir : & il
» répond en disant, que cela étoit bon pour l'an-
» cien Testament qui est comparé à la nuit ; mais
» que le nouveau étant comparé à la lumiére, il
ne nous oblige de jeûner que jusqu'à None.
Durand sur le 4. des Sentences confirme
la même chose ; & saint Antonin a aussi raporté
la même raison dans sa Somme. Mais le dessein
de ces Théologiens comme j'ay dit, n'étoit pas
de condamner l'usage ancien , ni de favoriser les
nouveaux relâchemens, c'étoit plutôt de les fixer
à cette heure de None, de peur qu'ils n'allassent
plus bas, croïant que c'étoit celle qui avoit été

marquée par le Canon SOLENT. J'ay assez fait
voir néanmoins que ce n'étoit nullement là le
sens de son Auteur, dont l'ouvrage qui étoit rare au siécle de ces Docteurs ne nous a été donné
qu'en ces derniers tems.

Il y a donc bien de l'apparence que ces Théologiens ne l'avoient pas pris dans sa source,
mais dans quelques Canonistes que l'on sçait
n'être pas toûjours surs à citer ce qu'ils rapportent. On n'en peut presque pas douter quand
on voit que Durand comprend les Quatre-tems
avec le Carême dans le texte qu'il allégue; dont
néanmoins il n'est pas dit un mot dans l'original.

Quoiqu'il en soit, il y a beaucoup d'autres
exemples dans l'Eglise, de choses qui se font
ainsi établies par des Canons ou douteux ou mal
entendus. Mais ce qui est indubitable, c'est que
l'Eglise qui tolére ce relâchement, est si éloignée
de faire des Loix pour l'établir ou pour l'approuver, que même si nous voulons parler comme
on faisoit encore dans l'XI. siécle, *Suivant les*
Canons nous ne sommes pas censez jeûner le Carême
comme il faut, si nous mangeons avant le soir.
NEC JUXTA CANONES, QUADRAGESIMALITER
JEJUNARE CENSEMUR, SI ANTE VESPERUM
REFICIMUR. *Delà vient qu'on ne dit pas la*
messe ces jours là à l'heure de Sexte, comme on
fait les autres jours de jeûne : mais à l'heure de No-
ne: parce que la coutume de l'Eglise est de manger
à None, (c'est à dire vers les trois heures) lors-
que la messe se dit à Sexte; c'est à dire à midy)
& de ne manger qu'à Vespres, (c'est à dire le
soir) lorsque le service se fait à None.

Microl. ch. 49.

En effet, le confentement de l'antiquité eſt clair là-deſſus. Delà vient même qu'on a donné quelquefois à Veſpres le nom de LUCERNA-RIUM [d]. *Jejunia quadrageſima protrahantur in veſperam, id eſt poſt lucernaria reficiatur*, dit la Régle du Maître. Car *veſpera* ſignifie là le ſoir, & *lucernaria*, Veſpres, qui ſe diſoient le ſoir. Ce que Caſſien appelle *lucernalis hora*, & ſaint Jérôme, *lucernâ accensâ, reddere ſacrificium veſpertinum*, dire Veſpres aprés que la chandelle eſt allumée.

[d] LUCERNARIUM ſignifie proprement, les priéres qu'on faiſoit en allumant les lumiéres avant Veſpres. *In Veſpertinis officiis, primò lucernarium, deinde pſalmi*, dit S. Iſidore (*Reg. c. 6.*) car cela ſe faiſoit avec cérémonie, pour remercier Dieu d'avoir paſſé le jour, & lui demander la grace de bien paſſer la nuit; & auſſi pour nous apprendre, que nous ſommes les enfans de la lumiére & de la réſurrection, & que nôtre nuit doit être exemte de ténébres: Mais enſuite, il a été pris pour veſpres mêmes, comme la partie pour le tout. C'eſt pourquoi il eſt encore dit dans la Régle du Maître ch. 34. *In æſtivo tempore, adhuc altiùs ſtante ſole*, LUCERNARIA *inchoentur, propter breves noctes*. Où il eſt remarquable que cette Régle avertiſſant de commencer Veſpres lorſque le ſoleil étoit encore fort haut en été, elle ne marque point qu'on les diſe avant la fin du jour en Carême, comme avoit fait ſaint Benoît. Cela peut faire croire qu'elle a été écrite dans un païs ſeptentrional, où les jours d'hyver ſont plus courts qu'en Italie, comme ceux d'été y ſont plus longs.

ET CE que j'ay raporté cy-deſſus de ſaint Bernard & de Pierre de Blois, confirme encore la même choſe.

Ce n'eſt pas qu'on ne puiſſe dire d'ailleurs que la raiſon que raporte ſaint Thomas de la lumiére ne ſoit tres belle, pour diſtinguer les Juifs qui ſont dans les ténébres, d'avec les Chrétiens qui ſont enfans de lumiére, & dont la vie & la nourriture doit être réglée par la lu-

miére, suivant la parole de saint Paul; *Nos au-*
tém qui diei sumus, sobrii simus: sicut in die honestè
ambulemus. Ce qui peut être aussi une des raisons pour lesquelles saint Benoît veut que ses
Religieux prennent leur repas durant le Carême, pendant qu'il fait encore jour.

Il faut seulement prendre garde de ne pas s'i-
maginer que saint Thomas ait voulu dire par là
que l'Eglise ne surpasse pas les Juifs dans l'exactitude de ses jeunes & dans ses grandes austéritez, aussi bien que dans le reste.

LIII.

Combien l'Eglise se croit obligée de surpasser
la Synagogue dans ses jeunes, aussi bien
que dans les autres vertus. Endroit remar-
quable de Salvien.

SALVIEN, cet ornement du Clergé de
Marseille, & ce Pére de quelques Evêques,
comme l'appelle Gennade, fait assez voir par
un discours qu'il adresse à toute l'Eglise, qu'elle
n'étoit pas elle même dans ce sentiment. Car
representant combien elle se croioit obligée de
surpasser la Synagogue aussi bien dans ses jeûnes
& ses abstinences, que dans les autres vertus, il
en rend cette raison : Que les Juifs n'avoient que
l'ombre, au lieu que nous possédons la vérité:
Judæi quippe habebant umbram rerum, nos verita-
tem. C'est pourquoi il dit qu'alors on usoit de
plus d'indulgence & de plus de liberté : *plus*
tunc indulgentiæ erat, plus licentia. L'usage de la

» chair, ajoute-t-il, étoit souvent ordonné alors,
» & maintenant on ne nous prêche que l'abstinen-
» ce : Alors ils n'avoient que fort peu de jeûnes,
» & maintenant nôtre vie ne doit être qu'un jeûne
» continuel : *Tunc esus carnium prædicabatur, nunc
abstinentia : tunc in omni vitâ jejuniorum paucissimi
dies, nunc quasi unum jejunium, vita omnis.*

LIV.

*Vie admirable des Therapeutes de Philon. Et
que plusieurs Péres les ont pris pour les
premiers Chrêtiens d'Aléxandrie.*

Euseb. l. 2. de
son hist. chap.
17.
Philon de Vi-
ta contempl.

É U S E B E emploïant les paroles de Philon,
pour nous apprendre quelle étoit la vie admirable de ces Solitaires d'Egypte, qu'il prétend a-
voir été des premiers Chrêtiens *, instruits par

* Je laisse aux Savans à examiner plus particuliérement cette
question, qui n'a commencé à être remuée qu'en ces derniers
tems. Les Centuriateurs de Magdebourg n'ont pas cru qu'ils fussent Chrêtiens, & Joseph Scaliger s'est rendu comme le chef de
cette opinion, quoiqu'il n'en ait pas été le premier auteur, ainsi
qu'il l'a prétendu. On peut voir ce qu'il en écrit dans son livre
De emendatione temp. en la preface, & au liv. 6. Et dans son *Ele-
chus* contre Sérarius. On peut voir aussi Sérarius, au 3. livre
Trihæresium, & en son *Minerval*, liv. 5. Steslartius *Fundam. Ordi-
num* cap. 6. Et Monsieur de Valois en ses Nottes sur Eusebe.

Il est certain que ces gens-là ont mené une vie trés-religieuse,
& qu'il est difficile de trouver tant de vertus unies ensemble, autre part que parmi les Chrêtiens : Ce grand amour pour la retraite & pour la mortification ; ce mépris de toutes les richesses &
de toutes les commoditez de la vie ; ces Vierges qui faisoient profession de passer toute leur vie dans une pureté toute angélique &
toute volontaire ; cette vigilance extraordinaire sur soi-même pour
se conserver pur en la présence de Dieu ; & cette méditation continuelle de sa Loy & de ses divines écritures.

Mais on y trouve aussi quelque chose qu'il semble difficile d'accorder avec nôtre religion ; comme quand Philon dit, qu'aprés
avoir passé une partie de la nuit à chanter des Cantiques, les deux

chœurs d'hommes & de femmes s'unissoient ensemble, tout transportez & hors d'eux-mêmes, pour danser, ainsi que fit autrefois Marie sœur de Moïse.

Il se peut faire néanmoins, ou que Philon n'ait pas bien pris les choses, ou que, comme dit S. Jérôme, les premiers disciples de saint Marc eussent retenu encore certaines pratiques du Judaïsme, qui l'ont trompé. Ou enfin que ces danses dont il parle n'eussent rien de profane, puisqu'il est bien écrit de David. (2. Reg. 6. 14.) qu'il dansoit devant l'arche, & des premiers Chrétiens, qu'ils firent des danses autour des tombeaux des Martyrs à la mort de Julien l'apostat. *Theodoret. hist. l. 3 c 22.*

Je passe sous silence diverses observations peu judicieuses, que Scaliger objecte à Sérarius ; comme de dire que ces Thérapeutes ou Contemplatifs adoroient le soleil, quoique Philon assure formellement le contraire : d'avancer qu'ils étoient appellez Therapeutes à cause de la connoissance qu'ils avoient de la médecine, quoique Philon dise expressément que ce n'en étoit pas là la cause : de soûtenir qu'ils se baptisoient tous les jours, quoique Philon n'en dise pas un mot. Or c'est sur les paroles de Philon, comme l'a fort bien remarqué le Sieur Daillé, que doit être réglée toute cette dispute : & c'est de luy seul qu'Eusebe a emprunté les termes.

Je passe aussi les faux raisonnemens de Scaliger ; comme quand il allégue qu'ils étoient Juifs, parce qu'ils se baptisoient tous les jours, & qu'il prouve ensuite qu'ils se baptisoient ainsi, parce qu'ils étoient Juifs Quand il infére des paroles de Philon, qu'il semble n'avoir pas entenduës, que ces Contemplatifs faisoient sept Pentecôtes tous les ans ; son texte ne voulant nullement dire cela ; & choses semblables, qui ne sont pas fort favorables pour persuader ses lecteurs.

Je sçay bien que quelques-uns sont arrêtez par le silence des Péres qui ont précédé Eusebe, & qui n'en ont rien dit, comme de saint Justin martyr : de saint Clément Prêtre d'Alexandrie, & d'Origéne, qui enseignoit dans la même Ville : Mais ce n'est qu'un argument négatif, qui est toûjours foible contre des témoignages positifs d'aussi grands hommes qu'ont été ceux qui en ont parlé depuis. Surquoi il est bon de remarquer que souvent les choses ne s'écrivent pas d'abord, parce qu'elles vivent assez dans l'esprit des hommes. On aime mieux laisser passer quelque tems afin qu'en ressuscitant la mémoire, lorsqu'elle commence à être comme mourante, la grace de cette espéce de nouveauté serve à les faire goûter davantage. Et cette maniére d'agir est si naturelle que c'est celle que Dieu nous a apprise lui-même par son exemple, puisqu'il n'a fait écrire l'histoire du monde par Moïse, que plus de 2500. ans aprés la création, parce que la longue vie des premiers hommes, & la facilité qu'ils avoient de s'en pouvoir instruire les uns les autres, faisoit qu'ils en étoient assez informez.

L'Evangile même n'a commencé a être écrite qu'assez tard : Dieu aimant mieux que les choses se conservassent par une tradition vivante dans l'esprit des fidéles que dans les livres. Et si saint Jean qui raporte plusieurs faits que les autres n'avoient point touché, ne les a écrits que plus de 60. ans après la mort de J. C. les faudra-t-il rejetter, à cause du silence des autres ?

Nous trouvons que cete conduite a aussi été quelquefois gardée par les Auteurs soit Ecclésiastiques soit profanes. S. Grégoire, par exemple, qui est le premier qui ait écrit de saint Benoît, ne l'a fait que plus de 50 ans après sa mort. Et aucun des successeurs ni des enfans de ce saint Patriarche n'y avoit pensé auparavant.

Doit-on donc s'étonner si dans les premiers siécles de l'Eglise, on n'a rien écrit de ces parfaits Chrêtiens que Philon appelle THERAPEUTES ? Ils étoient assez connus de tout le monde, à qui par conséquent on n'eût rien dit de nouveau. Ils étoient répandus *au dedans & au dehors de l'Empire*, dit Philon : Il y en avoit donc apparament de tous côtez : desorte que nul ne le pouvoit ignorer ; & que nous ne pouvons presque douter que ce ne fussent les Religieux de ce tems-là, dont S. Denys nous represente encore que la vie étoit si sainte & si parfaite. Ainsi ce que l'on objecte de Tertulien qui dit que les Chrêtiens ne faisoient pas profession *de se bannir du monde, ou de vivre parmi les deserts*, à besoin d'explication, puisqu'il est certain qu'il y a toûjours eu dans l'Eglise de ces ames retirées, & qui cherchoient à joüir plus particuliérement de Dieu, par la fuite & l'éloignement du monde. Mais ce que montre cette parole de Tertulien, c'est qu'apparament la violence de la persécution avoit fait que les exemples d'une si grande ferveur étoient devenus plus rares : ou même qu'il n'étoit pas à propos de relever ces particularitez de la vie des Chrêtiens devant les païens : Et c'est cela même qui justifie le silence de ceux qui n'en ont point parlé, & qui montre qu'il auroit été difficile de le faire avant la paix de l'Eglise : desorte qu'Eusebe l'aïant fait, c'est le plutôt qu'on le pouvoit faire.

Aussi voïons-nous que depuis cela, tous les grands hommes en ont parlé de même : Et l'on ne doit pas présumer, qu'ils l'eussent fait, s'ils n'en eussent été aussi informez par une tradition constante, que par l'autorité de Philon, ni que saint Jérôme eût pû se résoudre à lui donner place parmi les auteurs les plus Saints, s'il ne s'étoit bien informé de la chose auparavant. C'est pourquoi saint Ephiphane, Cassien, Suidas, Sozoméne, Nicéphore, Béde, & généralement tous ceux qui sont venus depuis, n'ont pas fait difficulté d'écrire la même chose, & il est difficile de se départir de leur sentiment, sans affoiblir l'autorité des Traditions les plus constantes ; à moins que nous ne prétendions être plus clairsvoyans dans la première antiquité qu'eux, quoiqu'ils la touchassent du doigt, & que nous en soions infiniment éloignez.

Il faut aussi prendre garde de ne pas confondre les Esséniens avec les Thérapeutes, prenant les uns & les autres pour Chrêtiens, puis qu'Eusébe ne parle que des derniers, & que Philon distingue fort ces deux sortes de personnes, en ayant parlé dans deux Ouvrages différens. Saint Epiphane semble avoir été le premier qui a donné lieu à cela. Mais aujourd'huy, on est revenu de cette opinion.

l'Evangéliste saint Marc, fait assez voir combien l'on étoit persuadé que l'Eglise dés sa naissance, avoit été dans les sentimens & dans la pratique de ce que nous enseigne ici Salvien. Il dit, *que vivant dans une trés-grande solitude & un dégagement universel de toutes les créatures, ils ne se nourissoient que d'un peu de pain & d'herbes ; que plusieurs passoient souvent trois jours, & quelques-uns même six, sans rien prendre ; & que jamais ils ne mangeoient ni ne buvoient qu'aprés que le soleil étoit couché : ne croiant pas qu'il y eût rien de plus conforme à la lumière que l'exercice de la vertu; & estimant que c'étoit assez de donner aux besoins du corps une petite partie de la nuit.*

Cet auteur les nomme *Thérapeutes*, pour marquer, selon la force du mot Grec, le soin qu'ils avoient de rendre à Dieu un culte pur, & de guérir l'ame de toutes ses maladies. Il appelle leurs petites cabanes, *des Monastéres, & des Ecoles de vertu & de modestie.* Et le témoignage qu'il en rend nous doit être d'autant plus considérable, que plusieurs Péres aussi bien qu'Eusébe, ont crû que l'image d'une vie si sainte & si réglée (si l'on en détache certaines choses qui tenoient peut-être encore du Judaïsme, ou que Philon n'avoit pas assez entenduës) ne pouvoit mieux convenir qu'aux disciples de ce S. Evangéliste.

C'est ce qui a donné sujet à saint Jérôme, de mettre Philon au nombre des auteurs Ecclésiastiques : & il ajoute, *Que les Religieux doivent avoir pour unique but d'imiter la vie merveilleuse de ces premiers Chrêtiens, qui pratiquoient si par-*

faitement la frugalité, la pauvreté & l'union toute sainte de la première Eglise de Jérusalem. *Hieron. in Marc. & Phil.*

Je sçay bien que plusieurs doutent maintenant, si ces Thérapeutes ont été véritablement Chrétiens: mais il suffit pour conclure ce que j'en infére, qu'ils nous ayent été representez comme tels par plusieurs Péres ; que les choses que j'en raporte ayent mérité leur approbation & leurs loüanges ; & que leur vie puisse servir de modéle aux Religieux comme nous l'apprend saint Jérôme.

LV.

Anachorêtes d'Egypte , Solitaires d'Orient, Religieux qui vivoient en commun dans les deserts.

ET quand les Thérapeutes n'auroient pas été les prémices de la vie Monastique & Réguliére comme l'a prétendu Cassien, on ne peut pas nier qu'il ne se soit vû des Solitaires en Egypte & dans le reste de l'Eglise ; dont la vie surpassoit encore tout ce qu'on a pû dire de ceux-ci.

Cassien de l'Institut. mon. l. 2. c. 5

On sçait quelle a été celle de saint Paul premier Hermite, de saint Antoine, de saint Hilarion, & des Anacorêtes : & l'on sçait quelle a été aussi celle des Religieux qui vivoient par troupes dans les deserts. Saint Augustin décrivant les mœurs de l'Eglise Catholique, nous a laissé un crayon de l'admirable vertu des uns & des autres.

S. August. des mœurs de l'E- glise, c. 31.

Il dit des premiers, *Qu'ils s'étoient dérobez à la vûë*

la vûë des hommes, pour joüir de la compagnie &
de l'entretien de Dieu même ; & que ne mangeant
que du pain & ne bûvant que de l'eau, ils goû-
toient les délices d'une souveraine béatitude, dans
la contemplation de cette beauté qui ne peut être regardée que des yeux de l'ame, & de l'ame toute
sainte.

Et parlant des seconds, il dit : *Qu'ils avoient
quitté les plaisirs du monde, & les avoient mépri-
sez, pour vivre en commun d'une vie toute chaste &
toute sainte ; demeurant dans une parfaite concorde,
& dans une continuelle contemplation des grandeurs
divines. Que nul d'entr' eux ne possédoit rien de
propre : Que nul n'étoit à charge à personne : Qu'ils
travailloient des mains à ce qui peut nourrir le corps,
sans détourner l'esprit de penser à Dieu.* Et il ajoûte ; *Que sur la fin du jour, ils sortoient tous
de leurs cellules, & s'assembloient pour ouïr leur
Pére, N'AYANT POINT ENCORE MANGE DE
TOUTE LA JOURNEE ; Qu'ils n'étoient pas moins
de trois mille sous chaque Pére, & qu'il y en avoit
même quelquefois beaucoup davantage : Qu'en l'é-
coutant ils marquoient les mouvemens & les affec-
tions de leur cœur par des soupirs ou par des larmes,
mais si modestes & si tranquiles, qu'elles n'exci-
toient aucun bruit, & que l'exhortation finie, ils
alloient prendre leur repas, où ils ne mangeoient
qu'autant qu'il étoit nécessaire pour la vie & pour
la santé.*

G

LVI.

Que chacun doit redoubler ses pénitences & ses austéritez en Carême, pour se purifier.

MAIS si ces incomparables Solitaires menoient ordinairement une vie si mortifiée; que
ne faisoient-ils point le Carême qui a toûjours
été consideré comme un tems particuliérement
ordonné pour nous purifier de nos fautes par les
exercices de la pénitence, *& durant lequel*, comme dit S. Jérôme, *il nous est permis de nous traiter
avec plus de rigueur ?* De là vient que ce Pére parlant d'une illustre Vierge *, dit, *Qu'encore qu'elle
jeûnât toûjours, & qu'elle passât souvent deux ou
trois jours sans manger ; en Carême néanmoins elle
s'abandonnoit plus particuliérement aux austéritez
de la pénitence, & étoit des semaines entiéres sans
rien prendre.*

Cette maxime a toûjours été tellement pratiquée dans l'Eglise, que saint Benoît animé du
même esprit, dit, *Qu'encore que toute la vie d'un
Religieux doive être conforme à l'observation & à
la pénitence du Carême ; il faut néanmoins veiller
plus particuliérement sur soi, pour se maintenir dans
une exacte pureté de vie durant ce tems, & travailler à expier, en ces jours sacrez, les négligences
de toute l'année. Il faut donc,* continuë-t-il, *qu'en
ce tems nous ajoûtions quelque chose de surcroît à
nos exercices accoûtumez, comme des oraisons particuliéres, & quelques abstinences pour le boire &
pour le manger ; en sorte que chacun, avec la joie*

que donne le saint Esprit, retranche quelque chose de son ordinaire ; en refusant à son corps ou quelque sorte de mets, ou quelque partie de son breuvage, de son sommeil, de ses entretiens & de ses discours vains & peu serieux, & attendant la fête de pâque avec un mouvement d'allegresse & un desir chrétien & spirituel.

S. Isidore suivant les mêmes sentimens, dit aussi, *Que le jeûne du Carême doit être observé avec une plus grande abstinence que les autres ; & que les Religieux ne doivent pas seulement se passer de dîner, mais qu'ils doivent même se priver de l'usage & du vin & de l'huile.* *S. Isid. Regle, chap. 13.*

Les Conciles ont même quelquefois ordonné aux fidelles de ne manger que des choses seiches, durant ce saint tems. Et Tertullien dit que l'on étoit si exact à cela, que l'on n'eût pas voulu prendre la moindre nourriture, ni manger le moindre fruit, qui eût eu un suc un peu vineux ou un goût un peu succulent & relevé. *Xerophagiam observamus,* dit-il, *siccantes cibum ab omni carne & jurulentia, & uvidioribus quibuscumque pomis, ne quid vinositatis vel edamus, vel potemus.* *Concil. Laod. c. 50. Tertul. lib. 1. advers. Psych.*

Saint Grégoire de Nazianze raporte que les Solitaires du Pont étoient si religieux à observer cette sainte quarantaine, que *plusieurs d'entr'eux, en passoient souvent la moitié, sans prendre aucune nourriture.* Et saint Augustin écrit que de son tems *il s'en est trouvé qui l'ont passée toute entière dans cette totale abstinence.* *Poëme 47. à Helleni. Epist. 86. à Casulan.*

Voilà une légére peinture de la vie des premiers Chrétiens & des premiers Religieux de l'Eglise, qui fait assez voir, ce me semble, com-

G ij

bien elle surpassoit la Synagogue, soit dans l'assiduité de ses jeûnes, soit dans la sainteté & austérité de sa vie.

LVII.

Que le jeûne du Carême consiste proprement à ne manger que le soir, & à donner son dîner aux pauvres : Que l'on n'y bûvoit point de vin, & que le repas du soir étoit fort sobre. Combien on doit prendre garde à ne pas blesser la tempérance dans la réception des hôtes.

IL est vrai que tout le monde ne jeûnoit pas si continuellement, ni si austérement que ces anciens Religieux & ces Solitaires, dont nous venons de voir les exemples : mais il est vrai aussi qu'il étoit inoüi dans ces siécles fleurissans de l'Eglise, aussi bien que dans les plus avancez dont j'ai parlé, de rompre le jeûne avant la fin du jour pendant le Carême. De là vient que saint Césaire Archevêque d'Arles exhortant son peuple à passer saintement ce tems de pénitence, dit qu'une des principales choses en quoi consiste le jeûne, est de donner aux pauvres ce que l'on mangeroit à dîner. Et il ajoûte, qu'il ne servira de rien d'avoir jeûné jusques au soir, si ensuite on se laisse aller à se remplir de viandes ou trop délicates, ou prises en trop grande quantité. *Nihil prodest totâ die longum duxisse jejunium, si posteà ciborum suavitate vel nimietate, anima obruatur.* Il témoigne même que c'étoit la coûtume de ne point boire de vin le Carême. *Si nous nous privons entièrement de vin*, dit-il, *dont nous pourrions user modérément en un autre tems, prenons garde d'éviter le péché, qui n'est jamais permis.*

S. Augustin nous apprend aussi la même chose dans ses sermons. *L'excés du boire & du manger,* dit-il, *sont défendus en tout tems : mais en celui-ci nous devons encore nous priver du dîner.*

Mais ce Pére nous avertit sur tout, qu'il ne faut pas prétendre changer seulement alors de délices, mais qu'il les faut diminuer & retrancher. *Sanè cavendum est,* dit-il, *ne mutes & non minuas voluptates.* Aprés quoi il ajoûte, *Videas enim quosdam pro usitato vino, inusitatos liquores exquirere & aliorum expressione pomorum, quod ex uvâ sibi denegant, multò suaviùs compensare ; cibos extra carnes, multiplici varietate ac jucunditate conquirere, & suavitates quas alio tempore consectari pudet, huic tempori, quasi oportunè colligere; ut videlicet observatio Quadragesimæ non sit veterum concupiscentiarum repressio, sed novarum deliciarum occasio.* Les Péres sont tous pleins de semblables instructions; sur quoi je demanderois volontiers aux Religieux ce qu'ils ne font point obligez de faire pour tendre à la perfection qu'ils ont embrassée, puisqu'ils voient ce que l'on demande des simples fidelles.

Aussi étoit-il ordonné par la Régle de saint Isidore & par celle de saint Fructueux de s'abstenir de vin & d'huile durant le Carême.

Nous voyons de même que S. Paulin parlant à S. Amand, d'un hôte qu'il lui avoit envoyé durant le Carême, marque expressément, qu'il

G iij

voulut bien s'accommoder à la pauvreté de sa table, quoiqu'il ne mangeât que le soir : *Pauperem mensulam vespertinus conviva non horruit.* Où nous pouvons de plus remarquer, que les anciens pratiquoient tellement la charité envers leurs hôtes, qu'ils conservoient toûjours néanmoins l'exactitude des jeûnes de l'Eglise, & y faisoient voir l'amour de la pauvreté. En effet, comme dit excélemment S. Basile, *Ceux qui apprêtent à leur frere une multitude de viandes exquises, l'accousent tacitement d'aimer la délicatesse & d'être encore assujetti à ses plaisirs.* Et il n'ya rien, selon S. Jean Climaque, ou la gourmandise se mêle plus facilement, *Que dans la réception des hôtes, parce qu'elle semble s'y pouvoir couvrir du voile de la charité.*

LVIII.

Que les veilles des grandes fêtes mêmes, on ne mangeoit que le soir.

Le même S. Paulin remarque que l'on pratiquoit aussi cette coutume de ne manger que le soir, aux veilles des grandes fêtes, ainsi qu'il témoigne dans ces vers, qu'on l'observoit le jour qui précédoit la fête de S. Felix, patron de l'Eglise où il demeuroit.

Nostis eum morem quô jejunare solemus
Ante diem; & serò libatis vespere sacris,
Quisque suas remeare domos. Tunc ergo solutis
Cœtibus à templo Domini, postquam data fessis
Corporibus requies, sumta dape, cœpimus hymnis
Exultare Deo, & psalmis producere noctem.

Nous apprenons la même chose de la lettre de Theodemar à Charlemagne. *Outre les jeûnes réguliers*, dit-il, *nous jeûnons encore jusques-à l'heure de vépres, la veille des principales fêtes : & depuis les vépres de la veille, durant toute la nuit ; & le jour de la fête jusqu'à la fin de complie, nous ne nous mettons point à genoux.*

Toute l'antiquité est pleine de semblables autoritez, sur tout pour ce qui regarde l'heure du manger en Carême. Cela est trop clair pour s'y arrêter davantage.

LIX.

Que le repas du Carême étant une fois mis à None, a été toûjours en avançant. Sentiment de plusieurs Théologiens des derniers siécles sur ce sujet.

Nous voyons néanmoins par ce qui a été allegué ci-dessus, d'Alexandre de Halés, de S. Thomas, & des autres qui l'ont suivi, que cette indulgence de manger à none le Carême fut facilement introduite. Le sens quon donnoit au Canon *Solent* les trompa, & l'usage de prendre son repas à cette heure là dans les autres jeûnes, fit qu'on eut moins de peine à y réduire ceux-ci. Ainsi cette coûtume dura un peu de tems dans l'Eglise ; quoique toûjours avec quelque diminution de l'exactitude. Nous le voyons assez par Richard *de Media villa*, Cordelier Anglois, qui vivoit à la fin du XIII. siécle, & qui a pu être disciple de S. Thomas. Il enseigne, *qu'il n'est pas nécessaire d'attendre pré-*

Nomb. 51.
Nomb. 52.

Richard de Media Villa, sur le 4. des Sent. distinct. 15. q. 3. art. dernier.

G iiij

cisément l'heure de none, *& que si on mange quel-*
que tems auparavant, on ne rompt pas son jeûne.
Les grands changemens ne s'établissent que peu
à peu dans l'Eglise. Mais c'est une espéce de nécessité, que de descendre toûjours, depuis qu'on
est sur la pente du relâchement. Alors, sans y
penser, nous abandonnons facilement ce qui
étoit plus parfait & plus pur, & nous ne pouvons
presque nous persuader, qu'on ait pû avoir
d'autres sentimens que ceux que nous voyons
établis, ni qu'il soit loüable de vivre autrement
que ne font les autres.

Mais ce qui paroît plus surprenant, c'est qu'il
semble que du tems de Durand Evêque de
Meaux qui vivoit au XIV. siécle, le jeûne du
Carême ne duroit déja plus que jusqu'à midi.
Traitant cette question sur le quatriéme livre des
sentences, & s'étant objecté le Canon *Solent,*
dont nous avons parlé ; il y répond en disant,
que cela se peut entendre en deux maniéres, l'u-
ne de l'heure de vêpres, qui seroit vers le soir,
& l'autre de l'office de vêpres : en suite de quoi
il conclut pour la coûtume, qui étoit déja de
son tems de dire Vêpres & de manger à midi,
horâ sextâ : Si l'on ne vouloit prétendre qu'il se
fût glissé une faute d'un 6 pour un 9 dans sa copie ; puisque nous voyons que Paludanus, qui
étoit Dominicain comme lui, & qui vivoit en
même tems, ne marque le repas des jeûnes de
Carême qu'à l'heure de none. Voici les paroles
de Paludanus. *Dico autem horam nonam con-*
gruam omni tempore, etiam in quadragesima, nec
oportere expectare tunc vesperum diei, sed tantùm

officium ; ut scilicet antequam celebretur vesperti-
num officium, non comedatur.

Et comme saint Antonin ajoûte seulement, qu'il semble que celui qui étant obligé à dire l'office, mange pendant le Carême avant que d'avoir dit vêpres, & les autres jours de jeûne avant que d'avoir dit none, ne fait pas bien, *videtur quod non sit bene factum ;* on s'est facilement porté à conclurre, qu'on ne feroit pas mal d'avancer notablement l'heure du repas, pourvû qu'on avançât aussi le service à proportion. Au lieu qu'il auroit été plutôt à souhaiter, que si l'on croyoit avoir besoin d'avancer le repas, ont eut au moins laissé le service à ses heures accoûtumées, comme feu Monsieur l'Evêque d'Alet l'a marqué dans son Rituel, puisque ces heures sont ordonnées pour honorer les mystéres qui s'y sont passez, & pour nous renouveler par ce moyen qui n'est pas onéreux, mais facile, dans la priére & dans l'attention que nous devons avoir à Dieu le long de la journée.

Mais ce qui peut encore faire voir que cette pratique d'avancer peu à peu l'heure du repas, pourvû qu'on avançât le service à proportion, ne s'est introduite que peu à peu, est la maniére dont Tibaud Artaud Célestin qui a vécu jusques dans le XVI. siécle explique ces paroles du 41ᵉ chapitre de la Régle, *Ab idibus septembris usque ad caput quadragesimæ, Fratres ad nonam semper reficiant :* Qu e *les Moines,* dit-il, *soient toûjours refectionnez à none ; c'est-à-dire, à midi, aprés que none est dite à l'Eglise.* Et conti-

Part. 2. titre 6. ch. 5. §. dernier

Tibaud. Artaud, pag. 106.

nuant d'expliquer ces autres ; *In quadragesima usque ad pascha, ad vesperam reficiant* ; il ajoûte EN CAREME jusques à Pâque, que les Fréres prennent leur réfection à vêpres ; c'est-à-dire, aprés que vêpres seront dites, lesquelles ne devroient point commencer devant midi, selon la coûtume ordinaire, & peuvent être différées, tellement que les Fréres jeûnent du moins une heure plus tard que les autres tems de l'année.

Il est aisé de juger néanmoins que ce n'est nullement là le premier esprit de l'Eglise. Nous le pouvons voir par les autoritez que j'ay alléguées ci-dessus. Et nous le voyons aussi parce que S. Benoît dit lui-même, dont cet auteur n'a pas pris le sens. Il explique assez ce qu'il a entendu par l'heure de vêpres, lorsqu'il ajoûte : *Que l'heure de vêpres soit prise de telle sorte, qu'on n'ait pas besoin de lumière pour manger :* où il ne pouvoit mieux nous montrer qu'il a voulu marquer par là, le declin du jour.

S. Benoist, Régle, c. 41.

Voilà donc, Monsieur, comme le relâchement de l'ancienne discipline s'est glissé par degrez dans l'Eglise, où l'on ne sçait presque plus ce que c'est que d'attendre à manger plus tard que midi en Carême ; si ce n'est, comme l'a fort bien remarqué le Cardinal Bellarmin, que Dieu s'est toûjours réservé de bonnes ames dans tous les siécles, qui ont été religieuses à suivre l'ancienne coûtume de l'Eglise en ce point, aussi bien que dans les autres, & à ne manger que le soir durant le Carême.

Livre des bonnes œuvres, c. 2.

L X.

Que ce dernier relâchement des jeûnes n'a pas commencé d'aujourd'hui. Récapitulation de tous les degrez par où l'on y est venu.

LE RELACHEMENT qui se trouve en ceci, n'a pas néanmoins commencé d'aujourd'hui, comme nous le voyons par ce que j'ay rapporté de Tibaud Artaud, & parce qu'enseignoit en même tems le Cardinal Cajétan en Italie, c'est-à-dire, vers le commencement du XVI. siécle. Car il parle ainsi dans sa Somme. *Il n'y a pas en-* *core trois cens ans que l'heure du repas pour les jours* *de jeûne, étoit trois heures aprés midi, ainsi qu'il* *se lit dans S. Thomas : mais maintenant on voit que* *les Religieux ne font pas de difficulté de manger* *long-tems avant midi, en esté, & même en Carême.*

Nous apprenons encore la même chose par les Institutions Théologiques de Viguerius, Do-minicain Espagnol, qui enseignoit à Toulouse vers le milieu du siécle passé. Car parlant du re-pas des jours de jeûne, il dit hardiment, *Que* *l'heure convenable du manger étoit autrefois aprés* *vêpres ; qu'ensuite par succession de tems on l'a mise* *aprés none, c'est-à-dire, à une heure aprés midi ; &* *qu'enfin elle est venuë à midi. Et à present même,* *ajoûte-t-il, nous la mettons à onze heures.* Ce lan-gage digne d'un Théologien trés-relâché, nous represente parfaitement tous les degrez du dé-reglement qui s'est introduit dans les heures du jeûne : mais il nous fait voir en même tems que

le renverſement des heures de l'office l'avoit
précédé, puiſqu'il ne nous donne plus d'autre
idée de l'heure de none, que d'une heure aprés
midi. Un deſordre n'eſt guéres ſeul, & il eſt difficile qu'il n'en améne toûjours quelqu'autre.
Cependant il n'eſt pas croyable combien celui-
ci a fait de progrés en peu de tems.

Nous avons vû le jeûne du Carême durer encore juſqu'au ſoir dans tout le XII. ſiécle. Et
que s'il s'étoit gliſſé quelqu'abus avant cela,
les Evêques avoient taché de le réprimer par le
canon *Solent*, qu'on a pris enſuite à contre-ſens.

Nous le voyons durer ſeulement juſqu'à none
dans le XIII. Dans le XIV. on avançoit cette
heure de none pour gagner du tems. Dans le
XV. on ſe relâchoit encore davantage pourvû
qu'on eût dit vêpre avant le repas. Et enfin nous
voyons que dans le XVI. on prétendoit qu'on
pouvoit manger non ſeulement à midi, mais
à onze heures même. Ce qui montre que rien
ne s'établit & ne s'augmente plus facilement,
que ce qui tend à flatter nôtre délicateſſe & nôtre ſenſualité.

L X I.

De la Collation des jours de jeûnes; com-
ment elle s'eſt enfin introduite, &
d'où elle a pris ſon nom.

M A I S ce qu'il faut particuliérement remarquer ici, eſt que ceux qui ont commencé à introduire le relâchement dans l'heure du jeûne,
& qui ſe croyoient autoriſez en cela par le Ca-

non *Solent*, demeuroient toûjours néanmoins dans cette exacte observance de ne faire qu'un repas les jours de jeûnes. Ils auroient crû ne pas jeûner, de prendre la moindre chose hors ce repas, & les collations que nous voyons aujourd'hui, dont je vous ay promis, Monsieur, de vous faire voir l'origine, étoient encore inconnuës alors. Mais comme il y avoit loin de ce repas ainsi avancé jusques au soir, & qu'on se trouvoit altéré par les viandes de Carême, on s'est donné d'abord la liberté de boire un peu d'eau, & l'on s'est fait cette maxime, que l'on ne rompoit pas son jeûne pour boire : maxime inconnuë aux anciens, & qui ne peut avoir pris naissance que dans le moyen âge. Encore faut-il bien remarquer que les Moines n'usoient de cette liberté qu'à cause de leurs grands travaux. Mais depuis ils en ont usé en d'autres rencontres.

On a donc commencé ces collations simplement par boire, dans le monde. Les Moines qui avoient encore l'idée assez fraîche de ce qu'avoient fait leurs anciens n'eurent pas de peine à s'y rendre. Et comme pour ne point perdre de tems, ils firent leur lecture du soir dans le réfectoire, pendant qu'on leur apportoit à boire ; au lieu qu'auparavant ils la faisoient dans le Chapitre ou dans le Cloître ; ils appellérent toûjours cela *ire ad collationem*, ou pour user du terme de S. Benoît *accedere ad lectionem collationum*. Ainsi ce mot de Collation qui marquoit déja la boisson du soir en général, comme nous l'avons fait voir ci-dessus, n'eût pas peine à

être appliqué à celle des jours de jeûnes par les
» séculiers aussi bien que par les Religieux ; Parce
» dit un auteur des derniers tems, que comme ce
» qu'on leur lisoit nourrissoit leur ame, aussi ce
» qu'ils prenoient en même tems servoit à soute-
» nir leur corps.

Pasquier Recherch. chap. 34.

En effet il n'est pas nouveau de faire passer les
termes de la nourriture du corps à celle de l'esprit ; ou au contraire : Un sçavant Religieux
fort bien remarqué, que le mot de *récine*, qui
en quelques provinces signifie la collation d'entre le dîner & le souper, venoit de *Recinium*,
qui se trouve en ce sens dans la vie de S. Césaire Archêveque d'Arles, pour marquer ce qu'on
lui faisoit prendre le soir aprés qu'il avoit parlé
à la Conférence. Et ce saint confond lui-même
les termes de la nourriture du corps avec ceux
de la nourriture de l'esprit, lorsqu'il dit, *Qui
cœnam expedivimus, recinium nullum facturi sumus.* Aprés avoir si bien soupé, dit-il, parlant
de l'entretien qu'il leur avoit fait, nous n'aurons
pas besoin de Collation.

Le R. Pere Mabillon en son 1. siécle Bénédict.

Quoy qu'il en soit, non seulement Haeften &
Francolin que j'avois citez là-dessus dans ma
première édition ; mais encore Pâquier en ses
Recherches, & M. du-Cange en son Glossaire
sont de ce sentiment ; que le mot de Collation
des jours de jeûnes vient de la lecture que faisoient les Moines, pendant laquelle ou aprés laquelle ils alloient boire : *A collationibus Monasti-
cis*, dit ce dernier, *quibus finitis ad bibendum iba-
tur, serotinæ cœnæ appellationem sortita sunt.* Et
je ne sçay plus si l'on en pourroit encore dou-

Haeft. l. 9. tr. 5. disq. 2. Francol. ch. 38. n. 9.

ter aprés toutes les demarches que j'ay faites
pour l'examiner.

LXII.

*En quoy consistoit cette Collation des jours de
jeûne, & quand elle a commencé.*

VOILA donc pour ce qui regarde le nom de la
Collation, & comment elle s'est introduite. Il
nous reste à examiner en quoy elle consistoit,
& quand elle a pû commencer.

Pour ce qui est de la chose en soy, il est certain que ce n'étoit presque rien ; puisque cela
ne consistoit qu'à boire un coup, sans rien prendre. Et pour le tems, il est encore certain qu'elle n'est pas ancienne, quoi qu'il soit difficile de
déterminer précisément son commencement.
Car encore que l'on puisse fort bien dire que son
nom a été pris de cette boisson que prenoient
les Religieux du moyen âge à raison de leurs
grands travaux : il est certain néanmoins que la
chose que nous entendons aujourd'hui par ce
mot de collation, n'est pas venuë de là par une
succession continuelle, puisque d'une part, nous
ne voyons point que les Religieux ayent continué de joindre cette boisson à leur lecture du
soir, depuis qu'ils ont cessé de travailler ; & que
de l'autre, ce n'est point à raison du travail qu'est
accordée cette Collation des jours de jeûne ;
ceux qui en font de meilleures étant ordinairement ceux qui travaillent le moins.

Il y a donc apparence que ces collations n'ont
commencé, qu'aprés qu'on eut avancé à midi

le repas des jours de jeûne, le tems qu'il y avoit
de là au soir faisant croire à quelques-uns, que
ce petit soulagement leur étoit nécessaire : Or
cela ne semble pas avoir été avant le 15. siécle,
puisque l'on jeûnoit encore jusqu'à trois heures
dans le quatorziéme, comme je l'ay fait voir
par l'autorité de Paludanus. Aussi ne trouverons nous guéres d'auteurs qui ayent fait mention de cette collation des jours de jeûne avant
ce tems-là. Le premier que je sçache qui en ait
parlé, a été Tostat Evêque d'Avila en Espagne,
qui a vécu à la fin du 15. siécle : Et il étoit si
inoüy de son tems de joindre quelque chose
avec cette boisson de la Collation, qu'il se fait
une question dans son Commentaire sur saint
Mathieu, sçavoir si l'on y pouvoit prendre au
moins quelque peu de ce qu'ils appelloient
Electuaria, c'est-à-dire, quelque essence, quelque
conserve, ou chose semblable: à quoy ce sçavant
Prélat répond qu'il faut distinguer ; parce que si
l'on en prend si peu que cela ne nourisse point
du tout, on ne rompt pas son jeûne; mais que si
l'on en prend assez pour former en nous quelque nourriture, on le rompt. Vous voyez donc,
Monsieur, que ces premiéres Collations des
jours de jeûne étoient bien différentes de celles
qu'on fait aujourd'hui dans le monde, qui peuvent passer pour un souper : si ce n'est que l'on
n'y mange pas de soupe, (c'est-à-dire, de potage) d'où vient le mot de souper.

Ce ne fut encore qu'en suite de cela, que l'on
y joignit un peu de pain ; *frustulum panis, ne
potus noceat*, comme il est porté dans les dernières

les Conſtitutions de Chartreux. C'eſt pourquoi
le Cardinal Cajétan qui vivoit au commence-
mont du XVI. ſiécle, témoigne que de ſon tems
cette coûtume n'étoit pas encore bien établie,
& qu'il y avoit pluſieurs lieux où l'on ne prenoit encore que de l'eau. Ce qui lui fait dire,
qu'en cela *il faut ſuivre la coûtume des lieux, & ne
pas manger de pain, où l'on n'a point coûtume d'en
manger, ſi l'on n'y eſt obligé par quelque cauſe rai-
ſonnable.*

Je croy, Monſieur, que voilà ce qu'on peut
dire de plus certain ſur cette matiére, & je ne
penſe pas qu'on puiſſe donner une plus grande
antiquité à ces Collations, quoy qu'il ſoit pro-
digieux de les avoir vû monter en ſi peu de
tems à un tel excés ; ce qui n'eſt qu'une conviction plus grande de nôtre molleſſe.

LXIII.

*Que l'on ne peut rien inférer contre ce qui
vient d'être dit, ni de l'addition aux Capitulaires, ni du Concile de Chalon : &
que les Ordonnances de ces Capitulaires
& de ce Concile, ont été mal priſes par
ceux qui les alléguent.*

Il est vray que le mot de *collatio* ſe trouve
d'une maniére qui peut tromper d'abord, dans
les Capitulaires de Louïs le Debonnaire Empereur, beauconp plus anciens que le tems dont
nous parlons. Car il y eſt dit *, au ſujet des Re-

* C'eſt dans *l'addition* 1. *du liv.* 7. *c.* 70. qui n'eſt autre choſe que
ce qu'avoit arrêté l'Aſſemblée d'Aix dont nous avons parlé. En ce
tems là, on appelloit *Capitula*, les Canons & decrets des Conciles,
& même les reglemens & ordonnances des Rois & des Evêques.

H

ligieux : *Vt ad capitulum lectio tradatur, & ad collationem, si tempus fuerit opportunum.* On se pourroit aisément persuader comme a fait Monsieur de Filesac [a], qu'il se prend là pour la collation, & non pas pour la lecture ; parce qu'en effet on ne diroit pas ; *Faire lecture durant la lecture.* Mais, si l'on y prend garde, on verra que ce mot ne veut dire là autre chose que la conférence. Car il signifie souvent cela, *confessio, collocutio, confabulatio*, dit Smaragdus.

Les Abbez assemblez voulant donc remédier à l'abus qui se glisse plus facilement dans l'entretien que dans la lecture, ordonnent ; *Qu'on lise au chapitre & à la conférence du soir, si le tems le permet.* Et ce mot est là dans le même sens qu'il avoit déja été pris peu de tems auparavant par le Concile de Chalon sur Saone tenu sous Charlemagne, dans un canon rapporté par Burchard & par Ives de Chartres, qui regarde les Religieuses, & qui a aussi trompé Haesten, quoy que Francolin l'ait mieux entendu : *Vt Sanctimoniales omnibus diebus ad capitulum & ad collationem veniant,* QUE *les Religieuses assistent tous les jours au chapitre & à la conférence.* On voit que ces deux assemblées, tenuës assez près l'une de l'autre, ont usé des mêmes termes, & les ont employez dans le même sens & dans la même suite, pour marquer le chapitre & la conférence.

C'est ce qui paroîtra encore plus clairement si l'on compare, ces deux endroits avec celui de l'ancien usage de Cluny, où il est dit, Que les enfans ne liront pas au réfectoire, mais au cha-

[a] a Traité du Carême.

Burchard, l. 8. ch. 77. Ives, part. 7. ch. 25.

Liv. 3. c. 8.

pitre & à la conférence , *ad capitulum & colla-*
tionem. Car puis qu'il les exclut de la lecture qui
se faisoit au réfectoir ; il s'ensuit que *collatio* ne
marque pas là la *collation* qu'on prenoit dans le
réfectoir. Ainsi nous voyons toûjours ces deux
termes joints ensemble , soit dans ce dernier passage , soit dans les deux précédens , comme marquant les deux observances ordinaires , où la
Communauté prend sa nourriture spirituelle :
au lieu qu'il y auroit eu moins d'apparence de
joindre ce qui regarde le manger avec ce qui
regarde le chapitre , qui ne se tenoit que le
matin.

Et en effet , comment le mot de *collatio* , pourroit-il signifier , dans ces deux endroits que l'on
nous veut opposer , cette petite réfection du soir ,
veu qu'elle n'étoit seulement pas encore en usage alors , & que les heures du jeûne étoient si
exactement observées par les Rois mêmes , comme S. Bernard le témoigne lui-même de son
tems ?

LXIV.

Que le nom de la collation des jeûnes ne
peut pas venir du συμβολή *des Grecs. Pas-*
sage remarquable de S. Jérôme sur ce
sujet

CEUX qui ne veulent pas que le mot de
collation nous soit venu de l'usage qu'en ont fait
les Religieux , croyent qu'on doit plutôt le tirer
du latin *collatio* pris pour le συμβολή des Grecs,

H ij

cœna collectitia, un festin par écot, où il y a quantité de mets, & où chacun contribuë du sien. Mais cette étymologie est hors de toute apparence.

Car premiérement, les collations des jeûnes n'ont eu garde d'être prises d'abord en ce sens, puisque ce qu'on y prenoit, comme nous avons dit, n'étoit presque rien.

Secondement, le mot de *collatio* est même trés-rare en cette signification parmi les Latins, ils aiment mieux alors retenir le mot grec: *Symbolum dedit, cœnavit*, dit Térence, *il a payé son écot, il a soupé*. Et c'est en vain qu'Haëften se veut servir de l'autorité de saint Jérôme pour faire voir le contraire. Car voici comme parle ce Pére, c'est lorsqu'il explique ce lieu de Salomon, *Vacantes potibus & dantes symbola consumentur*: ceux qui s'amusent aux festins, & qui y portent leur part, seront consumez, SYMBOLON dit-il, *græcum nomen est, & interpretatur collatio. Est autem collatio sermonum, sicut in concilus solet, est & pecuniarum aut aliarum rerum, ut præsens locus indicat.... Symbolum verò dare, est pro parte sua cibos ad vescendum conferre.* SYMBOLON est un mot grec qu'on peut interpreter par celuy de *collatio*. Or ce mot de *collatio*, s'entend des discours, & des choses dont on confére, comme on fait dans les Conciles: & il se prend aussi pour les contributions d'argent ou d'autres choses, comme en ce lieu de Salomon. Car *symbolum dare*, est porter chacun sa part pour manger ensemble.

On voit visiblement que saint Jérôme n'a usé du mot de *collatio*, que comme d'une glose,

Andr. Act. 1. sc. 1.

Liv. 9. tr. 5. disquis. 2.

Prov. 23. 22.

S. Ierôme sur les Prov. c. 22.

pour expliquer la force du mot grec *symbolon* : Et alors même il ne signifie point le repas ou le manger, mais la *contribution* qu'on donne pour cela. Mais il nous avertit en même tems d'une autre signification plus naturelle & plus ordinaire de ce mot de *collatio*, qui est de signifier les choses dont on délibére, dans les assemblées & dans les Conciles. Et je doute qu'on en trouve facilement des exemples en cet autre sens, c'est-à-dire, pour marquer le repas ; lors sur tout qu'il ne s'agit pas d'expliquer ce qui a été écrit en grec.

L X V.

Canon du Concile de Nantes mal allégué pour prouver cette étymologie, & rétabli dans sa véritable leçon & son véritable sens. Festins condamnez par l'Ecriture & par les Canons.

CEPENDANT, Monsieur, il y a des auteurs modernes qui ont cru le contraire, & ils se sont imaginez pouvoir appuyer leur sentiment sur un Concile de Nantes, que nous n'avons plus, mais dont on trouve un chapitre entier rapporté non seulement par Ives de Chartres, qui vivoit dans le XII. siécle, mais aussi par Burchard qui vivoit dans le XI. Ils prétendent que le mot de *collatio* y a été mis pour un petit repas, *pro convivio moderato*. Si cela étoit, ce que nous venons de dire de la collation, souffriroit véritablement quelque difficulté, puisqu'on trouveroit

Origine de la lengue Françoise.

Ives part. 6. c. 15.

Burchard, l. 2. chap 164.

déja ce mot établi, avant que les Religieux euſſent commencé d'en uſer en ce ſens : & il faudroit néceſſairement avoir recours à une autre
étymologie. Mais il eſt aiſé de faire voir, ſi je
ne me trompe, que le mot de *collatio* ne ſignifie
pas là ce qu'ils penſent.

Voicy comme ces auteurs modernes rapportent cette ordonnance du Concile : *Quando Pres-*
byteri per calendas ſimul conveniunt, poſt peractum
divinum myſterium ; ad neceſſariam collationem,
non quaſi ad plenam refectionem, ſed quaſi ad pran-
dium, ibi ad tabulas reſideant, ne per talia inho-
neſta convivia ſe invicem gravent, &c.

Il s'eſt gliſſé tant de fautes dans le texte de ce
Canon, qu'il mérite bien qu'on l'examine avant
que de le traduire, ou d'en rien conclure. Car
ſans m'arrêter à ce que les uns liſent, *miniſterium*
pour *myſterium* ; les autres *collectionem*, pour *col-*
lationem ; & à d'autres leçons différentes qui ſont
dans la ſuite : Burchard lit icy ; *& collationem,*
pour *ad collationem*, ce que porte auſſi la leçon
de la marge de Gratien ; & je croy que c'eſt
ainſi qu'il le faut lire pour le bien entendre :
Poſt peractum divinum myſterium, & neceſſariam
collationem ; en mettant aprés ce mot, un point
& une virgule.

Cap. Quando,
diſtinct. 44.

Le mot de *collatio* ſe prend rarement pour la
συμβολὴ des Grecs ; comme nous avons déja dit :
mais il ſe prend plus ordinairement pour les
conférences, les Synodes, les délibérations des
Conciles. *Eſt autem collatio ſermonum, ſicut in*
Conciliis ſolet, comme vient de nous en aſſurer
ſaint Jérôme. Or ces aſſemblées, qu'on nomme

encore aujourd'hui Calendes en divers lieux,
c'est-à-dire, Convocations, du mot grec καλέω,
voco, ne se tiennent que pour y conférer ensemble, y examiner les affaires d'un diocese, & en
régler la discipline.

Ainsi ce que le Concile a voulu dire, c'est qu'a-
prés avoir célébré la sainte messe, & tenu l'assemblée autant qu'il aura été nécessaire, *post per-*
actum divinum mysterium , & necessariam collatio-
nem; on se mettra à table, au lieu même où l'on
sera, sans aller manger ailleurs; non pour se remplir & faire bonne chére, mais pour prendre un
repas médiocre : *non quasi ad plenam refectionem,*
sed quasi ad prandium , ibi ad tabulas resideant.
Car *prandium* chez les anciens n'étoit quasi que
comme une espéce de déjeûner, ainsi qu'on le
voit encore dans les coûtumes de Cluny, où il
est dit, *Que les jours que les Religieux , ne font que*
souper , on ne donnera pas du pain seul à dîner aux
enfans , mais qu'on y ajoûtera quelque petite chose.
Si semel *comeditur, non est eorum prandium de*
solo pane, sed etiam aliquid, qualecumque sit, ap-
ponitur eis. C'est pourquoi le Concile oppose ici
le mot de *prandium*, à celui de *plena refectio.*

Par là on voit que le mot de *collatio*, seroit
tout à-fait inutile en ce lieu, s'il n'y signifioit que
la médiocrité du manger, puisque la distinction
de ces deux espéces de repas, y est clairement ex-
primée sans cela. Et de plus si *collatio* signifioit là
le manger, il s'ensuivroit que le Concile ordon-
neroit d'aller de l'Eglise à la table, sans faire aucune mention des conférences, pour lesquelles
seules on tenoit néanmoins ces assemblées : *Post*

H iiij

*peractum divinum mysterium, ad collationem . . . .
ad tabulas resideant.* Or cela est contre le sens
commun, & contre l'ordre qui s'y garde toûjours,
qui est de dire la messe, & puis s'assembler pour
traitter des besoins du diocése, avant que de
songer à dîner.

Mais ce qui fait encore mieux voir la vérité de
ce que je dis, c'est que dans la suite du même
chapitre, le Concile parlant contre les excés qui
se commettoient en ces rencontres, compare ces
Ecclésiastiques aux Corinthiens, que saint Paul
reprend de ce qu'ils s'enyvroient sous prétexte de
manger la Céne du Seigneur : & faisant un pa-
rallele de leurs assemblées, & de celles dont parle
l'Apôtre, il ajoûte : *Sic & qui ad cœnam Dominicam, id est* AD COLLATIONEM VERBI *, sub occa-
sione conveniunt, & ex veritate, ventris causâ con-
junguntur, reprehensibiles coram Deo & hominibus
habentur.* DE MESME, dit-il, *ceux qui viennent à
la Céne du Seigneur, c'est-à-dire aux assemblées où
nous parlons, aux conférences que nous tenons, (ad
collationem verbi) seulement par occasion & par
prétexte, mais qui dans la vérité ne s'y trouvent que
pour remplir leur ventre ; se rendent dignes de blâme
& devant Dieu & devant les hommes.*

N'est-il pas visible, Monsieur, que le mot de
collatio, n'a été mis au commencement de ce chapitre, que dans le même sens qu'il est ici dans la
suite, puisqu'on y parle toûjours de la même
chose ? Et peut-on douter qu'il ne se prenne en
cet endroit pour les entretiens qui se font de vive
voix, puisque le Concile détermine ce sens lui-
même, en y ajoûtant le mot de *verbum* ? Cela est

trop clair pour ne le pas voir ; & je ne sçai comment Francolin, Filesac, Haeften, & d'autres auteurs habiles, ont pû seulement en douter. Mais voici encore d'autres raisons qui acheveront de nous le persuader entiérement.

Nous avons déja fait voir que le mot de *collatio*, pris pour un repas, ne se disoit point en latin, si ce n'étoit pour expliquer quelque chose qui eût été écrite en grec. Et par conséquent on ne peut pas dire qu'il ait été mis en ce sens dans le Concile de Nantes, qu'on sçait n'avoir pas été traduit du grec. De plus ce Concile n'auroit eu garde d'user de ce terme en ce sens, puisque nous avons vû que l'Ecriture y attache une malédiction ; & il étoit expressément défendu aux Clercs par le Concile de Laodicée, de faire de ces sortes de festins. *Quod non oportet sacratos & clericos ex collatione (ἐκ συμβολῆς) convivia peragere, sed neque laïcos.* D'où il s'ensuit qu'on ne peut rien inférer du Concile de Nantes, non plus que des Capitulaires, contre ce que nous venons d'établir touchant le nom de la collation, & que c'est même leur faire tort, que de les prendre dans le sens qu'on leur veut donner.

LXVI.

Que Dubreüil n'est pas supportable de donner deux chopines à l'Hémine: Et que tous ceux qui ont parlé de l'Hémine jusqu'à présent, n'ont fait que se copier l'un l'autre, sans examiner la chose.

VOILA, Monsieur, ce que j'ai cru vous devoir marquer touchant la décadence du jeûne, & touchant l'introduction & la dénomination des collations qui s'y font aujourd'hui : ce que je soûmets néanmoins à vôtre censure. Dubreüil nous auroit obligez s'il avoit voulu nous décharger de cette peine, & déveloper lui-même une partie de ces difficultez. Mais il n'est pas supportable de nous parler de la collation, comme si elle avoit quelque raport à la Régle de saint Benoît, ou comme si, soit que l'on jeûnât, ou que l'on ne jeûnât pas, cette Régle ordonnoit une chopine de vin à dîner & une autre chopine le soir pour chaque Religieux, & que l'Hémine comprît ces deux chopines : ce qui n'a pas seulement la moindre apparence de raison.

Vous voiez ici néanmoins quelles sont les plus grandes autoritez qu'on nous allégue, pour nous faire recevoir l'Hémine comme une grande mesure. C'est tout ce qu'on trouve de considérable non seulement dans Dubreüil, en son Supplément latin des Antiquitez de Paris, mais aussi dans Stellartius, hermite de S. Augustin, en son livre intitulé, *Fundamina & Regula omnium Or-*

dinum monasticorum; dans Haëften, en ſes *Diſ-
quiſitions monaſtiques*; dans Caramüel, en ſa
Théologie Réguliére, & dans d'autres qui ne font
preſque que répéter les mêmes choſes ſur ce ſujet, ſans rien examiner, & ſans pénétrer dans le
fonds de ce qu'ils traittent.

L X V I I.

*Combien Caramüel eſt porté à favoriſer le
relâchement : Et combien il a mal pris la
Régle de ſaint Benoît, dont il avoit fait
profeſſion.*

MAIS il faut ſur tout entendre parler ce dernier. Il eſt toûjours admirable, & il ſurpaſſe
tous les autres, quand il eſt queſtion de favoriſer
le relâchement. Cét auteur, Eſpagnol de nation, & Bernardin de profeſſion, expliquant le
4oᵉ chapitre de la Régle de ſaint Benoît, parle
en ces termes : *Il ne faut pas déterminer la quantité des viandes aux perſonnes libres, puiſque nous
n'avons point vû qu'on la déterminât aux eſclaves
mêmes, chez les honnêtes gens. Et ſi on la détermine, il faut toûjours qu'il y en ait en abondance;*
QUÆ SI DETERMINETUR, TANTA SIT UT
ABUNDET. *Les imprudens, ajoûte-t-il, ſe ſcan-
daliſent quand ils entendent dire que ſaint Benoît
accorde à ſes Religieux deux ſortes de mets, deux
livres ordinaires de pain, & prés d'un pot de vin;*
DUARUM LIBRARUM COMMUNIUM PANEM, ET
FERE INTEGRUM VINI POCULUM (lequel por il
définit lui-même à 48. onces, qui font trois

*Theol. Regul.
diſp. 118.*

chopines de Paris.) *Mais*, continuë-t-il, *les sages admirent en cela, la prudence & la discrétion de ce Saint. Car les personnes graves & réglées, ne mangent ni ne boivent pas plus à une bonne table qu'à une pauvre ; & ils ne passent jamais les bornes de la nécessité.*

Je laisse à part ce que Caramüel dit ici, que ce n'étoit pas la coutume, de donner la nourriture aux esclaves par mesure. Les mots de *demensum* & de *chœnix* prouvent assez le contraire. Tout le monde sçait cela. Mais ce nouveau Théologien, avec toute sa philosophie, auroit bien de la peine à prouver ce qu'il avance ; *Que saint Benoît ordonne deux livres de pain, & un pot de 48. onces de vin par jour à ses Religieux.* Et il montre assez par tout ce discours, si peu digne d'un disciple de saint Bernard & de saint Benoît, qu'il n'a guére connu l'esprit de ses Péres, ni la playe que le péché a faite en nous, & les foiblesses qu'il nous a causées. Aussi est-il à remarquer que cette *Théologie Réguliére* a été très-sagement défenduë parmi les Bénédictins & les Bernardins réformez, comme ne tendant qu'au relâchement & à la ruïne de toute la morale & de toute la discipline.

LXVIII.

Combien les Saints ont toûjours eu à combattre, pour conserver la tempérance. Sentiment remarquable de saint Augustin sur ce sujet.

Que s'il ne faut point déterminer la quantité de viandes aux personnes libres; ce saint Patriarche & tous les autres Fondateurs d'Ordres ont eu grand tort de le faire. Et si les personnes graves & réglées, *viri graves & modesti*, ne passent jamais les bornes du nécessaire, je ne sçai en quel rang nous mettrons saint Augustin, qui étant dans une vertu si éminente, nous represente néanmoins lui-même les combats qu'il avoit à soûtenir contre cette tentation, par ces paroles, capables de faire trembler les plus parfaits : *Quoi que le soûtien de la vie soit la seule chose qui oblige de boire & de manger, ce plaisir dangereux vient à la traverse, & paroît d'abord comme un serviteur qui suit son maître : mais souvent il fait des efforts pour passer devant, afin de me porter à faire pour lui, ce que je n'avois dessein de faire que pour la seule nécessité. Et ce qui sert à nous tromper en cela, c'est que la nécessité n'a pas la même étenduë que le plaisir; y ayant souvent assez pour le nécessaire, lorsqu'il y a peu pour l'agréable. Et souvent aussi nous sommes incertains si c'est encore le besoin que nous avons de soûtenir nôtre vie, qui nous porte à continuer de manger, ou si c'est l'enchantement trompeur de la volupté qui nous emporte. Nôtre ame infortunée se*

Confess. liv. 10. chap. 31. nomb. 2. & 3.

plaît dans une telle incertitude, & elle se prépare
d'y trouver des excuses pour se défendre. Elle se ré-
joüit de ce qu'il est difficile de déterminer ce qui
suffit aux besoins du corps, afin que le prétexte de la
santé lui serve de voile, pour satisfaire sans scrupule
à la passion de la volupté. GAUDENS non apparere
quid satis sit moderationi valetudinis, ut obtentu
salutis obumbret negotium voluptatis.

Et ensuite exposant lui-même à Dieu la peine
qu'il avoit à faire ce discernement, il ajoûte:
His tentationibus quotidiè conor resistere. Invoco
dexteram tuam ad salutem meam, & ad te refero
æstus meos; QUIA CONSILIUM MIHI DE HAC RE
NONDUM STAT. Je m'efforce continuellement, Seigneur, de résister à cette tentation. J'implore le secours de vôtre main toute puissante, & je vous re-
présente les agitations de mon esprit; PARCE QUE
JE NE SÇAI PAS ENCORE CE QUE JE DOIS FAIRE,
NI JUSQU'OÙ JE DOIS ALLER EN CES RENCON-
TRES.

Saint Grégoire Pape confirme encore la même
chose en des termes qui méritent aussi d'être remarquez. Les nécessitez de la nature, dit-il, sont
en cela trés-dangereuses, qu'il est difficile de discer-
ner, si dans les soins que nous leur rendons, nous
agissons simplement pour satisfaire le besoin, ou pour
rechercher nôtre plaisir. Et il arrive d'ordinaire,
que trouvant des occasions de nous tromper, lorsque
nous pensons remédier à ces nécessitez, nous suivons
l'inclination qui nous porte à la volupté. Nous nous
couvrons à nos propres yeux du faux prétexte d'infirmité, & nous nous cachons sous le voile de l'utilité & des avantages que nous en pouvons retirer.

moral. liv.
10. chap. 15.

Mais flatter de la sorte son infirmité par une lâche négligence, n'est autre chose que d'ajoûter la misére au malheur de sa condition, & accroître par cette misére, l'ordure & la saleté que le vice produit en nous.

LXIX.

Que les Saints se sont prescrit à eux-mêmes & aux autres la quantité de la nourriture, contre ce qu'avance Caramüel.

JE NE sçai si Caramüel a voulu nous faire croire qu'il étoit plus éclairé que ces grands Saints : mais je sçai bien que cette incertitude où nous vivons, a toûjours fait gémir les plus parfaits, & les a obligez de s'écrier : *Dura est conditio nu-* S. Leand. en *trire contra quem dimices, & carnem propriam sic* sa Régle, ch. 9. *alere, ut sentias contumacem.* IL EST DUR, *de se voir obligé de fournir des forces à un ennemi qu'on doit combattre, & de donner moyen à nôtre chair en la nourrissant, de nous faire sentir les effets de sa révolte.* C'est pourquoi connoissant la foiblesse de nôtre nature, ils se sont ordinairement servis de l'adresse que condamne ici Caramüel. Ils ont renfermé cét ennemi domestique dans de certaines barriéres, afin de le vaincre plus aisément, & de ne pas donner à la volupté ce qu'ils auroient cru n'accorder qu'au seul besoin.

Ainsi nous voyons que l'Abbé Isaïe ordonne L'Abbé Isaïe dans sa Régle, *d'avoir une mesure & un tems fixe* Régle, n. 54. *pour le repas, & de ne les passer jamais.* Pallad. Hist. Nous apprenons de Pallade que l'Abbé Moïse Lauf. ch. 20. & 22.

ne mangeoit qu'une livre de pain, c'est-à-dire douze onces, par jour, & que saint Macaire d'Aléxandrie se contentoit de quatre ou cinq onces de nourriture.

S. Jérôme dans la vie de S. Hilar.

Saint Jérôme témoigne que saint Hilarion à l'âge de 31. ans s'étoit réduit à 6. onces de pain d'orge, y ajoûtant seulement un peu d'herbes demi-cuites. Sozoméne rapporte la même chose de l'Abbé Dorothée.

Sozom. l. 6. c. 29.

Les Moines d'Egypte, selon Cassien se régloient à deux petits pains par jour, qu'ils appelloient *paximatia*, & qui faisoient à peine une livre de 12. onces : Et les Solitaires de saint Pierre de Damien avoient toûjours une balance dans leur cellule, pour peser ce qu'ils y mangeoient.

Collat. 2. c. 19.

Pier. de Dam. opusc. 15. c. 2.

L X X.

Combien les sentimens de Caramüel sont opposez à ceux des Saints, & de toutes les personnes de piété.

CES GRANDS SAINTS & ces admirables Solitaires n'avoient pas assurément étudié la *Théologie Réguliére* de Caramüel. Ils ne croyoient pas qu'il fût si facile de ne point passer les bornes du nécessaire dans le manger, ni que cette maniére de se prescrire la nourriture fût indigne de personnes libres. Et quand même elle auroit été particuliére aux esclaves, ils vouloient bien passer pour les esclaves d'un Maître, duquel le service nous rend des rois, *cui servire, regnare est.*

Aussi

Aussi nous ne voyons pas qu'aucune personne de piété ait jamais pû s'imaginer, que ce fût renoncer à la vertu, que d'en faire une profession plus particuliére; ou que des Religieux fussent blâmables, lorsqu'ils se veulent imposer des loix un peu plus austéres que les autres, ni que cela pût donner lieu de les soupçonner justement, de vouloir sous ce prétexte renoncer à la modération & à la sobriété, comme le prétend Caramuël : ou qu'enfin ceux qui ne limitent point la mesure de leur Hémine, comme les Religieux de la Congrégation du Mont-Cassin, fussent en cela plus loüables que les autres : *Laudo Cassinæos*, dit-il, *apud quos Hemina mensura non habet mensuram.*

Ceux qui veulent travailler sérieusement à leur salut, écouteront plutôt un grand Maître de la vie spirituelle, qui les avertit qu'on ne sçauroit trop combattre *l'intempérance de la bouche, d'autant que ce vice produit toutes les autres chûtes dans les Monastéres, & cause tous les dégoûts qui arrivent dans la vie religieuse; & que si nous souffrons que cette passion nous domine, nous serons en de continuels dangers jusques à la mort.* Ils écouteront ceux qui leur disent, comme l'a écrit à ses disciples un autre Pére de plusieurs Solitaires, *Qu'une quantité de bois n'enflamme pas plus un grand feu, que l'abondance des viandes enflamme la convoitise.* Enfin ils écouteront ceux qui leur représentent, qu'il n'y a rien de plus sain & pour le corps & pour l'ame, que la sobriété dans le boire, selon ces paroles du Sage, *Sanitas est animæ & corpori sobrius potus :* Que

I

S. Iean Climaque, Degré 4.

S. Macaire, Abbé de Nitrie en sa lettre aux Solitaires.

Eccli. 11. 37.

l'excés au contraire, irrite en nous toutes les passions & nous précipite dans tous les malheurs, selon ces autres, *Vinum multum potatum, irritationem, & iram, & ruinas multas facit:* Et que le vin comprend en soi toutes sortes de désordres, selon que l'a écrit autrefois un grand Archevêque à des Religieuses : VINUM DIXISTI, OMNE VITIUM DIXISTI.

LXXI.

Que les Bernardins Réformez ont plus approché de la vérité, en parlant de l'Hémine, que les Religieux du Mont-Cassin. Mais qu'ils se sont trompez dans l'estimation de la pinte de Paris.

MAIS si les Religieux du Mont-Cassin sont si loüables au jugement de Caramüel, de nous avoir donné une Hémine sans mesure, je crois que vous jugerez, Monsieur, que ceux qui ont tâché de la réduire dans ses véritables bornes, ne le seront pas moins au jugement de saint Augustin, de saint Benoît, & de ces autres Saints dont nous venons de faire voir les sentimens ; & qu'ainsi ceux qui ont approché davantage de cette vérité, méritent aussi de plus justes loüanges. C'est pourquoi vous estimerez plus, sans doute, les Bernardins *de l'étroite observance,* d'avoir avoüé franchement dans leurs Constitutions, *Qu'il paroît assez par les propres termes de S. Benoît, que l'Hémine n'étoit qu'une petite mesure ; (modicam fuisse mensuram) puisqu'il com-*

mande qu'on ne boive jamais jusqu'à satisfaire pleinement son besoin, mais toûjours moins, NON USQUE AD SATIETATEM, SED PARCIÙS.

Ils sont encore loüables lorsqu'ils confessent, *Que l'Hémine n'étoit que la moitié du setier Romain, qui n'avoit que* 20. *onces de vin,* & *qu'ainsi l'Hémine n'en pouvoit avoir que* 10. Mais c'est à eux à regarder comment ils ajusteront le reste, quand ils inférent de là, que cette Hémine revenoit à la pinte de Paris; & *pintæ Parisiensi respondebit:* de quoi nous ne pouvons pas si facilement demeurer d'accord. Or pour le justifier, il ne faut que le poids & la balance. Ils confessent que l'Hémine n'est que de 10. onces. On veut bien même pour l'amour d'eux négliger la différence du poids ancien d'avec le nôtre, où ces 10. onces n'en feroient guéres que 9. Qu'ils voyent eux-mêmes, ce que c'est que 10. onces de vin; & ils reconnoîtront que ce n'est qu'un peu plus d'un demisetier de Paris, bien loin d'être une pinte.

Mais il ne faut pas s'étonner, si ces Péres ont pu prendre 10. onces pour la pinte de Paris, puisque l'un des plus célebres Abbez de leur réforme, dit dans sa notte sur le chap. 40. de la Régle, *Que l'Hémine n'est que de* 7. *onces* & *demie,* & prétend en même tems qu'elle revient à la pinte de Paris, *æquivalens circiter pintæ Parisiensi;* au lieu que 7. onces & demie, n'en feroient seulement pas le demisetier : tant il est vrai que cette matiére n'a jamais été examinée avec le moindre soin ni la moindre exactitude.

Dans le Nomast. de Cisteaux.

LXXII.

Combien on a eû de négligence, à examiner les fausses suppositions qu'on a faites sur l'Hémine.

RIEN n'est plus facile que ces sortes d'experiences. Chacun s'en peut convaincre par ses propres yeux. Néanmoins nous voyons de combien de suppositions on s'efforce de nous payer, & combien de gens graves se sont trompez eux-mêmes en cecy, & n'ont servi qu'à tromper plus facilement les autres. Les uns ont voulu que nôtre pinte ne pesât que 7. onces & de-mie [a] ; les autres qu'elle en pesât 10 [b] & les autres qu'elle en pesât 25 [c]. Les autres ont voulu demême qu'elle fût de 5. quarterons [d]. Et de ceux-cy, les uns ont voulu que ces 5. quarte-rons ne fussent que le tiers d'une quarte [e]; & les autres qu'ils fussent une pinte [f]. Enfin d'autres ont prétendu que l'hemine avoit même trois onces par dessus nôtre pinte [g]. Et tout cela pour favoriser son augmentation, & ne pas avoüer aussi ingenûment que font ici les Bernardins reformez; que les propres paroles de S. Benoist, font voir qu'elle n'estoit qu'une petite mesure, *modicam mensuram.*

Dans cette diversité d'opinions chacun croyant avoir la raison de son côté, a voulu assujettir les autres à son sentiment : & il s'en est trou-vé d'assez simples pour les en croire sur leur pa-role. Mais nous voyons tous les jours par de

a Cy-dessus, Nomb. 71.
b Là même.
c Nomb. 44
d Nomb. 43
e Là même.
f Nomb. 42.
g Nomb. 44.

nouvelles experiences, qu'il n'est pas seur de croire les faits sans les examiner : & l'on a reconnu en celui dont il s'agit, qu'il y avoit quelque chose qui meritoit bien que l'on s'en donnât la peine. Or il est difficile de se persuader, que des gens qui n'ont pas eu assez ou d'application ou de diligence, pour considerer ce que c'est que la pinte de Paris, que nous avons devant les yeux ; puissent avoir été assez exacts ou assez habiles, pour découvrir ce que c'estoit que l'hémine des anciens, dont il ne nous reste plus que quelques vestiges. Et partant leur autorité en ce point ne doit pas estre fort considérable.

LXXIII.

Opinions ridicules de quelques Auteurs du siécle passé sur ce sujet.

Vous voyez donc par là, Monsieur, où se reduit toute la dispute que nous traittons, & combien on y a mélé de suppositions éloignées du sujet. Dans la discussion que j'en ay faite, je n'ay rien avancé dont je n'aye eu soin de m'assurer, & j'ay tâché de vous representer les principales difficultez qu'on a formées jusqu'à maintenant sur cette matiére.

Car pour ce qui regarde l'opinion de Politien & d'Alabalde, il seroit ridicule de s'y arrêter, puis qu'ils ont prétendu que le setier romain (dont l'Hémine estoit la moitié) contenoit 3. amphores : au lieu que par la subordination constante des mesures, on voit que l'amphore contenoit 48. fetiers, ou 96. hemines. C'eſt ce qui a fait douter quelque-fois, pour ne le dire ici qu'en paſſant, ſi quand elle a été appelée *Quadrantal* par les anciens, comme ayant un pié en tous ſens; cela ſe devoit prendre geometriquement. Ce n'étoit pas le ſentiment de Budé ni de Cenalis, parce qu'ils trouvoient que le produit du pié cube de 1728. pouces diviſé par 12. donneroit 144. hemines. Mais l'erreur de ces Auteurs ne venoit que de ce qu'ils ſe bornoient aux onces demeſure de Galien, qui n'en donne que 12. à l'hemine; au lieu que Villalpandus montre fort bien qu'on luy en doit donner 18, quoy que ces 18. & ces 12. reviennent toûjours aux 10. onces du même poids. Ce que nous examinerons plus particuliérement dans l'Appendix, & ce qui me détourneroit trop ici.

L'Opinion de Perot merite encore moins de conſideration, quand il dit que le ſetier & la metrete étoient la même choſe; puiſque la metrete étoit plus grande que l'amphore, quoique peut-être de beaucoup moins que l'on ne s'eſt imaginé juſqu'à preſent : ce qui n'étant pas de mon ſujet feroit trop long à démontrer.

LXXIV.

Qu'il y a apparence que ces Auteurs ont rendu la Congrégation du Mont-Cassin, plus hardie à publier ses sentimens touchant l'Hémine. Quand cette Congrégation a été établie.

CEPENDANT je ne sçay si ces Auteurs ou d'autres semblables, n'ont point contribué à renouveler aux Religieux du Mont-Cassin, l'idée qu'ils avoient conçuë de leur Hémine. Car comme ces Religieux n'ont rien eû de certain pour fixer cette mesure, ainsi que je l'ay montré cy-dessus, & qu'ils ont vû des auteurs qui la faisoient si exorbitamment grande ; ils ont pû croire qu'ils ne devoient pas être plus chiches de vin que de pain, & ils ont été plus hardis à considerer leur Hémine comme une mesure sans mesure.

Ce qui me confirme dans cette pensée est la rencontre des tems. Car ces auteurs, qui font l'hémine si grande, ont vécu vers la fin du XV. siécle, ou au commencement du XVI. & la Congrégation de S. Justine de Padouë, qui a été une des premieres reformes de Saint Benoist au delà des monts en ces derniers siécles, comme celle de Chesal-Benoist l'a été en France, fut unie au Mont-Cassin en 1503. par Jules II. qui voulut qu'elle prît le nom de CONGREGATIO CASSINENSIS. Or c'est dans le *Declaratoire sur* la Régle, que ces

I iiij

Religieux firent environ ce même tems, qu'ils difent que l'Hémine eft une mefure beaucoup plus grande que la neceffité ne requiert : enfuite de quoy ils accordent prefqu'autant de vin qu'on en veut, pourvû que cela n'aille pas jufqu'à s'enyvrer ou à s'en remplir entiérement. *De vino damus unicuique quantum fufficit, ita tamen ut juxta Regulam, ebrietas vel fatietas non fubrepat.* Il eft vray que ces termes font de la Regle, mais ils en font une application peu jufte, au lieu que S. Benoift n'en a ufé que pour exprimer la précaution qu'il falloit avoir dans les circonftances extraordinaires, où l'excés eft toûjours plus difficile à éviter : comme on le jugera aifément, par ce que je diray cy-aprés.

Declar. ch. 40

LXXV.

Que c'eft ce Declaratoire de la Congrégation du Mont Caffin qui a porté les autres Religieux à prendre l'Hémine pour une grande mefure.

ET VOILA, fans doute, ce qui a le plus favorifé les autres augmentations de l'hémine en ces derniers tems. Car Pierre du Mas, étant venu un peu aprés, la Congrégation de Chefal-Benoift qu'il établit, fit alliance avec celle du Mont-Caffin. Et Dubreüil, qui fait cette remarque, étoit luy-même de cette Congrégation : parce que l'Abbaye de Saint Germain des prez, dont il étoit Religieux, y demeura

unie jusqu'à l'établissement de celle de S. Maur,
qui n'y entra qu'en l'an 1633.

C'est ce même Declaratoire qui a fait dire
non seulement à Caramüel, mais à d'autres
commentateurs de la Regle, que cette Hémine
du Mont-Cassin passe toute mesure. Mais en
verité, Monsieur, celle de S. Benoist étoit
donc bien éloignée de lui ressembler. Il permettoit le vin avec trop de reserve, & ses paroles, comme nous l'avons déja remarqué, font
assez voir que ce n'étoit qu'une petite mesure.
Aussi peut-on repeter encore ici, ce que j'ay
dit cy-dessus touchant le pain ; qu'il n'auroit
de rien servi d'en specifier une mesure, si elle
avoit été sans mesure.

Nomb. 35.

LXXVI.

*Qu'il ne se faut point étonner si ceux qui
ont écrit les premiers des mesures dans les
derniers siécles, n'en ont pas rencontré la
justesse. Par quels dégrez cette connoissance nous est venuë.*

PEUT-ESTRE que la Congrégation du
Mont-Cassin n'auroit jamais donné lieu à une
opinion si insoûtenable, si elle eût pû examiner
au vrai, ce que c'estoit que l'Hémine. Mais les
découvertes de l'antiquité, ne se font pas toûjours d'abord dans toute leur étenduë. Si nous
avions les livres de Dioscoride sur ce sujet, ou
l'ouvrage entier de Cleopatre, & celui qui est

attribué à Galien, dont il ne nous reste plus que quelques fragmens; nous trouverions, sans doute, toutes ces choses mieux éclaircies. Dans ce debris de l'antiquité, Hermolaüs Barbarus & Politien, ont été presque les premiers qui ont tâché d'en ramasser quelque chose. S'ils n'ont pas été assez heureux pour rencontrer tout ce qu'ils auroient desiré; ils en ont au moins excité d'autres par leur exemple. Budé & Portius sont venus aprés, & ils ont porté leurs recherches plus loin. Alciat a passé encore plus avant. Et Agricole a surmonté par son exactitude tous les autres. Une infinité d'Auteurs se sont exercez dépuis sur ces matiéres. Et enfin M. Peiresk nous a fourni le modelle du conge qui se conserve dans le Palais Farneze, & Mr Gassendi en a inferé la proportion des poids & des mesures des anciens avec les nôtres; ce qui est, sans doute, la voye la plus juste & la plus naturelle qu'on ait encore pû trouver pour arriver à cette connoissance.

C'est de ces Auteurs, Monsieur, que j'ay tiré une partie de ce que j'ay pris la liberté de vous rapporter ici, pour le soûmetrre à vôtre jugement. Que si j'ay été obligé d'y ajoûter quelque chose qu'ils n'avoient pas trouvé; ce n'a été que pour éclaircir davantage cette matiere, pour l'examiner jusques dans le fond, & pour satisfaire plus particulierément à vôtre désir.

LXXVII.

Que plusieurs personnes habiles donnent encore moins à l'Hémine que nous ne luy avons donné. Discussion de diverses difficultez sur l'opinion d'Agricole. Et quel a été le fondement de celle que l'on a suivie.

J'espere au moins qu'aprés cela personne ne se plaindra plus de vôtre traduction, ni des autres qui expliqueront l'*Hémine* par le *demi-setier*; puisque j'ay appuyé cette explication par des autoritez & des demonstrations évidentes, & qu'il se trouve beaucoup de personnes habiles, qui ne donnent pas même à l'hémine ce que nous lui avons donné.

Lipse, par exemple, en ses Nottes sur Seneque, dit que l'hémine est un demi-setier de 9. onces de vin; *Heminam vini*, dit-il, *uncias novem, dimidium sextarium,* *Livre 2. de la colere.*

Martinius en son Lexicon, ne luy en donne pas davantage : au lieu que nous lui avons donné 9. onces & $\frac{5}{16}$

Agricole peut sembler à quelques-uns lui donner encore moins que ces Auteurs. Mais il faut prendre garde qu'il ne fait aucune reduction du poids ancien, parce qu'il ne l'a pas connuë. Il ne sera peut-être pas inutile de representer ici en quoy consiste son opinion, afin qu'on voye mieux le fondement de la mienne, & la raison que j'ay euë de ne le pas suivre.

Le conge étoit de 10. livres anciennes, ou

120. onces : le ſetier de 20. onces, & l'hémine de 10. Cela a été prouvé cy-deſſus, & je ne croy pas que l'on en puiſſe douter.

Nombre 11.

Mais au lieu que les autres prennent ces livres & ces onces pour le poids ; Agricole prétend qu'elles n'étoient que de meſure. Ainſi il fonde ſon raiſonnement ſur l'autorité de Galien, qui dit avoir reconnu par ſes experiences, que 12. onces de meſure d'huile en faiſoient 10. de poids : d'où il s'enſuit que les 10. de meſure n'en feront que 8. & $\frac{1}{3}$ de poids.

Livre 3. du poids des choſes peſées.

Livre de la maniere de rétablir les poids & meſures anciennes.

Galien veut de plus que l'huile ſoit d'un peu plus legere que le vin. Il eſt vray que c'eſt le ſentiment de preſque tous les anciens Médecins, parce qu'ils n'employoient dans leurs remedes que de l'huile extrémement pure, & du vin trés groſſier. On en peut voir des autoritez cy-deſſus. Cela étant, l'Hémine de vin de 10. onces de meſure peſera 9. onces & $\frac{7}{27}$ du poids ancien. Et voila ou en demeure Agricole, ſans qu'il faſſe aucune reduction de ce poids.

Nombre 11.

Monſieur Gaſſendi d'autre part, a trouvé que l'Hémine d'eau revenoit à 9. onces & $\frac{5}{16}$ de nôtre poids à raiſon de 111. onces $\frac{3}{4}$ pour le conge : & la table que j'ay miſe cy-deſſus montre que l'eau & le vin ſont comme 59. à 60. Par conſequent ce poids d'eau trouvé par M. Gaſſendi, donnera pour l'Hémine de vin 9. onces & $\frac{11}{320}$ & fera voir que nôtre poids eſt à l'ancien, comme 9. onces plus $\frac{13}{320}$ à 9. onces plus $\frac{7}{27}$. C'eſt à dire que ſelon ces principes, le nôtre ne ſera plus fort que de $\frac{1889}{80000}$ qui font prés de $\frac{1}{42}$.

Nombre 18. page 41.

Mais delà il s'enfuivra que le pied ancien
fera de plus de 3. pouces plus grand que le nôtre. Car fi 10. onces d'eau de mefure ancienne
donnent 9. onces $\frac{7}{27}$ du poids ancien ; 12. donneront 11. & $\frac{1}{9}$ qui feront 10. & $\frac{672}{800}$ de nôtre poids.
Or 12 de nôtre mefure, c'eft à dire 12. fois la
mefure d'un pouce cube, donnent 8. onces de
nôtre poids, qui font nôtre petit demifetier:
donc la mefure ancienne, fuivant cela, fera à la
nôtre comme 8679. à 6400, Et le pied ancien
fera plus fort que le nôtre de $\frac{19}{8679}$ c'eft à dire de
plus d'un quart du nôtre. Ce qui ne peut être.
Et par confequent le calcul d'Agricole ne doit
point être fuivi. Tout le monde convient que la
difference de ces deux pieds n'eft pas fi grande. *Voyez l'Ap-*
La plufpart même croyent que le Romain étoit *pendix, &*
le plus petit, quoyque l'on ne convienne pas *après.*
précifément de combien.

Il faut donc prendre garde, qu'encore qu'il y
ait quelques endroits de Galien qui foient favorables à Agricole : Galien néanmoins avouë
auffi que dés fon tems il y avoit des Medecins
qui prenoient les 12. onces de mefure (qui reviennent aux 10. de poids) pour l'hémine : & *Nomb. 21.*
nous avons fait voir cy-deffus qu'il l'a luy-mê- *& 23*
me quelquefois prife de la forte. Ce qui fe confirme encore par un autre paffage de cét auteur,
où il dit ; *Qu'on peut prendre la cotyle,* c'eft à
dire l'hémine, *de 12. onces de mefure, comme fai-* *Liv. 5. des*
foient quelques uns. *remedes felon*
leurs genres.

Nous voyons auffi que tous ceux qui font
venus dépuis ; comme Fannius qui a vécu fous
Conftantin, Oribaze medecin de Julien l'Apo-

ftat, l'Anonime, & les autres, ont été dans le
même fentiment : fans parler de Diofcoride,
qu'on peut croire avoir été celuy qui vivoit du
tems de Marc-Antoine. On peut voir les témoignages de tous ces auteurs cy-deffus. Et il eft
remarquable, qu'ils n'ont pas feulement voulu
que les 10. onces de l'hémine fuffent des onces
du poids ; mais même que ce fuffent les onces
du poids du vin : negligeant la difference du vin
à l'eau, qui en effet n'eft pas confiderable ; ce qui
a fait que je ne m'y fuis pas d'ordinaire arrefté
moy-même.

Ainfi ce que l'on peut dire de plus vraifem-
blable fur ce fujet, à quoy Agricole n'a peut-
eftre pas affez pris garde ; C'eft que comme la livre de mefure s'eft enfin perduë, ce nom n'ayant
plus marqué que celle de poids ; auffi les 10.
onces de mefure de l'hémine font enfin paffées
au poids : ce qui s'eft fait d'autant plus facilement, que plufieurs lui donnoient déja les 12.
onces de mefure, qui revenoient aux 10. de
poids. Et de plus, que ce poids a auffi été pris
pour le vin & non plus pour l'huile, comme on
voit par les auteurs que j'ay alleguez, qui ont
été fuivis de tous ceux prefque, qui ont travaillé
depuis avec plus de foin fur ces matieres.

C'a auffi été la raifon qui m'a obligé de les
fuivre dans tout ce que j'ay étably jufques icy.
Je fçay bien qu'avec cela il y refte encore quelque difficulté touchant la proportion du pied
romain avec le nôtre. Mais elle n'eft pas neceffaire à mon fujet. Je laiffe à ceux qui ont plus
de loifir, à l'examiner. Il fuffit que je faffe voir

Nomb. 11.

V. l'Appendix cy-après.

que quelque variété qu'il y ait euë dans l'hémine
du tems de Galien, qui faifoit la medecine à
Rome fous les deux Antonins; elle n'a pû être
que de 10. onces de vin du tems de S. Benoît,
puis qu'elle étoit déja telle, comme on voit par
les auteurs que j'ay citez, dans le fiécle qui l'a
précedé: & que je montre en même tems, par
l'experience de M. Gaffendi; que ces 10. onces
que l'on donnoit à l'hémine, reviennent à 9.
onces & $\frac{5}{16}$ de nôtre poids, Ce qui feul peut
terminer la queftion que j'ay entrepris de traitter.

Que fi quelqu'un néanmoins vouloit fe couvrir, de ce que je ne fais que toucher icy;
fçavoir des diverfes opinions que rapporte Galien touchant l'hemine, & de l'inconvenient
qu'il y peut avoir à ce que la mefure que j'en
ay prife de M. Gaffendi, fera le pié romain
trop grand: Je le fupplie de confiderer que fi
j'ay manqué à quelque chofe ç'a été plutôt pour
faire l'hémine trop forte que non pas pour la
diminuer. Car fi le pied romain eft plus petit,
il s'enfuivra que l'hémine qui en comprenoit
les 12. pouces; ou 12. onces de mefure, fera
auffi plus petite: Au lieu que de 3. ou 4. opinions que rapporte Galien, j'ay fuivy celle qui
la fait plus grande.

LXXVIII.

Sentimens d'Alstedius, & du Pere Dom Hugues Ménard sur le même sujet.

PLUSIEURS Auteurs au contraire ont préferé celle qui la fait plus petite. Alstedius, par exemple, dans son Encyclopedie, ne donne à l'Hémine que 9. onces de mesure. Et Galien témoigne qu'il y a eu des anciens qui l'ont prise de même. Ce qui ne reviendroit qu'à 7 onces & $\frac{1}{2}$ de poids.

Le P. Ménard l'un des plus habiles Benedictins qui ayent été dans la Congrégation de S. Maur, est du même sentiment; puis qu'il ne donne aussi que 7. onces & demie de poids à l'hémine. J'ay fait voir cy-dessus en expliquant S. Isidore, dont il a suivi l'autorité, comment cela se devoit entendre, & que c'étoit proprement de la cotyle ou hemine greque qui n'avoit que 9. onces de mesure, car ces 9. onces revenoient à 7. onces & demie du poids romain, ce qui ne feroit qu'environ 7. onces du nôtre; c'est à dire 6. onces & $\frac{63}{64}$. Quoique dans la rigueur, & suivant l'opinion de Galien, ce poids étoit pour l'huile, auquel il faudroit par consequent ajoûter un 9. pour avoir celui du vin. Mais du tems de S. Isidore, c'étoit du vin que s'entendoient ces expressions, & l'on ne faisoit déja plus ces differences. Cependant quand même on y ajoûteroit ce 9. pour le vin; ce ne seroit pas là le poids de l'hémine d'Italie, qui

avoit

10. onces du poids ancien & revenoit à plus de
9. onces du nôtre. Mais ce sçavant Religieux,
n'avoit pas sans doute examiné toutes ces difficultez ; non plus que beaucoup d'autres auteurs
de ces derniers tems, qui ont suivi cette même
expression tirée de S. Isidore, sans l'entendre.

LXXIX.

Avec combien de reserve les anciens per-
mettoient l'usage du vin. Sentimens de
plusieurs Saints sur ce sujet.

QUOY QU'IL EN SOIT, Monsieur, la
piété de cet excellent Religieux, égale à sa
science, lui donnoit bien d'autres idées, que de
vouloir favoriser les augmentateurs de l'Hémine,
ou de disputer en faveur du vin ; dont il sçavoit
que l'usage étoit presque aussi exactement interdit autrefois, que celui de la viande.

Il ne faut pour juger de la reserve avec laquelle on l'a toûjours permis aux Religieux,
que lire le 45. & le 46, ch. de la Régle des
Solitaires que vous avez traduite, ou le 40. de
celle de S. Benoît, d'où il est visible que les Solitaires ont tiré la pluspart de ce qu'ils ont dit.
On y verra que ces Saints n'ont accordé l'usage
du vin que pour s'accommoder aux foibles, &
que leur premiere intention auroit été qu'on
s'en fût absolument passé, si l'infirmité humaine en avoit été capable. *Pour peu qu'un Re-*
ligieux en boive, il se relâche de la guerre qu'il
a entreprise contre son corps, comme dit excel-

K

lemment saint Ferreole : a *Cùm vel si parum vini accipiat à propriâ corporis contritione declinet.*

Aussi nous voyons que saint Fructueux, Archevêque de Brague, b étoit si éloigné de croire que l'Hémine fût trop petite, qu'il vouloit que le setier fût divisé en quatre : ce qui ne seroit que la moitié d'une hemine, c'est à dire un poçon à châcun par jour. *Per dies singulos,* dit-il, *vini potionibus sustentatur, ita duntaxat ut inter quatuor fratres sextarius dividatur.*

Et je ne croy pas qu'on puisse trouver cette conduite fort étrange, si l'on considere que souvent même les anciens n'usoient point de vin, & qu'ils ne le permettoient que comme un remede pour les infirmes.

Saint Athanase, ayant dit que S. Antoine ne mangeoit jamais qu'après le soleil couché, & qu'il étoit quelquefois 2 & 3. jours sans rien prendre, ajoute : *Il n'avoit pour toute nourriture que du pain & du sel, & ne bûvoit qu'un peu d'eau. Pour la viande & le vin, il est inutile d'en parler, puisque la plûspart des autres Solitaires ne sçavoient non plus que lui ce que c'étoit que d'en user.*

S. Pacôme, dans sa Régle, qui lui fût dictée par un Ange, ne l'accordoit qu'aux malades : *Vinum & liquamen absque loco ægrotantium nullus contingat.* Par ce mot de *liquamen,* on entend communément un certain jus de poisson qu'on donnoit aux malades. D'où l'on peut conclure que si cette nourriture n'étoit seulement pas per-

a On croit que ce saint Ferreole a été Evêque d'Uzez, & a vécu vers le milieu du VI. siécle.

b S. Fructueux vivoit vers le milieu du siécle suivant, & étoit du sang Royal des Gots, qui regnoient en Espagne.

mise aux autres, on leur auroit encore bien moins permis l'usage de la viande.

S. Sulpice Severe, décrivant la manière de vivre des disciples de S. Martin, témoigne qu'il n'usoient de vin que lors qu'ils y étoient contraints par quelque infirmité. *Vie de S. Mart. ch. 7.*

Et S. Jérôme, faisant le tableau de la vie qu'il « avoit ménée lui-même dans le desert, dit qu'il « ne marque point en particulier quel étoit son « boire & son manger, puisque l'on sçait que « les Moines les plus foibles & plus languissans, « ne bûvoient que de l'eau, & que c'étoit une « sensualité parmy eux, que de manger quelque « chose de cuit : *Et coctum aliquid accepisse luxuria* « *sit.* « *S. Ierém. Ep. 22.*

LXXX.

Abstinence remarquable des Récabites, de S. Jean Baptiste, des Apôtres, & des premiers Chrétiens.

A u s s i nous lisons dans l'Ecriture que Jonadab avoit interdit entiérement le vin aux Récabites, qui ont été la plus excelente figure des Religieux & des Solitaires, dans l'ancien Testament. Et le Sauveur du monde nous a bien voulu marquer lui-même que son saint Précurseur, qui en a été le plus parfait modelle dans le nouveau, ne bûvoit point de vin & ne mangeoit point de pain, *neque manducans panem, neque bibens vinum :* Sa nourriture ordinaire, comme nous l'apprend encore l'Evangile, n'étoit que des sauterelles & du miel sauvage. Et voilà par *Ierem. ch. 35. Luc. 7. 33. Luc. 7. 33. Matt. 3. 4.*

S. Iérôme.

An. 57. n. 192.

Oraison de l'amour de la pauvreté.

An. 58. n. 121.

Nom. ch. 6.

Ioseph. l. 2. de la Guerre, ch. 15.

1. Tim. 5. 23.

Demonstr. Evangel. l. 3. c. 7.

où commença l'établissement de la vie monastique, & la sanctification du desert. *Habitatii deserti & incunabula monachorum talibus inchoantur alimentis.*

Les Apôtres mêmes, selon Baronius, ne mangeoient point de viande & ne bûvoient point de vin. De là vient que S. Grégoire de Nazianze assure que S. Pierre ne vivoit ordinairement que de lupins, qu'il achetoit à tres-vil prix. Saint Paul dans les Actes se trouve prêt à se joindre aux Nazaréens pour rendre ses vœux dans le temple au moindre mot que lui en disent les Apôtres, parce que, selon la remarque du même Baronius, il ne bûvoit jamais de vin. Car les Nazaréens, comme il est commandé dans l'Ecriture, ne devoient point boire de vin quand ils avoient quelque vœu à accomplir. Et nous voyons par Joseph qu'il falloit qu'ils eussent été au moins 30. jours auparavant sans en boire : ce que S. Paul ne pouvoit pas avoir prévû.

Il est visible que son disciple Timothée n'en usoit pas non plus, puis qu'il faut un commandement de l'Apôtre pour lui interdire l'eau, & luy faire prendre seulement un peu de vin, à cause de ses frequentes incommoditez. *Noli adhuc aquam bibere, sed modico utere vino, propter stomachum tuum, & frequentes tuas infirmitates.*

Eusebe dit, que tous les Disciples de Jesus-Christ qui ont prêché l'Evangile, avoient embrassé une vie austere, qu'ils ne bûvoient point de vin, & ne mangeoient point de viande.

S. Clement Prêtre d'Alexandrie, remarque que Saint Matthieu ne vivoit que de legumes,

de fruits, & de quelques herbes. Entre les loüanges qu'Hegesippe dans Eusebe donne à S. Jacques, surnommé *le frere du Seigneur,* il remarque qu'*il ne bûvoit ni vin, ni aucune liqueur
qui pût enyvrer, & qu'il ne mangeoit rien qui eut
eu vie.* *Eusebe hist.
lib. 2. ch. 23.*

Nous voyons de même que ces Therapeutes
dont j'ay déja parlé, *ne beuvoient jamais de vin,
& qu'ils le regardoient comme un poison qui trouble
l'esprit. Dans leurs plus grandes fêtes mêmes, ils
ne mangeoient que du pain, du sel, & de l'hyssope;
& ils estimoient que les viandes delicates & exquises n'étoient propres qn'à irriter nôtre convoitise, qui
est d'elle-même la plus insatiable de toutes les bêtes.* *Veyez cy-dessus n. 55.*

*Philon, de la
vie contem-
plat.*

Baronius encore, assure que c'étoit la coûtume la plus ordinaire des Chrêtiens dans la pri-
mitive Eglise, de s'abstenir *de vin & de viande.*
Devons-nous donc nous étonner si les Saints qui
n'ont eu pour but dans les Régles qu'ils ont
écrites, que de porter à la perfection, ont tâché de rendre leurs Religieux, en ce point
comme en tous les autres, de fidelles imitateurs
de ces premiers disciples de l'Evangile ? *Baron. an.
57. n. 191.*

LXXXI.

*Sentimens de quelques autres Saints
sur le même sujet.*

C'EST POURQUOY Theodoret dit expressément,
que le vin & la viande ont été également def-
fendus aux Moines, à cause de la chaleur qu'ils
excitent en nous. *Theodor.
serm. de char.*

Et S. Grégoire de Nysse dit excellemment, *que depuis qu'on prend du vin au delà de ce qui est précisement necessaire;* ultra articulum necessitatis, *il ne sert plus qu'à entretenir en nous les passions criminelles, & à fournir des armes à la volupté.* Il ajoûte, *que le vin est la peste des jeunes gens, la honte des vieillards, l'infamie des femmes, la nourrice de la folie, la mere des emportemens, le venin de l'ame, la mort de l'esprit, la ruine de toutes les vertus.* De là vient que S. Léandre, suivant le même esprit, n'accorde le vin *que par forme de medecine,* non plus que l'Apôtre. Le grand S. Basile ordonne de même *de n'en user que comme d'un remede & seulement dans le besoin.* Et il veut que ses Religieux se séparent avec autant de précaution du vin, que des femmes, selon cette divine Sentence de l'Ecriture: *Le vin & les femmes font tomber les sages dans le desordre & l'Apostasie.* ApoSTATARE *faciunt sapientes.* S. Benoît inspire le même sentiment à ses Religieux par le même texte de l'Ecriture. Et S. Pierre de Damien témoigne que ce S. Patriarche ne leur a permis le vin que comme l'Apôtre permet le mariage aux simples fidelles, *secundùm indulgentiam,* par indulgence, souhaitant que tous pussent s'en passer comme lui.

S. Augustin décrivant la maniére de vivre des Religieux de son tems qui vivoient ensemble dans les deserts, & dont j'ay déjà raporté quelque chose ci-dessus, dit encore, *qu'en prenant leurs repas, ils retenoient la concupiscence, de peur qu'elle ne commit quelque excez; quand*

Greg. Nyss. Hom. 2. in Eccles.

Reg. ch. 9.

Ser. de Ascet.

Eccli. 19. 2.

Regl. ch. 40.

Opusc. 13. c. 7.

1. Cor. 7.

Des mœurs de l'Egl. cath. ch. 31.

ce n'auroit été que dans les choses les plus simples
& les plus viles. Et il ajoûte, qu'ils ne s'abste-
noient pas seulement DE LA CHAIR ET DU
VIN, pour domter les mouvemens de la volupté,
mais encore de beaucoup de viandes qui excitent
d'autant plus l'appetit, qu'elles semblent à quelques uns plus pures & plus innocentes ; y en ayant
qui veulent autoriser le desir déreglé des mets de-
licats, par cette raison, non seulement mauvaise,
mais ridicule ; Qu'il suffit qu'il n'y ait rien que de
maigre.

S. Pierre de Damien décrivant la vie bien-
heureuse que S. Romuald établit dans son Ordre,
dit entre autres choses, *Tout le monde ignoroit*
l'usage du vin, même dans les grandes maladies.
Et il est remarqué du grand S. Hugues, à qui
l'Ordre de Cluny est si redevable, qu'encore
qu'il souffrit que les Freres en servissent sur sa
table, le plus souvent néanmoins, il se levoit
sans y avoir touché.

S. Elrede ᵃ dans sa Régle, qui n'est que pour Regle S. El-
rede ch. 19.
des Filles, marque expressément, *Qu'il n'accorde*
la livre de pain & l'Hémine de vin ordonnée par
S. Benoît, qu'aux plus foibles & plus delicates,
& à celles qui ne peuvent tendre à une plus haute
perfection ; soit qu'on ne mange qu'une fois, ou
qu'on mange deux fois le jour. Mais parlant des
autres, il dit, *Qu'il est à propos que les jeunes*
& celles qui sont plus fortes de corps, se privent de
toutes les choses qui peuvent enyvrer ; & qu'elles
doivent s'abstenir du pain blanc & de tout ce qui

____

a Il étoit Abbé de l'Ordre de Cisteaux en Angleterre, & il a
vécu du tems de S. Bernard & un peu aprés.

peut flater la concupiscence, comme d'un poison de la chasteté.

Il semble que ce Saint ait pris cette maxime de S. Jérôme, qui parlant à une des plus illustres vierges de l'Empire Romain, après une longue description des combats qu'il avoit soûtenus lui-même dans sa jeunesse, conclut en cette manière : *Si donc vous m'estimez capable de vous donner quelques avis, & si l'experience que j'ay pû acquerir parceque j'ay éprouvé moi-même, merite quelque créance, trouvez bon que je vous avertisse & vous conjure, de fuir le vin comme un dangereux poison, si vous voulez être une veritable Epouse de* JESUS-CHRIST, *Ce sont ici les premieres armes des démons : & c'est d'ordinaire par là qu'ils commencent d'attaquer les jeunes gens. On vient plus facilément à bout des autres vices : la racine de celui-ci est dans nous-mêmes, & nous portons nôtre ennemi par-tout où nous allons.* LE VIN ET LA JEUNESSE *sont les deux sources des flammes criminelles de la volupté. Comment donc osons-nous verser de l'huile sur le feu? Et comment sentant déja nôtre corps pénetré de ses propres ardeurs, sommes-nous si malheureux que d'y jetter encore dequoy entretenir ce feu & l'embrazer de plus en plus?*

Mais doit-on s'étonner que les Saints comparent le vin à un poison, puisque c'est l'expression du S. Esprit même dans les Ecritures? *On le boit avec plaisir*, dit le Sage, *mais à la fin il mord comme un serpent, & répand son venin comme un basilic.* INGREDITUR *blandè; sed in novissimo mordebit ut coluber, & sicut regulus venena diffundet.*

Nous voyons donc, Monsieur, quel est le langage des Saints; & combien il est éloigné de celui de certaines gens, qui prétendent qu'on doit donner du vin sans mésure à des Religieux, Ces grands serviteurs de Dieu auroient eu peine sans doute à se persuader, qu'une pinte de S. Denis fût une mésure *fort proportionnée au besoin de la nature humaine*, ou que ceux qui font profession de la vie religieuse, pussent boire du vin autant qu'ils voudroient, pourvû qu'ils ne s'enyvrassent pas.

Dubreüil supplem. pa. 92.

LXXXII.

Pratique des anciens Chartreux, & de saint Bernard touchant l'usage du vin.

LE VENERABLE Guibert, contemporain de S. Bruno, parlant du premier établissement du saint Ordre des Chartreux, raporte : Qu'ils ne bûvoient de vin que trés rarement; & que *quand ils en bûvoient, ils le trempoient tellement qu'il n'avoit plus ni force, ni saveur, & que ce n'étoit presque que de l'eau.*

Guibert. l. 1. ch. 11.

En effet nous ne voyons pas que leurs anciens Statuts, leur en déterminent aucune mésure particuliere, parce que Guigue leur V. General, qui en fût auteur, les renvoye aux instructions des Peres; & suppose, que selon leurs maximes, que je viens de faire voir, ils en useront avec une tres grande modération. Mais il est expressément marqué dans ces Statuts, *qu'ils trempoient leur vin de la même sorte dans lsurs cellules que dans*

Stat. des Chartreux chap. 33.

le refectoir; qu'ils n'en bûvoient jamais de pur,
qu'ils ne mangeoient que des tourteaux de pain bis,
& n'en faisoient jamais de blanc. Il est encore
bien remarquable que leurs Freres convers, qui
étoient employez à des exercices trés penibles,
ne bûvoient néanmoins du vin qu'en certains
jours de fêtes que les Statuts ont eu soin de
leur marquer.

Saint Bernard qui vivoit en même tems que
Guigue, ne portoit pas moins que luy ses disciples à la sobrieté, & par ses instructions &
par son exemple. Nous lisons dans sa vie, que
Lib. 3. c. 4. souvent il leur disoit, *Que si un Religieux étoit
obligé de boire du vin, il le devoit faire avec tant
de moderation, qu'il ne parût presque pas qu'il y
eût touché; & qu'il observoit cette régle si religieusement lui-même, que toutes les fois qu'il souf-
froit qu'on luy en servit (ce qui marque que ce
n'étoit pas toûjours) on reportoit le pot presque
aussi plein qu'on le luy avoit apporté.*

Ce témoignage est conforme à ce qu'il dit
Serm. 62. dans un de ses sermons sur le Cantique : *Je
m'abstiens du vin, parce que le vin porte à l'impureté ; ou si je deviens infirme, j'en prens un
peu, selon le conseil de l'Apôtre. Je m'abstiens de
la viande, parce que donnant une nourriture trop
forte à ma chair, elle fomente les vices de la chair.*
Et il ajoûte : *J'auray soin même de ne prendre du
pain que par mesure, de crainte que m'en étant
chargé, je ne devienne plus pesant pour la prière,
& que je ne m'expose au reproche que le Prophête
addresse à ceux qui mangent leur pain jusqu'à
s'en rassasier. Enfin je prendray garde à ne pas*

seulement boire l'eau pure avec avidité & avec excés, de peur que m'en remplissant, je ne provoque les mouvemens que produit en nous la corruption de nôtre concupiscence.

Voilà une morale un peu differente de celle qui se pratique aujourd'huy en quelques lieux : mais elle nous montre avec quelle mortification les Saints ont toûjours vécu, & avec quelle vigilance ils ont voulu que nous vécussions, pour ne point faire de fautes dans l'usage des choses mêmes les plus simples & les plus communes.

LXXXIII.

S'il faut donner plus de vin aux Religieux deça les mons qu'en Italie. Exemples remarquables sur ce sujet.

Je ne sçay, Monsieur, si aprés cela je dois m'arrester à ce que quelques-uns objectent, que ces Régles qui ordonnent si peu de vin, ont été faites en des païs chauds où il est plus excelent qu'en celui-ci ; & que c'est pourquoy elles en accordent si peu. Ceux qui ont vû l'Italie sçavent que le vin commun n'y est pas considerablement plus fort qu'en France, ou que dans les autres païs moins chauds ; & d'ailleurs saint Benoît qui a établi comme un principe general ; *Que les Religieux doivent toûjours choisir ce qu'il y a de plus vil & de plus pauvre,* ne leur cherchoit pas assurément des vins rares, & de quelque espece exquise ou extraordinaire.

Saint Bernard étoit encore tres éloigné de le faire, puisque c'est une des choses qu'il a le

Regl. c. 7.

plus condamnées dans les Religieux de Cluny, & qu'il ne fit servir au Pape, lorsqu'il vint à Clairvaux, que [a] *de petit vin, & du pain dont le son n'avoit pas été tiré.*

Eccle. 31. 22.

Aussi lorsque l'Ecriture appelle *exiguum* le vin *qui suffit à l'homme sage*, elle ne l'entend pas moins, selon la pensée de quelques auteurs, du *petit vin* que du *peu de vin*, parce que la temperance comprend tous les deux.

Turrecrem. Haësien & autres.

Basil. Ep. 108.

S. Basile, qui n'usoit d'un peu de vin qu'à cause de ses continuelles maladies, n'en prenoit néanmoins que de fort foible, *vinum flaccidum*; & celui des autres vieillars du Monastere, étoit le plus souvent du vin poussé, & qui commençoit à s'aigrir, *Vinum acerbum & marcidum.*

Pallad. 145.

Mais sainte Candide faisoit encore plus, puis qu'au raport de Pallade, elle ne bûvoit que de l'oxicrat, *contenta oxicrato & pane arido.* Que diroient donc ceux qui rejettent le vin de leur crû, & qui n'en veulent boire que du meilleur.

S. Benoît ne veut seulement pas, que dans

---

a *Panis ibi autopyros pro simila, pro careno sapa* (*Bern. vita. l. 2. 61.*) Horstius doutoit s'il ne falloit point *pro cretico vappa.* Mais Carenum est dans S. Isid. pour une espece de vin doux cuit, auquel il oppose *sapa.* Et Pline dit que *sapa* est une liqueur qui approche du vin. Dans la basse latinité ce mot s'est pris pour du vin aigre, *dulce acidum vinum*, dit le Vocabulaire de Papias, écrit au 12. Siécle. Ce que confirme le Catholicon écrit au 13. qui ajoûte qu'il est ainsi nommé, *quasi parum saporis habens.* Un autre vieux Dictionaire intitulé *Gemma*, remarque de plus que *acidum* se disoit *quasi aquidum*, parce que le vin trempé s'aigrit aisément. Ainsi il semble que *sapa* ait pû être mis ici pour quelque espece de vin fort foible ou mélé de beaucoup d'eau, & qui à cause de cela tiroit un peu sur l'aigre. Mais *sapa* se prend encore pour le suc des plantes, comme venant de *sapor.* En ce cas quelques uns en ont tiré nôtre mot de soupe, & il pourroit aussi signifier du cidre, de la biere ou quelque ptisane.

les païs où il n'y en auroit point du tout, on se mette trop en peine d'en chercher ailleurs, *mais qu'on s'en passe humblement sans murmurer, & qu'on en benisse Dieu.* Regl. c. 40.

Saint Martin qui vivoit en France, n'a pas crû que ses disciples eussent besoin de plus de vin, que S. Benoît les siens en Italie, puisque nous avons vû qu'ils en bûvoient à peine dans leurs maladies. Saint Elrede Abbé en Angleterre, dans sa Règle, comme nous l'avons déja rapporté n'accorde l'Hémine de vin ordonnée par S. Benoît qu'aux plus foibles, & exhorte les autres à s'en passer. L'Hémine que S. Maur apporta en France n'étoit pas plus grande que celle du Mont-Cassin, puisqu'on prétend que c'étoit la même. Et il est écrit également de ce Saint & de S, Placide, premiers disciples de saint Benoît, dont l'un vécut en France & l'autre en Sicile, qu'ils s'abstinrent toûjours de vin, se souvenant de cette parole de leur Pere; *Que ceux à qui Dieu feroit cette grace, en recevroient une recompense particulière.* Cy-dessus, Nombre 84.

Apparemment cette même parole avoit aussi porté la pluspart des Religieux du Mont-Cassin, durant un trés long-tems, à s'en abstenir, bien loin d'avoir une Hémine sans mesure; puisque nous apprenons encore de la lettre de Theodemar à Charle-Magne, *Que plusieurs de ses Religieux, les mercredis & les vendredis, se contentoient de pain & de quelques herbes; que la pluspart même se privoient de vin, & qu'ils n'en connoissoient l'usage qu'en participant au saint calice.* Regl. S. Benoit, ch. 40.

La vie des premiers Religieux de l'Ordre de

Cisteaux n'étoit pas moins mortifiée ni moins penitente. C'est une tradition qui se conserve encore dans la maison de Clervaux, comme je l'ay appris moi-même de leurs premiers Religieux & officiers, que lors qu'on voulut planter la vigne qui est au dessus du monastere, Gerard frere de S. Bernard s'y opposa, representant que le vin n'étoit point pour les Religieux. Et nous voyons dans l'histoire generale de cet Ordre, que non seulement Gerard, mais aussi les autres n'en buvoient pas d'ordinaire, & qu'ils avoient même beaucoup de peine à se resoudre à en prendre dans leurs plus grandes necessitez. Aussi il est raporté, que lorsque Gerard en qualité de Cellerier alloit visiter les granges & les fermes de la maison, il ne bûvoit que de l'eau, non

" plus que les autres Freres qui y demeuroient;
" & qu'un jour, le Prieur ayant ordonné qu'on
" lui presenteroit un peu de vin, à cause de l'ac-
" cablement & de la foiblesse où il étoit; comme
" il s'en fût apperçu, son amour pour la pauvreté
" & pour la regularité, ne lui pût permettre de
" souffrir qu'il eut quelque chose de plus que les
" autres; mais que prenant ce peu de vin, il le
" versa dans un grand pot d'eau qu'on avoit mis
" au milieu pour tous les Freres, afin que par
" ce moyen ce qu'on avoit preparé pour lui seul
" fût commun à tous. Il aimoit mieux, dit l'Au-
" teur, se voir en danger de tomber malade, que
" de faire cette tache sur sa conscience, par ce sou-
" lagement quoique trés petit, de son abstinence
" accoûtumée. *Malebat quippe corpus suum infir-*
" *mitate periclitari, quam vel in tantilla remissione*

 Exord. magni Ordinis, dist. 3. c. 2.

abstinentiæ, conscientiæ suæ maculam dare.

Cette histoire est non seulement édifiante, mais elle nous apprend encore que nous ne devons point trouver étrange, si saint Benoît a crû qu'une Hémine de vin devoit suffire par jour, ni dire, ainsi que font quelques uns, que ce que l'on boiroit ne seroit plus que comme de la rinsure de verre. Car ce Saint ne vouloit pas qu'on cherchât à satisfaire la sensualité dans ce que l'on prenoit, mais seulement la necessité. Outre que l'on peut dire que l'amour de la penitence n'est pas toûjours destitué de plaisir. Il est écrit des Religieux dont je viens de parler, qu'ils burent cette eau mêlée du vin de Gerard, avec plus de satisfaction que le vin le plus exquis ; tant ils demeurerent édifiez de sa mortification & de son amour pour la penitence.

Je pourrois rapporter une infinité d'histoires semblables à celle-ci. Nous apprenons encore, que S. Boniface, Apôtre de l'Allemagne, persuada aux Religieux de l'Abbaye de Fulde, *de ne boire ni vin ni rien qui pût enyvrer,* comme il le dit lui-même dans la lettre qu'il en écrivit au Pape Zacarie.

Rupert, Abbé de Limbourg ne fut pas moins heureux à persuader l'abstinence à ses Religieux, puisque selon Trithème *il les porta à ne manger ni viande ni œufs ni poisson, ni laitage ; & à ne boire de vin que dans leurs infirmitez.*

Trithem. dans la Chron. d'Hirsang. l'an 1124.

Et certes je ne sçai pourquoi des personnes qui font proffession d'être à Dieu, s'imagineront qu'il est si difficile de se passer de peu de vin dans les païs froids, & dans ceux où les hommes sont plus sujets à boire, *magis bibaces*, comme ils les appellent, vû que nous apprenons de Cesar même, que les plus belliqueux d'entre les Belges & d'entre les Allemans, n'en laissoient seulement pas entrer sur leurs terres ; parce qu'ils croyoient qu'il ne servoit qu'à rendre les hommes lâches & éffeminez : *Quòd eâ re, ad laborem ferendum, remollescere homines atque effeminari arbitrantur.*

De la guerre des Gaules liv 2. & 4.

LXXXIV.

Que les mesures envoyées par Theodemar, & l'Ordonnance de l'assemblée d'Aix, decident absolument cette question de la difference des païs. Que les Religieux qui sont venus d'Italie n'ont jamais fait de fondement là dessus.

MAIS, Monsieur, ce qui decide entiérement cette question, c'est que Theodemar envoye à Charle-Magne, pour regler les Religieux de France & d'Allemagne, les mêmes mesures qui avoient été laissées au Mont-Cassin par S. Benoît, comme devant servir dans tous les païs. Et ce qui est encore plus remarquable, est que l'assemblée d'Aix-la-Chapelle, qui a toûjours été en si grande consideration parmi les Religieux, & qui avoit vû ces mesures, n'a rien du tout ajoûté à la Régle pour le vin, quoi qu'elle l'ait adouci en beaucoup d'autres choses. Elle a seulement ordonné, comme nous avons vû cy-dessus, que dans

Nomb. 38.

dans les païs où il n'y en auroit pas, on donneroit deux Hémines de bierre : ce qui nous montre que tous les Abbez & Religieux, qui com-
posoient cette assemblée, jugérent que l'on devoit s'en tenir à l'Hémine seule, aux lieux où il
y avoit du vin.

En effet nous ne voyons pas que les Religieux qui sont venus d'Italie s'établir ici en ces
derniers tems, ayent jamais eu aucun égard à
cette raison de la différence des païs, ni qu'ils
ayent pris une portion ordinaire de vin, plus
grande en France que delà les monts.

Les PP. Camaldules, qui sont de ces derniers
venus, se sont mocquez de cette raison, quand
on la leur a proposée. Il est vray qu'encore qu'ils
suivent la Régle de saint Benoît, ils ont un peu
plus que l'Hémine ; peut-être parce qu'ils n'en
connoissent pas la mesure. Mais il y a bien des
jours où ils ne boivent point du tout de vin :
comme tous les lundis, les mercredis & les vendredis, qui sont depuis la S. Martin jusqu'à
Noël, & depuis la Quinquagesime jusqu'à
Pâque ; & les autres jours où ils jeûnent au
pain & à l'eau sont assez ordinaires parmi eux.

Cela peut faire juger si ç'a été une plainte
bien fondée à des Religieux réformez de nôtre
tems d'alleguer contre un vertueux Supérieur,
qui ne leur vouloit donner que du vin de leur
crû qui étoit petit, craignant de contrevenir
à sa Régle s'il agissoit autrement; qu'il pouvoit
bien prendre cette austérité là pour lui, mais
non pas y obliger les autres. Ces bons Religieux
auroient assurément eu encore bien plus de

peine s'ils avoient vû, qu'on eut voulu réduire
leur Hémine qui va au double de ce qu'elle
devroit, à sa plus juste mesure.

LXXXV.

Qu'il est aussi inutile d'alléguer que l'on a
besoin d'une grande mesure de vin, pour
soutenir les travaux de la pénitence.
Qu'il ne faut pas égaler la nécessité
du vin à celle du pain. Que l'eau prise
est plus saine que le vin pris en trop gran-
de quantité. Parole remarquable d'un
ancien.

QUE si l'on allégue qu'au contraire on a besoin de boire beaucoup de vin, pour être plus
fort dans les exercices de la vie pénitente & religieuse ; Je réponds qu'on doit prendre garde,
que l'on ne se flatte peut-être un peu trop, dans
ces sortes de besoins que l'on se figure, & que
l'on ne donne ce nom de nécessité à l'usage & au
relâchement qui s'est établi. Tous ceux dont j'ay
rapporté les autoritez & les exemples cy-dessus,
n'étoient pas moins fervens que nous, ny moins
amateurs de la pénitence, & cependant ils ne
voient pas cette considération. Ils croyoient au
contraire qu'une des principales parties de cette
même pénitence consistoit à ne pas boire de vin ;
qu'il n'étoit point de la prudence chrêtienne de
tant fortifier un ennemy contre lequel on avoit
toûjours à combattre ; & que puisqu'ils aspi-

roient à une parfaite victoire, il ne falloit point
rechercher dans l'abondance ni dans la force du
vin, cette vigueur du corps, à laquelle ils avoient
bien voulu renoncer par le retranchement abso-
lu de la viande. Mais il n'y a rien à quoy l'on se
porte plus naturellement qu'à se faire de ces fausses nécessitez: aulieu qu'un Religieux doit toûjours tendre à diminuer celles-là même qui seroient véritables, & dire continuellement avec *Pf. 24. 17?*
David, DE NECESSITATIBUS MEIS ERUE ME.

Les Saints, dit un grand Pape, *prennent soi-*   *S. Gregoir.*
gneusement garde en tout ce qu'ils font, que l'in-   *Moral. liv.*
firmité de la nature ne leur demande plus qu'il n'est   *20. ch. 15.*
besoin de lui accorder, & que sous de vains prétextes
de necessité, le vîce de la volupté n'établisse sa ty-
rannie. Et c'est ce que David vouloit éviter lors
qu'il disoit à Dieu en s'écriant, délivrez-moy
de mes necessitez, parce qu'il sçavoit que le plus
souvent nous ne tombons dans les péchez de la vo-
lupté, que par l'occasion de satisfaire aux besoins
& aux necessitez de la nature.

Je sçai bien qu'il y en a qui vont si loin en
cecy, qu'ils égalent presque ce besoin qu'ils
croyent avoir du vin, à celui qu'on a effectivement du pain. Cependant il n'y a personne
qui ne voye qu'il y a une grande différence.
Et si quelqu'un en doutoit, il ne faudroit que
le renvoyer aux loix civiles, qui nous apprennent qu'il faut être fort éloigné de craindre
autant la disette & la cherté du vin, comme
on craint celle du blé.

Sur cela Suétone dans la vie d'Auguste raporte une chose assez remarquable, & qui pour-

roit peut-être servir de réponse à quelques Religieux, en de certaines rencontres. *Le peuple Romain*, dit-il, *se plaignit de la disette & de la cherté du vin. Mais Auguste réprima sévèrement cette plainte, en déclarant qu'Agrippa son gendre, avoit suffisamment pourveu à la nécessité publique, lors qu'il avoit fait conduire l'eau par des canaux en plusieurs endroits de la ville.*

L'eau, selon l'avis de plusieurs Medecins, n'est point contraire à la santé : au lieu que le vin, suivant la pensée d'un sage Religieux de ces derniers tems, est un corps indigeste & qui engendre beaucoup d'excrémens, selon Galien même & selon l'expérience : de sorte que si d'une part sa chaleur peut servir à la digestion, de l'autre neanmoins sa substance grossiere y nuit beaucoup, & remplit le corps de plusieurs mauvaises humeurs.

Mais il est si aisé de se flatter & de se tromper dans l'idée qu'on a de cette nécessité du vin, que c'est le vin même qui est cause que les hommes se portent à boire sans nécessité, selon qu'un payen le remarque si sagement en ces termes : *Nous devons attribuer au vin, de ce que nous sommes les seuls d'entre les animaux qui bûvions sans avoir soif.* VINO debemus homines, quod soli animalium non sitientes bibimus.

Aussi nous disons qu'un ancien Religieux étant interrogé par un Frére, qui lui demandoit si c'étoit trop que de boire son Hémine, vû qu'elle ne tenoit que trois petits coups, c'est à dire six cyathes ; il lui répondit avec beaucoup de gravité & de sagesse, que ce ne seroit pas trop, si le démon de la volupté ne

Le P. Franc. de sainte Marie ; Histoire des Carmes déchaussez, 1. part. liv. 4. chap. 9.

Plin. liv. 23. chap. 1.

Boher sur le chap. 40. de la Régle de S. Benoît.

se trouvoit enfermé dans le vin. *Si non esset quidem in vino satanas, id est voluptas, non esset multum.*

LXXXVI.

Que ceux qui alléguent la foiblesse des corps de ces derniers tems, pour faire voir le besoin qu'on a de plus de vin que n'en ordonne S. Benoît, ne sont pas mieux fondez que les autres.

IL est encore certain, Monsieur, que c'est une instance aussi inutile que les autres que je viens de détruire, d'alléguer, comme font plusieurs ; que les corps sont plus foibles maintenant qu'ils n'étoient au tems passé, & qu'ainsi ils ont nécessairement besoin de plus de vin pour se soûtenir. Nous trouverons des personnes en ces derniers tems, presque dans tous les états de l'Eglise, de qui la vie a été plus austére que ne le prescrit la Régle de S. Benoît ; qui ont égalé la pénitence des anciens, & qui montrent assez que les mortifications les plus rudes ont pû être aussi bien pratiquées dans nos jours, qu'elles l'ont été du tems de nos péres ; parce que l'infirmité humaine est également forte dans tous les tems, lorsqu'elle est soûtenuë de la même grace.

Mais ce que l'on pourroit peut-être dire avec plus de raison, c'est que la ferveur de l'esprit est beaucoup moindre aujourd'huy qu'elle n'étoit alors ; & que ce défaut est la source de toute nôtre impuiſſance : au lieu que ſi nous avions un peu de foy, nous trouverions de la facilité dans des choſes incomparablement plus difficiles, que n'eſt celle de ſe paſſer de peu de vin.

Je ne prétens point accabler la foibleſſe des infirmes. Je ſçai au contraire que l'on y doit toûjours avoir égard ; quoique je ſçache auſſi que le principal ſoulagement qu'on leur peut procurer, ne conſiſte pas à leur donner beaucoup de vin. J'oſe dire même, pour la conſolation de ceux qui ſont moins capables des grandes auſtéritez ; que Dieu ſe contente de la bonne volonté des ames pieuſes, pourvû que l'humilité récompenſe ce qui leur manque d'ailleurs.

LXXXVII.

Exemples remarquables des auſtéritez de ces derniers tems, qui font voir la nullité de cette prétention.

MAIS pour faire voir que ces derniers ſiécles, tout relâchez qu'ils ſont, nous peuvent fournir des exemples d'une trés-rigoureuſe pénitence, auſſi bien que ceux qui les ont précédez ; Quelles auſtéritez n'a-t-on point vû pratiquer à ſaint Charle Borromée, quoi-qu'il fût un Prélat de grande naiſſance, & qu'il eût été élevé trés-délicatement ? Que n'a-t-on point vû faire à ſainte Théréſe, quoi-qu'elle ne fût qu'une fille trés-infirme, & d'une trés-foible complexion ? Que ne peut-on point dire de ſaint François Xavier, de saint Pierre d'Alcantara, de sainte Rose, & d'une infinité d'ames vertueuses que Dieu s'étoit réservées en ces derniers tems ? Qu'on lise la vie de M. de Châteüil, celle de Grégoire Lopés, de César de Bus, du P. Yvan, de Mr Bardon, de Mr de Quériolet, de Mr de Solminiac Evêque de Cahors : & l'on reconnoîtra jusqu'où l'on peut aller pour les mortifications du corps, aussi bien en ce tems-ci qu'en un autre, quand on veut ne se point flatter, & que l'on commence à vivre de la foi.

On y verra des personnes qui étoient dans une entiére abnégation d'eux-mêmes, & dans une vigilance continuelle sur tous leurs sens ; qui donnoient à peine à leurs corps ce qui étoit nécessaire pour le soûtenir ; qui se privoient de tout, & qui étoient ingénieux à se mortifier en mille différentes maniéres : Des personnes qui se sont abstenus entiérement de vin, ou qui n'en ont bû que rarement, & en si petite quantité qu'il n'en avoit ni la couleur ni le goût : Des personnes qui ne faisoient d'ordinaire qu'un repas par jour, & ne mangeoient qu'au soir les jours de jeûne ; qui n'ont vécu que de pain bis, fait d'orge & de blé sarazin ; & qui dans l'extrême soif que leur causoient les excessives ardeurs de l'été, durant leurs travaux, où les fonctions de leur charge, ne vouloient seulement pas prendre un verre d'eau pour se soulager, & qui ont été quelquefois 2. & 3. jours, ou même davantage sans rien prendre. On y verra des personnes qui couchoient sur la dure, qui ne dormoient presque point ; qui passoient les nuits en

oraison ; qui se retiroient dans les forêts pour
jouïr d'une entiére solitude, sans avoir d'autre
lit que la terre, ni d'autre toit que le ciel: Des
personnes qui portoient non seulement le cilice
& la haire, mais aussi de trés-pesantes cottes de
mailles à nû, ou des plaques de fer blanc percées
en forme de rappes; des colliers dentelez & armez
de petites pointes d'éguilles; des brasselets & des
ceintures cramponnées de pointes de fer qui les
perçoient jusqu'au vif, & leur causoient des ul-
céres ; qui se ceignoient étroittement les reins
de chaînes de fer ; qui se donnoient la discipline
avec des chaînes garnies de petites molettes; qui
alloient nuds pieds, ou qui emplissoient la se-
melle de leurs souliers de petits cloux dont la
pointe les piquoit, & qui avec cela entrepre-
noient de trés-longs & trés-fâcheux pelerinages;
Des personnes qui se laissoient manger à la ver-
mine, qui ne portoient point de linge, ou qui
n'avoient des chemises que de la toile la plus
grossiére & la plus rude, sans les changer jamais
qu'elles ne fussent pourries ; qui souffroient la
plus grande rigueur du froid, sans se chauffer;
Des personnes qui étoient six heures de suite à
genoux ; qui demeuroient continuellement dans
l'infection des hôpitaux; qui rejettoient toutes
sortes de soulagemens dans leurs incommoditez
& leurs plus grandes maladies. Enfin des personnes qui ont été de fidéles observateurs de
cette divine parole de l'Apôtre ; *Que ceux qui
sont à* JESUS-CHRIST *ont crucifié leur chair avec
tous ses vices & toutes ses convoitises.*

Mais sans parler de ces exemples que l'on

Gal. 5. 24.

peut lire dans les vies qui sont écrites : nous avons encore vû de nôtre tems, beaucoup d'autres personnes de piété, soit dans la retraitte, soit dans le monde, dont les uns ne bûvoient point du tout de vin, & les autres n'en bûvoient que fort peu, & moins même que n'en permet S. Benoît : qui observoient l'ancien usage de ne manger en Carême que le soir : qui dormoient peu : & qui joignoient à ces pratiques, beaucoup d'autres plus grandes austéritez ; sans croire néanmoins passer les bornes de la modération & de la prudence. Dieu, qui console les humbles, donnant de la force à ceux qui s'abandonnent à lui de tout leur cœur, & qui veulent bien faire quelques efforts sur eux-mêmes, pour son amour, & par l'esprit d'une véritable pénitence.

LXXXVIII.

Combien l'on pratique encore d'austéritez dans les Religions. Et qu'il s'en est vû dans les dernières réformes de divers Ordres, qui égalent tout ce qu'on peut dire des anciens.

Premier exemple, de l'Ordre des Minimes ou de S. François de Paule.

MAIS parce que l'on peut croire que tous ces exemples sont singuliers, & que l'on dira peut-être, qu'il n'est pas raisonnable d'en tirer des conséquences pour tout le monde ; je veux bien ne me pas arrêter aux seuls particuliers.

Combien voyons nous encore d'Ordres & de Communautez trés-auftéres, non feulement d'hommes, mais aufli de filles, & qui vont beaucoup au delà de ce que S. Benoît preſcrit dans ſa Regle, pour la mortification du corps.

Il ne faut que lire la vie de ſaint François de Paule pour voir une preuve de ce que je dis. Ce Saint qui eſt mort dans le XVI. ſiécle, a vécu quatre-vints-onze ans ; & cependant il a pratiqué des auſtéritez ſurprenantes. Il ne mangeoit jamais qu'une fois le jour & aprés le coucher du ſoleil. Il ne bûvoit que de l'eau, à peine ajoûtoit-il à ſon pain quelques viandes de Carême, & ce qui eſt encore plus remarquable, non ſeulement il faiſoit pratiquer cette ſorte de vie à tout ſon Ordre, mais même il les y obligea par un quatriéme vœu. *Quam conſuetudinem ut Fratres ſui toto anni tempore retinerent, quarto eos voto adſtrinxit.*

LXXXIX.

Second exemple des Feuillans.

Dans Henriquez, Ménologe de Ciſteaux, 28. Avril.

CE que Louïs de ſaint Malachie rapporte de l'établiſſement des Feuillans qui n'ont commencé qu'à la fin du même ſiécle, n'eſt pas moins digne d'admiration. Si l'on prend la peine de lire ſon hiſtoire, on y verra des choſes qui égaloient les pénitences des anciens. Ces ſaints Religieux, non ſeulement ne paſſoient pas l'Hémine de ſaint Benoît leur Pére, mais même ils ne bûvoient point du tout de vin. Ils ne s'abſ

renoient pas seulement de viande , mais aussi
d'œufs, de poisson, d'huile & de sel. Les jours
de jeûne ils ne mangeoient qu'à 3. heures en
hyver, & en été à 4. & le soir ils ne prenoient
rien, non pas même une goutte d'eau, *ne aquæ
quidem stilla.*

L'Abbé faisoit encore plus. Il ne mangeoit
jamais que le soir, à cause des hôtes qui pouvoient survenir, à qui il étoit obligé, selon la
Regle, de tenir compagnie. Il honoroit les moindres d'entr'eux, comme regardant Jesus-
Christ en leur personne. Il les faisoit servir
honnêtement, mais sans superfluité, & sans que
pour cela, ou lui, ou les Religieux qui étoient
avec lui, interrompissent leur vie pénitente &
accoûtumée; ne mangeant que des fruits ou des
légumes, & ne bûvant que de l'eau, comme ils
auroient fait dans la Communauté.

Hors les rencontres où l'hospitalité les enga-
geoit, l'Abbé non plus que les autres ne se mettoit jamais à table, mais ils mangeoient à terre,
par esprit d'une véritable pénitence. Le pain
qu'on leur donnoit étoit de 18. onces pour chacun, mais le son n'en étoit pas tiré. Et il étoit
si noir & si dur, que les bergers n'en donnent
pas de plus pauvre à leurs chiens. Cependant
la ferveur qui animoit ces Religieux, leur faisoit
croire qu'ils étoient encore traittez trop délica-
tement. Ils importunoient souvent leur Abbé de
leur permettre de passer plusieurs jours à ne
manger que du fruit & des racines, se privant
tout-à-fait de pain : & souvent ils le contrai-
gnoient de le leur accorder, par la violence de
leurs priéres.

Il y en avoit qui paſſoient pluſieurs jours ſans rien prendre, non pas même de l'eau, & qui avec cela ne diminuoient rien de leurs travaux & de leurs exercices ordinaires. Quoi-que la pauvreté du païs & *la néceſſité de la charité*, comme parle ſaint Auguſtin, les obligeât quelquefois d'aller faire pluſieurs exhortations de vilages en vilages, à deux ou trois lieuës loin du Monaſtére ; ils obſervoient exactement néanmoins, de ne manger ni boire quoi-que ce ſoit pour ſoulager leur faim ou leur ſoif : & ils s'en revenoient à jeun pour prendre le ſoir leur petit repas, de ce pain noir & de quelques herbes.

Voilà, Monſieur, des fruits de la ferveur de ces derniers ſiécles, ſans parler des autres auſtéritez de ces Péres, comme d'aller nuds pieds, de demeurer toûjours la tête nuë dans le monaſtére ; de coucher ſur la platte terre, ſans y mettre aucune choſe, non pas même de la paille, & de n'avoir que leur robbe de gros drap, ſans aucune chemiſe d'étamine.

X C.

Troiſiéme exemple. De la réforme des Carmes déchauſſez, établis par ſainte Téréſe.

M A I s il faut que je joigne encore d'autres exemples à celui-ci, afin que l'on ne s'imagine pas que l'auſtérité des Feuillans ait été trop ſinguliére, & qu'il y ait eu quelque ſorte d'indiſ-

crétion dans la vie qu'ils avoient entreprise. Que
ne peut-on point dire des premiers enfans de
sainte Therese, & que ne lisons-nous point dans
l'histoire * générale de cette sainte Réforme.

L'auteur ne craint pas d'assurer, qu'il s'est vû
des choses parmi eux qui ont égalé, & même
surpassé, tout ce qu'on dit des austéritez des
anciens Péres du desert, & tout ce qu'on lit dans
saint Jean Climaque, du monastére des Pénitens. Et peut-être que ceux qui verront ce que
je vas en rapporter en peu de mots, n'auront pas
beaucoup de peine à se le persuader.

On a vû souvent les premiers Religieux de
cét Ordre, ne se nourrir que des herbes de la
campagne, prises indifféremment. Celles qui
croissent dans les jardins leur paroissoient encore
trop délicates. Toute la précaution qu'ils y apportoient, c'étoit d'en faire manger à quelque
animal, pour voir s'il n'y en auroit point quelqu'une de venimeuse : & aprés cela, ce qui étoit
bon pour les bêtes étoit aussi bon pour eux.

Leur boisson ordinaire n'étoit que de l'eau.
S'il arrivoit que l'on envoyât du vin par aumô-
ne, on le présentoit bien le long des tables à
ceux qui en voudroient, mais il y en avoit peu
qui en prissent ; parce, dit l'Auteur, qu'ils ne
jugeoient pas qu'il fût nécessaire pour digérer
leur nourriture, qui n'étoit que de simples
herbes ou d'autres choses trés-viles & trés-pau-
vres.

La rigueur de la vie commune de cette Réforme ; comme d'aller nuds pieds, de ne porter
point de linge, de ne manger point de viande,

ne paroiſſoient rien à ces Religieux: ils y en
ajoûtoient une infinité d'autres. Les uns paſſoient le Carême au pain & à l'eau ; les autres
ne vouloient pas même prendre ce peu de nourriture, ſans en ôter tout ce qui y pouvoit reſté
d'agréable à leur goût, & ils y mêloient ordinairement de l'abſinthe & de la cendre.

Il y en avoit qui ſe réduiſoient à ne manger
que de l'avene & de la paille avec les mulets.
Pluſieurs paſſoient un tems conſidérable ſans
boire. Les autres prenant plaiſir à ſe laiſſer languir de ſoif, ſe condamnoient à ne boire jamais
qu'un certain nombre de gorgées d'eau, quelque
ardente que fût la ſoif qu'ils enduroient.

La diſcipline qu'ils ſe donnoient trois fois la
ſemaine, étoit ſi terrible, qu'ils faiſoient rejaillir
le ſang des uns ſur les autres. Quelques-uns prenoient de ces diſciplines deux fois, & d'autres
trois & quatre fois le jour durant le Carême.

Ce qui eſt encore plus étonnant, eſt que ces
diſciplines n'étoient pas ordinaires : c'étoit de
certaines chaînes, pleines de pointes aiguës qui
entroient dans la chair. Et il y en avoit de différentes façons ; chacun en inventant à ſa dévotion, ſelon le degré de ferveur qu'il plaiſoit à
Dieu lui communiquer.

Leurs veilles étoient continuelles. Les haires
& les cilices ne ſortoient preſque jamais de deſ-
ſus leur dos. Ils en avoient qui étoient compoſez de ces chardons dont on peigne les laines ;
d'autres de lammes de fer percées en formes de
rapes ; avec des chaînes pleines de pointes. Enfin ils n'avoient point de plus grand deſir que de

faire une guerre continuelle à leur corps, & de repréſenter au vif les douleurs du Fils de Dieu, en *accompliſſant ſur eux-mêmes*, comme dit l'A- pôtre, *ce qui manque encore à ſa paſſion.* Coloſſ. 1. 24?

S'ils faiſoient cuire des herbes, c'étoit d'or- dinaire ſans ſel, ſans huile, & ſans aucun aſſai- ſonnement. Les jours de fête ſeulement, pour traitter un peu mieux ces ſerviteurs de Dieu, on y mettoit un peu de ſel & un peu d'huile. Quand ils avoient des œufs, ils les diſtribuoient aux pauvres. Le poiſſon n'étoit preſque que pour le jour de Pâque. Et bien qu'ils euſſent des mai- ſons ſur des riviéres fort poiſſonneuſes, ils n'en faiſoient pas néanmoins meilleure chére. Ils ſe ſouvenoient, ſans doute, de cette réflexion ſi remarquable de ſaint Auguſtin : *Que ſaint Jean avoit preſque toûjours demeuré le long du Jourdain, où il auroit aiſément pu avoir du poiſſon ; & que néanmoins l'Ecriture marque expreſſément qu'il ne vivoit que de ſauterelles & de miel ſauvage.* Aug. ſerm. 8 c. qui eſt 2. in Dom. 1. qua- drag.

Ils ne ſe nourriſſoient que du travail de leurs mains, imitant en cela, dit l'Auteur, les anciens Moines de la Thébaïde. Ils ſemoient leurs bleds, cultivoient leurs terres, labouroient leurs vignes, faiſoient leurs jardins & le reſte de leurs ouvrages. Ils étoient ſi éloignez de chercher au- cune commodité pour le ſoulagement de leur corps, qu'aprés avoir travaillé tout le jour, ils ne laiſſoient pas de garder étroittement toute la rigueur de leurs jeûnes. Ceux mêmes qui étoient infirmes, ou qui avoient la fiévre quarte, ne vouloient pas permettre qu'on eût égard à leur foibleſſe. Leur courage, animé de la grace, ſuppléoit à tout : & l'amour qu'ils avoient pour la pénitence, leur fournissoit mille raisons, pour obliger les Supérieurs à leur permettre de faire comme les autres.

Leurs lits n'étoient d'ordinaire que des fagots, avec une pierre pour chevet, & une couverture de poil de chévre. Enfin tout ce que l'on peut dire de la vie austére de ces Religieux, ne peut presque égaler la vérité, ni representer assez dignement la ferveur avec laquelle ils embrassoient tous les travaux de la pénitence.

Je ne parle point de leurs autres vertus, comme de leur silence, de leur oraison, de leur amour pour la pauvreté, pour la solitude, pour la régularité. Ils étoient admirables en tout, mais je prends seulement, Monsieur, ce qui fait mon sujet, puisqu'il nous faut répondre à ceux qui disent ; que les corps de ces derniers tems ne sont plus propres à pratiquer des austéritez qui approchent de celles des anciens, dans des choses mêmes beaucoup moindres que celles que je vous represente.

Lorsque les Religieux communioient (car il n'y avoit d'ordinaire qu'un ou deux Prêtres parmi eux) on ne faisoit point de cuisine ni de récréation. Ils ne mangeoient qu'un peu de pain avec quelques herbes cruës. Il y en avoit même qui passoient tout le jour sans manger. Ils employoient tout ce tems-là à remercier Dieu de la grace qu'il leur avoit faite, & ils se servoient de leur jeûne & de leur silence, pour tenir l'esprit dans un plus grand recueillement, afin d'être plus disposez à profiter de la nourriture céleste qu'ils avoient reçûë.

X C I.

Quatriéme exemple. Des Carmélites déchauſſées, établies par la même Sainte.

MAIS ce point ne ſeroit pas prouvé dans toute ſon étenduë, ſi nous ne parlions que des hommes qu'on pourroit peut-être croire avoir eu des corps d'une force extraordinaire. Il s'eſt trouvé auſſi des filles, Monſieur, qui ne ſe ſont pas moins ſignalées dans cette guerre ſpirituelle, & dans cette haine innocente que l'on ſe peut porter à ſoi-même. Et vous ne douterez pas qu'elles n'ayent encore paſſé les hommes, ſi vous voulez bien me permettre de vous repréſenter ici en peu de mots, un abrégé de ce que j'en ay lû dans la même hiſtoire.

Sainte Téréſe avoit établi une telle pauvreté dans la réforme de ſon Ordre au commencement, que ſes filles, pour leur portion ordinaire, n'avoient qu'un œuf & un pauvre potage de légumes. Mais la plûpart trouvoient cette vie encore trop douce pour elles.

On les a vû quelquefois ſe nourrir de feuïlles de vignes, & s'eſtimer faire grand' chére, quand elles avoient un peu de gland à leur collation. Quelques-unes paſſoient des jours ſans manger, d'autres faiſoient encore de plus longues abſtinences. L'aſſaiſonnement ordinaire de tout ce qu'elles prenoient étoit la cendre, l'abſynthe & l'aloés.

M

Ces saintes Vierges se nourrissoient du travail de leurs mains. Il s'en est trouvé quelquefois, qui imitant les fils des Prophetes, comme parle l'Ecriture, se bâtissoient elles-mêmes leurs cellules, ou avec un peu de mortier & des pierres, ou avec des piéces de bois élevées en appenti, sous lesquelles elles faisoient la séparation des cellules avec des fagots, & prenoient un morceau de natte pour leur servir de porte. Assurément, Monsieur, que vous ne trouverez rien de trop magnifique dans ces extraordinaires palais des Epouses du Roi des Rois : mais la vertu qui étoit cachée là-dessous étoit merveilleuse.

Quelque froid qu'il fît, quoi-qu'elles eussent les pieds nuds, qu'elles ne portassent que des tuniques de gros drap immédiatement sur la chair, & qu'elles fussent quelquefois dans des maisons fort mal saines, & où le froid étoit rude, elles ne se chauffoient presque jamais.

Elles prenoient deux fois le jour la discipline, & quelquefois trois ; se servant de ces sortes de chaînes que je viens de décrire, en parlant de celles des hommes.

Leurs cilices étoient encore plus extraordinaires. C'étoit des habits tout de crin, qu'elles portoient au lieu de tunique & qui leur couvroient tout le corps. Les haires étoient tissuës de nœuds, & composées de petites chaînes qui entroient dans la peau. D'autres portoient des chemises de jonc. D'autres couvroient leur corps de ces peignes dont se servent les cardeurs de laine. Plusieurs portoient à nud des ceintures

de chaînes, ou de cordes de geneſt. Leurs chauſ-
ſures étoient de rudes cordes pleines de nœuds,
qu'ils rempliſſoient de poix ſous la plante des
pieds : où bien elles y mettoient des ſemelles de
fer blanc percées en forme d'égrugeoire.

Ces généreuſes filles avoient appris de leur
mére ſainte Téréſe, à ne regarder les néceſſitez
du corps que comme des punitions du péché,
& elles les combattoient ſans ceſſe , avec toute
la conſtance que nous admirons tant dans ces
anciens Anacorétes.

Il y en avoit parmi elles qui ne ſe couchoient
qu'une heure ; d'autres ne repoſoient que ſur de
rudes treillis , ſur des fagots , ſur des piéces de
bois , ſur du liége tout rabotteux.   D'autres
uſoient de draps de crin & de cilice. Enfin elles
ne cherchoient continuellement que de nouvelles
inventions pour s'immoler elles-mêmes à leur
Epoux céleſte , comme des victimes d'amour.

Il s'en eſt trouvé qui ont paſſé des quarante
années , à ne prendre par jour , qu'une demie
livre d'un pain fort groſſier avec un peu d'eau.
D'autres ne ſe contentant pas de s'être réduittes
au pain & à l'eau , ſe condamnoient à ne manger
que 10. ou 12. bouchées de pain par jour , & à
prendre 2. ou 3. gorgées d'eau ſeulement : étant
même quelquefois pluſieurs mois ſans boire.

D'autres durant de trés-longues maladies ,
n'ont jamais voulu uſer de linge ni de viande :
& quoi-qu'elles fuſſent dans un accablement
continuel de langueur extérieure , elles n'ont jamais manqué à s'acquitter de l'obſervance commune. Elles ont au contraire ajoûté de nouvelles

aufteritez à celles de la Regle & des Constitutions. Elles ont même avec tout cela paffé des
Carêmes entiers au pain & à l'eau. Et cependant leur cœur étoit tellement embrazé de cet
amour divin, qui fe fert d'ordinaire du batême
de la pénitence pour nous purifier de nos fautes;
qu'elles ne fentoient prefque pas ce martyre continuel, & cette mort toute volontaire dans laquelle Dieu qui les foûtenoit les faifoit vivre.

Je ne doute point, Monfieur, qu'après de fi
grands exemples, on ne puiffe defabufer ceux
qui s'imaginent que l'on n'eft plus dans le tems
des grandes aufteritez, & qui fe font une efpece
d'impoffibilité, de pouvoir fuivre les moindres
pratiques qui fe lifent dans les Régles anciennes.
Mais il faut que je vous faffe voir quelque chofe
d'encore plus étonnant que tout ce que je vous
viens de dire.

C'eft de l'illuftre Catherine de Cardonne. Elle
peut bien être jointe aux filles de fainte Térèfe,
puifqu'elle a porté l'habit de fon Ordre : quoi-
que ce n'ait pas été l'habit des filles, mais celui
des hommes : & c'eft ce qui rend fon hiftoire encore plus digne d'être remarquée. Je vous la
rapporterai en peu de mots. Je la tirerai de fainte
Térèfe même, & de cet autre auteur que j'ai
déja allégué. Je m'imagine que vous ne ferez pas
faché de la lire ici, puifque je n'ai point vû cet
Hiftorien dans vôtre bibliotheque, & que rien
n'eft plus propre pour fervir d'une preuve convaincante au fujet que j'ai entrepris de traitter.

XCII.

Cinquiéme exemple. De la vie admirable de l'illuſtre Catherine de Cardone.

CETTE ſainte Vierge, ſi renommée en Eſpagne & ſi peu connuë en France, nâquit à Naples en 1519. Son pére, Raimon de Cardone, Marquis de la Palude, illuſtre dans les emplois de la guerre, tiroit ſon origine des Rois d'Aragon, & ſa mére étoit proche parente de la Princeſſe de Salerne, dont la nobleſſe eſt aſſez connuë.

Elle perdit ſon pére lors qu'elle n'avoitque huit ans, & il lui apparut enſuitte tout couvert de flammes, en lui diſant qu'il étoit condamné à ſouffrir ces tourmens, juſqu'à ce qu'elle eût ſatisfait pour lui à la juſtice divine. Auſſi-tôt cette pauvre enfant, entrant dans les mouvemens de tendreſſe & de compaſſion, qu'une ſi étonnante rencontre pouvoit produire, ſe reſolut de faire tout ce qu'elle pourroit, pour avancer la delivrance de ſon pére du purgatoire. Elle jeûnoit, elle prioit, elle faiſoit des aumônes : & comme elle n'avoit pas encore d'inſtrumens de penitence, elle prenoit des trouſſeaux de clefs dont elle ſe donnoit ſi fort la diſcipline, qu'elle ſe meurtriſſoit tout le corps.

Ce fût là l'aprentiſſage des auſteritez ſi extraordinaires que cette Bien-heureuſe pratiqua depuis, dans tous les differens états où elle a paſſé : & les fruits n'en furent pas inutiles. Peu de tems

M iij

aprés, son pére lui apparut pour la seconde fois
mais dans un état bien different du premier. Il
étoit tout revétu de gloire. Il lui fit entendre
que Dieu avoit agreé ses penitences, & l'avoit
delivré par son merite : mais qu'il vouloit qu'elle
les continuât, parcequ'il desiroit de la prendre
pour son Epouse, & qu'il l'avoit choisie pour
faire voir en sa personne un modele de mortification, & l'opposer à la molesse & au relâchement de ces derniers tems.

Histoire gene-
rale des Car-
mes déchauf-
sez. 1. part.
liv. 5.

C'est ce que rapporte l'historien de sa vie. Et
si nous en jugeons par les suittes, nous verrons
que cette genereuse fille a été veritablement un
exemple rare de toutes sortes de vertus, mais
particulierement des austeritez de la penitence.

Quand elle fut un peu plus avancée en âge,
elle augmenta aussi les mauvais traittemens
qu'elle faisoit souffrir à son corps, & pour
s'affermir davantage dans l'éloignement du monde & dans la voye où Dieu l'avoit fait entrer,
elle confirma par vœu, la pensée qu'elle avoit
euë dés son enfance, de se consacrer toute à lui
& de demeurer toûjours vierge. Cela n'empêcha
pas néanmoins qu'elle ne fût recherchée par
un jeune Seigneur Néapolitain. Ses parens qui
vouloient l'engager ménagerent aussi une dispense de Rome pour son vœu. Mais Dieu de-
livra lui-même sa servante, celui qui la recher-
choit étant tombé malade d'un mal de côté dont
il mourut.

Catherine de Cardone se voyant libre, augmenta encore le desir qu'elle avoit de faire à
Dieu un holocauste de soi-même, Ce fût pour

ce sujet qu'elle entra dans un monastere de Ca-
pucines à Naples : non pour se faire Religieuse,
mais pour se consumer tous les jours plus librement par un sacrifice d'amour & par de nouvelles austeritez. L'Italie jouit durant prés de 40
années d'un si precieux thresor & d'un exemple
si rare de mortification & de vertu. Mais celui
qui l'avoit choisie pour en être un modele par-
tout, vouloit qu'elle parut encore sur un autre theatre. Et voici l'occasion dont il se servit
pour l'y faire monter.

Les mouvemens qui arriverent à Naples à
la fin du regne de Charles Quint avoient jetté
le Prince de Salerne dans le party des François:
de sorte que son bien ayant été confisqué, la
Princesse sa femme fut obligée de passer en Espagne en l'année 1559. pour donner ordre à ses
affaires. Dans cette affligeante conjoncture, elle
ne crût point pouvoir trouver un plus grand
soulagement à sa douleur, que d'engager sa
chere cousine à l'accompagner en ce voyage.
Et quelque resistance que Catherine de Cardone y fit d'abord, il fallut enfin se rendre aux
instantes poursuites qui lui en furent faites.
Mais il parut que Dieu avoit d'autres desseins
sur celle qu'il avoit choisie pour son Epouse.
La Princesse mourut en Espagne sans avoir
presque rien avancé pour ses affaires, & Phi-
lippe II. commanda à Ruy-Gomez, à qui il
avoit déjà donné la Principauté d'Evoly, qui
avoit appartenu au Prince de Salerne, & qu'il
avoit fait Gouverneur de Charles Infant d'Espagne, & de Jean d'Autriche fils naturel de

Charles V. d'avoir soin de Catherine, dont il connoissoit le merite & la pieté.

Elle ne fut pas plûtôt dans le Palais, que ce Seigneur admirant sa vertu & sa prudence, la pria de vouloir être la maîtresse de sa maison, & de se charger de la conduitte de toute sa famille. Quoique la sainte vierge n'aimât rien tant que le repos, pour s'entretenir plus aisément avec Dieu; néanmoins l'affection qu'elle avoit pour les pauvres, fit qu'elle ne resista pas tant à cet engagement. Elle s'y rendit, mais à la charge qu'elle feroit du bien de ce Prince toutes les aumônes qu'elle jugeroit à propos de faire. Ruy-Gomez de son côté n'eut pas grand peine à accepter une condition si juste. Il commença au contraire à cherir encore plus une personne, dont il prévoyoit que les avis lui seroient aussi avantageux pour le salut de son ame, que pour le bon ordre de sa maison; & ayant reconnu par toute sa conduite, que la solidité d'esprit qui étoit en elle, meritoit encore plus d'estime que la noblesse de sa race, il l'obligea à partager avec lui le soin dont il étoit chargé de l'éducation des Princes, qui étoient déjà grands, & pouvoient avoir alors quelques 14. ou 15. ans.

Sa sagesse & sa moderation se fit encore mieux remarquer dans un employ si important & si difficile. Mais pour être parmi la mollesse de la Cour, ses prieres & ses grandes austeritez n'en étoient pas moindres. Sa vie étoit si sobre, que jamais on ne la voyoit manger. Elle n'usa ja-

mais de viandes, jamais elle ne bût de vin.
Ses meilleurs repas n'étoient que d'un peu de
legumes & d'eau. Elle jeûnoit 4. fois la semaine,
il y avoit même des jours où elle ne prenoit aucune nourriture. Auec cela elle recitoit plusieurs
Offices differens, elle se chargeoit de cilices &
de chaînes, & elle se donnoit presque tous les
jours la discipline, avec de ces instrumens dont
j'ay parlé, & dont toutes les mailles étoient
autant de crochets qui lui déchiroient tout le
corps.

Je croy, Monsieur, qu'une vie si extraordinaire dans une fille delicate par son sexe, illustre par sa naissance, considerable par son
employ de gouvernante des Enfans d'Espagne,
peut faire faire quelque reflexion sur celle que
l'on peut à plus forte raison mener dans les
cloîtres & dans les solitudes. Mais cette Sainte
nous le fera bientôt voir elle même en sa personne.

Ses austeritez cependant ne l'empéchoient
point de s'acquitter avec beaucoup de fidelité
de tous les devoirs de sa charge. Au contraire
elle les offroit continuellement à Dieu, pour
l'engager à verser ses benedictions sur les Princes. Et elle détournoit par une vigilance & une
addresse merveilleuse tout ce qui pouvoit s'opposer au dessein que le Roy avoit pris de les
faire bien élever, ou qui étoit capable de donner quelque atteinte à leur pureté & à leur in-
nocence.

D'ailleurs, elle ménageoit avec une extreme

prudence toutes les occasions que Dieu lui faisoit naître de leur dire quelque bonne parole, afin de les instruire sans presque qu'ils s'en apperceussent, pour ne les pas dégoûter. Elle tâchoit de les gagner encore plus par sa bonté & par sa vertu : & elle mettoit son principal soin à empécher qu'ils ne fissent des fautes, afin de n'être pas obligée de les reprendre si souvent, aprés qu'ils en auroient faites. Enfin comme elle ne voyoit rien de plus important que la bonne éducation de ces jeunes Princes, ni pour l'Etat ni pour l'Eglise ; il n'y avoit rien aussi qu'elle ne s'étudiât de faire, pour s'acquitter de la charge qui lui avoit été commise.

Il y a apparence que Jean d'Autriche fit quelque profit de ses avis, puisqu'il l'honnora toûjours comme *sa mere* *, dépuis même qu'il se fût rendu illustre par ses grandes actions, & qu'il entretint toûjours un commerce de lettres avec la Sainte.

* Il ne faut pas passer outre, sans justifier cette Sainte d'une horrible calomnie, par laquelle quelques uns abusant de ce mot, ont voulu faire croire qu'elle étoit *la veritable mere* de Jean d'Autriche. Strada de Rosberg semble avoir donné lieu à cette supposition, lors que dans sa Genealogie de la maison d'Autriche, il marque la mere de ce Prince sous le seul nom de *Catherine*. Mais la vie si chaste & si mortifiée, qu'avoit menée Catherine de Cardonne dés son enfance, ne pouvoit pas permettre qu'on eût d'elle un tel soupçon. Et puisque le Jesuite Strada en son histoire, assoure que Jean d'Autriche, quelque grand qu'il ait été, fût en cela malheureux ; qu'il ne connut jamais sa mere ; on ne doit pas croire que ce Prince regardât comme telle cette Bienheureuse, lorsqu'il l'honnoroit du nom de *mere*. Et par consequent, ce n'est point elle que vouloit marquer le Cardinal de la Cuéva, lorsqu'il disoit, *que cette Blomberge, qui vouloit bien passer pour la mere de Iean d'Autriche, ne l'étoit pas en effet, mais que c'étoit une personne des plus illustres d'entre les premieres Princesses.* Quoique Catherine de Cardonne fût de trés grande naissance, elle ne tenoit pas néan-

moins un fi haut rang dans le monde. Et d'ailleurs, quand
elle auroit été affez mal-heureufe pour avoir commis cette
faute ; il n'y a pas d'apparence, qu'en même tems qu'une ame
fi humble fe déchiroit ainfi le corps, elle eût voulu fouffrir
qu'on eût rejetté fur une autre la honte de fon peché. Mais
de plus le monde ne confidere pas tant ceux qui ont fait di-
vorce avec lui, pour les épargner encore aprés leur retraitte ;
il n'y avoit point de confideration qui pût empêcher de parler
librement d'une telle fille, aprés fon éloignément de la Cour:
Charles V. ne vivoit plus alors, & s'il y eût eu quelque chofe
à reprendre en elle, on n'eût pas manqué d'en dire la verité.
Il eft donc vifible que non feulement ce n'eft point Catherine
de Cardonne qui a été la mere de Jean d'Autriche, mais qu'il
eft même contre toute forte de raifon & d'apparence de l'en
foupçonner. C'étoit une autre perfonne plus illuftre, & que
nôtre Sainte avoit même connuë, comme remarque l'hiftorien
de fa vie; mais qui pour de grandes confiderations, n'a
point été divulguée.

Lors même qu'il fut declaré General de l'armée chrétienne contre le Turc, il ne voulut
point partir fans prendre congé d'elle. Il en
fut bien recompenfé, puifqu'elle lui prédit qu'il
demeureroit victorieux. * Et en 1571. elle fit
connoître en Efpagne la fameufe bataille de
Lépante en même tems qu'il la donnoit, âgé
feulement de 26. ans.

* Jean d'Autriche étoit né le 14. Février 1545. & la bataille
fe donna le 7. d'Octobre 1571. Il y eut en cette bataille 200.
vaiffeaux ennemis, pris ou coulez à fond. 25000. Turcs tuez
ou pris prifonniers, & 20000. Chrétiés mis en liberté (Bifar.) Mais
la diffenfion s'étant mife entre les Chefs, on ne fit rien davantage. Ce Prince fut envoyé depuis, Gouverneur aux Païs-
bas où il mourut, non à Bruges, ni à l'âge de 25. ans, comme il eft marqué dans cette Genealogie de la maifon d'Autriche, ni au mois de Decembre, comme dit Strada dans fon
hiftoire, mais à l'armée prés Namur, environ le premier
Octobre, (le Metteren liv. 8. M. de Thou. liv. 93.) l'an
1578. (Grot. & les autres.) âgé de 33. ans. Ce qui a
donné lieu de le comparer à Germanicus. (Strada hift. liv. 10)

Les inclinations du Prince Charles étant plus
fortes, donnoient aussi moins d'esperance à sa
pieuse gouvernante. Il semble qu'elle prévit
déslors la funeste fin qu'elles devoient avoir.

Ce fut ce qui commença à la dégoûter.
D'ailleurs les infidelitez, & la corruption qu'elle
voyoit regner de tous côtez à la Cour, lui
donnoient de l'horreur. Elle sechoit de se voir
dans un païs où Dieu étoit à peine connu, &
l'excés de l'amour qui la transportoit, lui faisoit
croire qu'elle ne pouvoit plus vivre, si elle
n'alloit au plutôt se jetter dans quelque solitude.

La difficulté cependant étoit à executer cette
entreprise. Elle prévoyoit que la Cour ne con-
sentiroit pas aisément à sa retraite ; & que d'autre part elle auroit peine à trouver des personn-
nes qui la favorisassent dans ce dessein, qu'elle
craignoit néanmoins d'entreprendre d'elle même. En effet ses Confesseurs l'en dissuaderent.
Mais *il ne faut pas s'en étonner*, dit sainte Terese:
*le monde est aujourd'huy trop sage, & il a trop ou-
blié les graces que Dieu a faites autre-fois à tant de
Saints & de Saintes dans le desert, pour ne pas
prendre les pensées de cette grande ame pour des
illusions & des réveries.* Cependant Dieu n'a-
bandonna pas sa servante dans le besoin. Il
permit qu'elle en communiquât à deux Religieux des plus vertueux & des plus éclairez qui
fussent alors dans l'Ordre de saint François ; le
P. Franc. de Torrés, & S. Pierre d'Alcantara,
qui approuverent le dessein de sa retraite.
Néanmoins elle ne voyoit pas encore le moyen
de l'executer.

Fondat.
chap. 27.

Dans cette impossibilité où elle se trouvoit, les exemples de ces grandes Saintes, qui pour servir Dieu avec plus de perfection, avoient déguisé leur sexe dans les siécles fleurissans de l'Eglise, lui revenoient souvent en l'esprit, & elle eut quelque pensée de les imiter. Elle sçavoit qu'il y a des occasions où il faut rompre ce que l'on ne peut pas délier, & qu'il faut tout hazarder quand il est question de son salut. Enfin ayant trouvé deux bons Prêtres, qui favoriserent cette resolution, elle l'éxecuta par son entremise. Ils lui marquerent un rendez-vous pour les aller trouver, & aussi-tôt ils lui couperent les cheveux, lui donnerent un habit d'hermite, & la conduisirent dans le desert, où la Sainte choisit pour sa retraitte une caverne, qui étoit plus propre à servir de taniere à des renards, que de demeure à une fille qui sortoit de la Cour.

L'auteur de cette vie ne dit pas precisément à quelle âge Catherine de Cardone entra dans le Palais, ni combien elle y demeura : mais marquant sa retraitte en 1562. il nous fait connoître qu'elle en avoit 43. quand elle passa dans le desert, d'où il faut conclure qu'elle n'a pû être que 2. ou 3. ans auprés des Princes.

Les deux Anges visibles qui l'avoient amenée dans cette solitude ne furent pas plûtôt partis, qu'elle commença à s'entretenir avec les invisibles. Et quoique les Diables lui apparussent souvent sous diverses horribles figures pour la tourmenter, cela néanmoins ne lui étoit rien, au prix de la joye qu'elle avoit de se voir delivrée de tous les embaras de la Cour, & de pouvoir en toute liberté lâcher la bonde à ses amoureux desirs pour la penitence.

Tout son meuble dans cette pauvre caverne, où elle pouvoit à peine entrer, & où elle ne pouvoit se tenir debout, consistoit en ses instrumens de penitence, dont elle avoit fait assez bonne provision. Elle n'y avoit point d'autre lit que la platte terre, ni d'autre chevet qu'un grez, ni d'autre couverture que son habit, ni d'autre porte qu'une claye de branches de genest, ni d'autre provision que 3. pains que l'un de ces Ecclesiastiques avoit apportez avec lui.

Quand ces pains furent consumez, la Sainte se reduisit à paître l'herbe comme les bêtes : encore ne voulut elle pas s'appuyer sur ses mains pour se soulager. Ainsi toute l'année lui étoit un jeûne continuel sans en vouloir seulement excepter les fêtes, & elle se retranchoit même quelque fois le tems qu'elle s'étoit donné pour paître.

Nôtre genereuse penitente entreprit une fois fois de passer un Carême entier sans rien prendre. Sous son habit, elle portoit une tunique de natte de genest ou de gros crin, qui lui descendoit jusqu'aux genoux. Cette tunique étoit couverte en certains endroits de plaques de fer dont les unes étoient façonnées comme ces peignes à carder la laine, & les autres percées en forme d'égrugeoire. Elle serroit encore son corps de chaînes de fer pleines de pointes aiguës Elle se donnoit incessamment la discipline, &

continuant quelquefois 2, ou 3. heures de suitte. Et ce qui est plus épouventable, elle se la donnoit avec des instrumens encore plus horribles, que ceux dont j'ay parlé ci-dessus. Elle y enchaffoit des epingles, des molettes d'éperon, des rosettes, & autres semblables machines, qu'elle avoit pris plaisir à assembler pour se déchirer le corps ; usant de plus d'inventions pour se martyriser par une cruauté innocente, que les autres n'en usent pour se deffendre de leurs obligations.

Elle faisoit encore une guerre continuelle au sommeil, & pour passer plus facilement les nuits en contemplation, elle regardoit la beauté du ciel & des étoiles ; se mettant à la porte de sa grotte, où elle avoit fait planter diverses croix.

Les fêtes & les dimanches elle alloit à la messe à une Eglise des Mathurins, qui étoit à quelque demie lieuë de là, & souvent elle s'y traînoit à genoux, par esprit de penitence. Elle prit pour Confesseur un Pere de ce monastere, sans toute-fois lui donner à connoître le particulier de sa vocation ; se souvenant de cette parole de l'Ecriture, *secretum meum mihi* ; M O N *Isaïe 24. 16.* *secret n'est que pour moy*, & sçachant qu'une entreprise aussi difficile & aussi extraordinaire que celle où Dieu l'avoit fait entrer, n'étoit pas propre à être ditte à tout le monde.

Pour revenir à son desert, elle prenoit de si longs détours, qu'il étoit impossible de juger du lieu de sa retraitte. De sorte qu'elle y fut 3. ans entiers sans être connuë.

Enfin néanmoins, Dieu voulut manifester ſa ſervante, & les grandes auſteritez, avec leſquelles il vouloit combattre nôtre moleſſe. Elle fut découverte par un berger, & le monde auſſi-tôt commença à venir en foule à ſa cellule, pour trouver du ſoulagement à tous ſes maux. La Sainte les contentoit tous, & lors qu'elle ne pouvoit autre choſe, elle leur donnoit au moins ſa benediction. Elle demeura encore 5. ans en ce même lieu, depuis qu'elle fut connuë. Alors pour donner quelque choſe aux inſtantes priéres de ceux qui la voyoient, elle ſe rendit à prendre de 8. en 8. jours environ 4. onces de pain; mais qui étoit fort groſſier, tel que le pouvoient avoir ces pauvres païſans qui la voyoient.

Je ſerois trop long, Monſieur, à vous raconter le particulier de ce qui arriva en cette rencontre. Je n'ay pas entrepris d'écrire ici toute la vie de cette Bien-heureuſe, il ſuffit de vous dire qu'étant conduitte à Paſtrane pour traitter cette affaire avec les Carmes déchauſſez, dont la réforme ne faiſoit que de commencer, elle fut receuë par Ruy-Gomez qui en étoit Seigneur, & qui n'avoit point ouy parler d'elle depuis ſa ſortie du Palais, comme un Ange deſcendu du ciel, & comme une Vierge qui revenoit de l'autre monde. Ses geſtes, ſes paroles, ſes actions, le ton de ſa voix, étoient tout differens de ce qu'ils avoient été autrefois. La penitence ne l'avoit pas ſeulement renouvellée au dedans, elle avoit auſſi changé tout ſon exterieur, où l'on ne voyoit que des marques

de ſa

de sa sainteté & de son recueillement. Son visage n'étoit presque plus que comme un tissu de cordes ou de racines d'arbres, mais sa sagesse & son humilité se faisoient plus que jamais admirer de tout le monde.

Les Carmelites eurent le bonheur de la posseder pendant 6. jours, durant lesquels elle ne prit qu'une fois de la nourriture, & n'eut point d'autre lit que la terre. Elles furent tellement édifiées de sa vertu, qu'elles voulurent la retenir avec elles. Mais Dieu, comme dit sainte Terese, ne la conduisoit pas par cette voye.

Enfin, ce qui paroît bien extraordinaire, elle reçût solemnellement l'habit des Carmes déchaussez, dans leur Eglise, en presence de tous les Religieux, & de beaucoup de personnes de consideration. Le Prince Ruy-Gomez & la Princesse sa femme y assisterent, avec le Duc de Candie, fils de S. François de Borgia. Le Prieur du Monastere fit l'Office, & ce fut durant cette ceremonie que le P. Marien dont sainte Terese releve beaucoup le merite, eut un ravissement, où Dieu lui fit voir plusieurs Religieux * & Religieuses, que l'on avoit fait mourir par diverses sortes de tourmens & de martyres. Ce qui faisoit souhaitter à cette genereuse Sainte, que cette vision s'accomplit de son tems & qu'elle pût être de ce nombre.

Catherine de Cardone fut obligée de passer delà à l'Escurial & à Madrid, pour negocier l'établissement de son monastere. Par tout où elle alloit, le monde venoit en foule pour rece-

* Muchos frayles y Monjas Fund. cb. 27.

voir sa benediction, & on lui coupoit même son manteau & son habit.

Ce seroit ici le lieu, Monsieur, si je n'avois peur d'être trop long, de vous rapporter la rencontre surprenante qu'elle eut à Madrid avec le Nonce Ormanette, à qui l'on vint dire qu'on avoit vû dans les ruës un Carme déchaussé, qui donnoit la benediction en Evêque. Car cela le surprit. Et il le fut encore davantage, lorsqu'il apprit du Superieur des Carmes qu'il avoit envoyé querir, que ce n'étoit pas un de ses Religieux, mais l'illustre Catherine, dont le nom étoit si connu, qui étoit revétuë de leur habit. Comment, dit le Nonce, une femme porter vôtre habit! Amenez la moy. Le Pére l'y conduisit donc; mais sans lui en dire le sujet. Quand elle fut venuë devant le Nonce, elle le traitta de *son fils*, & lui donna sa benediction à lui-même, & ce fut ce qui le mit encore plus en colere. Néanmoins la grande humilité qu'il reconnut en la Sainte, l'appaisa aussi-tôt. Comme il avoit beaucoup de lumiére, il vît bien qu'elle étoit de ces ames simples à qui tout est bon : & ayant sçeu que c'étoit une personne estimée de toute la Cour, & que cette coutume de donner ainsi la benediction, ne procedoit que du grand desir qu'elle avoit de faire du bien à tout le monde, & de l'habitude qu'elle en avoit contractée, lors qu'on venoit si fort l'importuner dans son desert; il ne voulut pas le lui deffendre. Il lui laissa même son habit qu'il avoit resolu de lui ôter; & prenant un air tout

nouveau, il la supplia de recommander à Dieu
la Ligue pour la guerre contre le Turc, qui
étoit prête d'être concluë. Mais la Sainte, voyant
que ce qui avoit davantage déplû au Nonce
étoit le déguisement de son sexe, se fit aussi-tôt
un tortillon d'un gros canevas autour de la tête
sous son froc, & elle le portoit quand elle prévoyoit qu'autrement quelque personne auroit pû
être scandalisée.

Tout ce qui venoit d'elle ou qu'elle touchoit,
exhaloit un parfum trés excellent. Mais avec
cela, elle n'abandonnoit jamais ses austeritez ni
ses penitences ordinaires.

Un jour dans les Carmelites de Tolede elle
se déchira tellement le corps avec ses disciplines
de chaînes, qu'une Religieuse accourut au bruit
des coups. Elle la trouva qui pour bien s'accommoder, essuyoit le sang de ses playes, avec un
rude cilice. Elle en fut étonnée, & comme elle
lui demanda comment elle pouvoit se traitter
de la sorte ; la Sainte lui répondit ; *que quicon-*
que sçavoit la peine qui étoit duë à nos péchez,
ou avoit vû comme elle, celles qu'on est obligé de
souffrir en l'autre monde, ne trouvoit pas de dif-
ficulté à traitter son corps avec rigueur, parceque
c'étoit le moyen de se délivrer de ces horribles tour-
mens qui nous attendent.

Etant dans ce monastere, *elle n'avoit pas*
grand peine, dit sainte Terese, à entretenir fa-
miliérement ces Religieuses de tout ce qui lui étoit
arrivé, parce qu'elle les regardoit comme ses veri-
tables Sœurs. Sa franchise & sa liberté étoient
grandes, parce que son humilité l'étoit aussi. Com-

me elle voyoit visiblement qu'il n'y avoit aucun bien
en elle qui fût d'elle-même, mais que tout étoit de
Dieu ; elle étoit fort éloignée d'avoir des mouvemens de vanité ou de complaisance. Ainsi lorsqu'elle trouvoit des personnes qui en fussent capables,
elle se réjoüissoit de pouvoir manifester les graces
que Dieu lui avoit communiquées, afin que son
nom fût loüé & glorifié de plusieurs : Et ce qui
auroit été dangereux aux personnes moins avan-
cées, ne lui nuisoit aucunement. C'étoit son don,
que cette grande simplicité. Et Dieu s'en servoit
pour faire connoître beaucoup de particularitez
de sa vie, afin d'accomplir la promesse qu'il lui
avoit faite, de la proposer à tout le monde
comme un modele de penitence.

Son affaire étant concluë, elle revint avec
des Religieux à sa montagne. On lui creusa une
petite grotte assez loin du monastere ; parce
qu'elle ne voulut jamais souffrir que sa cellule fût
appuyée contre l'Eglise : & delà elle venoit à
l'Eglise par sous terre, sans être veuë. On tâ-
cha de moderer ses austeritez ; mais il fut presque
impossible : son estomac s'estoit tellement accoûtumé à vivre de rien, que les moindres chôses
lui faisoient plus de peine que de profit.

Le monde s'assembloit toûjours de plus en
plus autour de sa cellule. Il s'en est vû quelquefois de si grandes troupes, que les Religieux étoient obligez de faire monter la Sainte
à un lieu éminent, afin qu'elle leur donnât la
benediction. Cependant elle se trouvoit fort
importunée de tout ce grand abord. Elle ressen-
toit même du déplaisir, de voir que l'on eût

fait plus de dépense pour elle durant quelques
mois, qu'elle n'en avoit fait en plusieurs années:
& nonobstant sa vieillesse & ses incommoditez,
elle eût bien voulu passer en quelqu'autre desert plus inconnu & plus pauvre, mais l'execu-
tion lui en fut impossible.

Enfin étant tombée malade de la maladie dont
elle mourut; on ne pouvoit presque lui faire
quitter ses haires & ses cilices. Les Carmes
déchaussez firent venir deux filles devotes pour
avoir soin d'elle, & eux mêmes lui rendoient
toutes les assistances dont ils étoient capables.
Elle mourut aussi saintement dans la penitence
qu'elle y avoit vécu, l'année 1577. âgée de 58.
ans, dont elle avoit passé prés de 40. en Italie,
3. en Espagne, soit avec la Princesse de Salerne
soit à la Cour auprés des Princes; 8. dans la
solitude avant que d'y amener les Carmes; &
7. depuis l'établissement de leur monastere. Et
Dieu a manifesté la sainteté de sa servante
par plusieurs miracles, & durant sa vie &
depuis sa mort.

Vous voyez, Monsieur, quelle a été la vie
d'une sainte fille, dont l'abstinence, comme
dit son historien, *peut diminuer l'admiration*
qu'on a euë de celle de saint Paul premier hermite,
& dont les austeritez paroîtroient incroyables,
si elles n'étoient attestées par sainte Terese même, & si elles n'avoient été connuës de toute
l'Espagne. Le changement qu'un exemple si illustre & si touchant causa dans tous ceux qui en
entendirent parler, ne se peut presque imaginer. Priez Dieu, je vous supplie Monsieur,

N iij

que je puiſſe être du nombre, & qu'il lui plaît
de me faire la grace de combattre plus que je
n'ay fait ma lâcheté & ma moleſſe. Mais il faut
que vous me permettiez encore de vous repreſenter, quelle a été la vie de ces bons Religieux, qui joüirent plus particulierement de
ce threſor de grace & de ſainteté. J'abregeray
autant qu'il me ſera poſſible : & vous verrez
encore par là, le tort qu'on a de nous alleguer,
que nous ne ſommes plus au tems des grandes
penitences.

XCXIII.

Sixiéme exemple. Des Religieux qui s'éta-
blirent ſur la montagne de la B. Ca-
therine de Cardone.

Les Religieux de ce monaſtere, étoient ſi
humbles, ſi modeſtes, ſi recueillis, & ſi penitens, que ſainte Tereſe en fut elle-même étonnée, lorſqu'elle y paſſa. Elle en parle avanta-
geuſement au chapitre 27 de ſes fondations,
& c'eſt ce qui lui a donné lieu d'écrire ce qu'elle
nous a laiſſé de la B. Catherine de Cardone.

Le P. Franc. de ſainte Ma-rie.

Ils faiſoient voir en eux, dit l'hiſtorien que
j'ay déja allegué, la même merveille qu'on ad-
miroit autrefois dans les Solitaires de la Thébaïde. Ils avoient un dégoût general pour tout
ce qui peut flatter nôtre ſenſualité & nôtre con-
cupiſcence. Ils ne mangeoient que des herbes
ou cruës ou cuittes dans l'eau. Quelquefois
ſeulement on y mêloit un peu de farine. C'é-

toit là le plus grand assaisonnement dont on ré-
galoit les serviteurs de Dieu,

S'il arrivoit qu'on leur donnât de la merluche,
ils la mangeoient lorsqu'elle étoit bien dégoû-
tante, ou si elle étoit un peu meilleure, ils y
mêloient de l'absinthe.

Ces mortifications se faisoient fort librement,
parce que la modestie des Religieux étoit si
grande, que jamais ils ne levoient les yeux,
& que personne ne voyoit ce que faisoit son
compagnon. De sorte qu'il s'en est trouvé un
qui a été 15. ans à ne vivre que d'un peu de pain
& d'eau, sans que ceux qui étoient auprés de
lui s'en apperçussent. Un autre a été une fois
20. jours sans boire ni manger, un autre en 17. ans
ne mangea qu'une fois du potage. Plusieurs se
sont abstenus de boire durant plusieurs semaines,
encore qu'ils endurassent une soif trés ardente.

Les veilles de ces mêmes Religieux étoient si
longues & si continuelles, qu'elles semblent
presque incroyables. Les disciplines dont ils se
servoient étoient semblables à celles de la Sainte,
& la douleur qu'ils se faisoient pouvoit passer
pour une espece de martyre. Ils se déchiroient
tout le corps & versoient leur sang en abondance, par un sacrifice volontaire, qu'ils renou-
veloient tous les jours, & souvent même 2. &
3. fois en un jour. Ils n'écoutoient point, dit
cét auteur, les plaintes de la nature. Ils ne prenoient pas même beaucoup garde aux infirmitez du corps qui leur pouvoient arriver de leur
vie si pauvre, si austere, & si pénitente, par-
cequ'ils sçavoient, *que l'homme interieur se re-* 2. Cor. 4. 16.

N iiij

nouvelle à mesure que l'exterieur se détruit. Ainsi
ils n'avoient point de plus grande joye, que de
pouvoir fortifier l'esprit en affoiblissant la chair.

S. Iean Clim.
Degré V.

Toutes les merveilles que S. Jean Climaque rapporte du monastere des Penitens de son
tems, ne surpassent point les prodiges qui ont
paru dans celui-ci. Il y eût un Prieur qui voulut regler ce Convent sur le modele de ces anciens Solitaires, & qui à cét effet tira du livre
de cét auteur les diverses pratiques de pénitence & de mortification qui y sont dépeintes,
toute la communauté y consentit volontiers.
Et aprés qu'ils eurent embrassé une si rigoureu-
se vie, au lieu de s'en dégoûter, le courage
leur augmentoit, & elle leur sembloit encore
trop peu de chose dans la pratique. L'exemple
de la Mere de Cardone servoit d'un si puissant
motif pour animer le zele de ces excélens Ré-
ligieux, que les Superieurs les plus austeres
avoient besoin de les retenir plutôt que de les
exciter.

Voilà, Monsieur, ce que j'ay tiré de cét
historien, pour l'exposer à vos yeux & à vôtre
jugement. Il est presque tout remply de semblables narrations : mais j'ay crû que ceci pouvoit suffire à mon sujet. Je ne sçai pas aprés
cela, si l'on osera dire encore que nous ne sommes plus au siécle des grandes austeritez, puisque nous pouvons dire aucontraire qu'il y en
a eu peu, où l'on en puisse remarquer de plus
sensibles exemples. Mais je ne sçai comment
nous ne rougirons point de nôtre lâcheté, qui
nous fait trouver des impossibilitez dans les

moindres choses, aprés que nous voyons, non seulement des hommes, mais des filles, & des filles trés délicates & de tres grande naissance, qui s'immolent continuellement à Dieu par un trés douloureux martyre.

Il est raisonnable que considerant ces grandes pénitences, disoit autrefois sainte Térese au sujet de la B. Catherine de Cardone, & reconnoissant combien nous en sommes éloignez nous rentrions en nous mêmes pour nous animer à servir nôtre maître avec une nouvelle ferveur. Nous n'avons plus d'excuse, & nous ne serons plus recevables, si nous nous montrons moins affectionnez aux travaux de la pénitence; puisque nous ne tirons pas nôtre naissance d'une race si noble, & que nous n'auons pas été elevez dans une vie si delicate. Car il faut avoüer, comme dit l'autre 1. Partie. liv. 5. historien, que *tous ces exemples sont autant de jugemens rendus contre nous, à nôtre propre confusion, puisqu'ils justifient combien il faut peu de chose pour le soûtien de la vie d'un Religieux & d'un pénitent. Rien n'est plus capable de confondre cét appetit déreglé de nôtre amour propre, qui nous abuse & qui nous trompe, par le consentement que nous lui donnons, & par le peu d'effort que nous faisons contre lui, pour le vaincre & l'assujetir.*

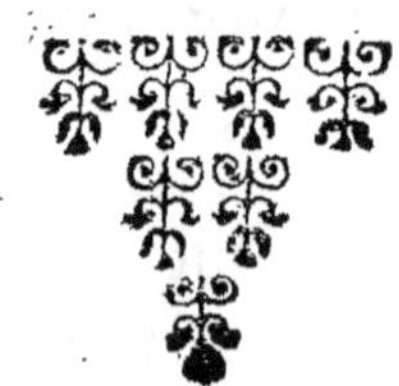

XCIV.

Séptiéme exemple. Des pénitences que l'on pratique dans les Ordres mêmes les plus moderez.

CEPENDANT, je prevoy qu'il y en aura encore peut-être quelques uns, qui pourront trouver quelque nouvelle excuse, en difant que tout le monde n'eft pas obligé à fe tuer d'aufteritez : comme ceux dont je viens de rapporter les hiftoires.

Je veux bien, Monfieur, en demeurer d'accord, je ne fuis nullement porté à vouloir que l'on accable les perfonnes. Mais il faut fe fouvenir de ce qui nous a jetté dans cette difpute, qui eft que l'on alleguoit, que des chofes infiniment moindres que celles-là n'étoient plus bonnes à exiger en ce tems-ci, que nos corps avoient befoin de plus de foûtien qu'autrefois, & qu'ils n'étoient plus propres aux grandes pénitences. Je croy avoir affez ruiné cette prétention. Mais je vous laiffe à juger s'il ne feroit pas bien raifonnable, que fi l'on ne peut égaler ces actions heroïques à quoy l'on n'eft pas obligé, on tachât au moins de faire de bonne grace, des chofes qui font plus faciles, & à quoy on fe trouve obligé par la vie que l'on a embraffée; ou qu'on eût quelque douleur, quand on voit qu'on ne les peut faire.

Il n'y a perfonne fans doute qui ne trouve cette demande trés raifonnable. C'a toûjours été la marque d'un bon Religieux d'aimer l'exacte observance de sa Régle, & d'aller même au delà, s'il le peut, dans les exercices de la pénitence. Nous le voyons dans les Ordres les moins rigoureux aussi bien que dans les plus austeres. Il ne faut pour le prouver, que lire ce que Loüis de Ponteval Jesuite, écrit des premiers Religieux de sa Compagnie. *Parce, dit-il, que nôtre Pere* SAINT IGNACE *recommande particuliérement l'usage des pénitences & des macerations corporelles à ceux qui s'adonnent à l'oraison; nos Peres joignoient à l'oraison de tres grandes austeritez. Ils portoient tous les jours le cilice: ils se donnoient la discipline durant un quart d'heure deux fois par jour; ils dormoient sur des ais: ils ne mangeoient qu'une fois le jour: ils demeuroient les bras étendus en croix durant plusieurs heures: ils se donnoient aussi la discipline dans le refectoir durant un ou deux Miserere. Enfin s'excitant les uns les autres par une sainte émulation, ils pratiquoient encore quantité d'autres pieux exercices, que leur inspiroit le feu de l'amour divin dont leur cœur étoit enflammé.*

Vous ne doutez pas, Monsieur, que les autres Ordres ne puissent aussi nous fournir de semblables exemples. Cependant voilà quelque chose de plus dur, ce me semble, & de plus difficile, que de se passer à une Hémine de vin par jour.

XCV.

Huitiéme exemple. Des Chrétiens qui vivent encore aujourd'huy dans l'Orient. Jeûne necessaire à toutes les conditions & à tous les âges. Severe Sulpice expliqué. Vie des hommes aussi longue que du tems des Prophetes. Belle parole d'un ancien Solitaire.

MAIS si nous voulons quitter un moment ce païs-ci pour voir ce qui se passe en Orient ; nous y trouverons non seulement des Religieux, mais de simples fidelles : & non seulement des Catholiques, mais des gens même engagez en plusieurs sectes differentes, qui jeûnent encore aujourd'huy comme on faisoit dans l'ancienne Eglise, & qui ne se font point avisez de chercher ce pretexte, de dire que nos corps ne sont pas capables de porter maintenant ce qui se pratiquoit autrefois.

Les Grecs, par exemple, les Maronites, les Chrétiens Syriens, les Armeniens, les Jacobites, les Chaldéens, les Ethiopiens, pratiquent les jeûnes à présent avec la même rigueur qu'on les pratiquoit dans l'antiquité. Ils s'y abstiennent de vin, & même ils n'usent en Carême ni d'huile ni de poisson. Ils n'y mangent aussi que le soir : Hors les Arméniens, que quelques auteurs assurent ne mettre le jeûne que dans l'abstinence, ne mangeant que des viandes feiches, mais fans régle particuliere pour ce qui eft de l'heure du manger.

Parmi ces nations là, ceux qui font profeffion de la vie religieufe, & les Vierges même, jeûnent encore avec plus d'exactitude que les autres ; comme les Caloyers ou moines de faint Bafile, les Religieux de l'ordre de S. Antoine & femblables. Et fi je voulois m'arrêter à particularifer leurs autres aufteritez, je dirois des chofes étonnantes. Mais il faut abréger. On peut voir ce qu'en dit le P. Eugene Recolet dans fa Terre-fainte & les autres qui en ont écrit.

Il eft auffi remarquable qu'ils font jeûner les enfans dés l'âge de 8. ans ; fe fouvenant fans doute, de cette excelente réflexion de S. Jérôme ; Que l'Ecriture a voulu marquer expreffément, que les Ninivites firent jeûner toutes les conditions & tous les âges, pour nous apprendre, qu'il n'y en a point qui ne foit obligé, felon fa portée, de prendre part aux travaux de la pénitence, parcequ'il n'y en a point qui foit fans péché. *Major ætas incipit,* *& ufque ad minorem pervenit : nullus enim abfque* *peccato.* S. Bafile ajoûte plus, & dit, que *s'ils* *n'euffent fait même jeûner jufques aux bêtes, ils* *n'euffent jamais pû éviter leur ruine.* Ce qui n'eft pas fans grande figure.

S. Ierôme fur Ionas, chap. 3.

S. Bafil Homil. 1. du jeûne.

Je fçay bien que l'on peut répondre que les Orientaux ont toûjours été plus aufteres que nous, & qu'ils ont eu plus de facilité à jeûner. Peut-être même, qu'on nous alleguera cette parole d'un jeune François dans Sulpice Severe, pour montrer que ce qui eſt intemperance aux uns, eſt quelquefois une eſpece de neceſſité naturelle aux autres. *Nam edacitas in græ- gula eſt, in Gallis natura.* Mais j'ay déja fait voir, Monſieur, qu'il y avoit bien de la diffe- rence entre la neceſſité du pain & celle du vin. Parce que ceux qui n'ont pas de vin, ont tou- jours l'eau à laquelle ils peuvent avoir recours pour ſe deſalterer: au lieu qu'y ayant en effet des nations qui ont beſoin de manger un peu plus les unes que les autres, il n'y a guere de choſe plus vile que le pain à laquelle on puiſſe avoir recours. Or c'eſt tout ce qu'à voulu mar- quer ici Sulpice Severe par ce mot d'*edacitas*, & il auroit été bien éloigné de vouloir favori- ſer ceux qui croyent ne ſe pouvoir paſſer de beaucoup de vin, puiſque ce François qu'il in- troduit dans ſon dialogue étoit des diſciples de Saint Martin, auſſi bien que lui; leſquels com- me il fait voir ailleurs, n'avoient pas coutume d'en boire a.

Mais ſans m'arrêter à tout cecy, il ſuffit que je prouve par ces exemples des Orientaux, que ſi leurs corps ont bien la force de faire aujour- d'huy ce qu'ils faiſoient autrefois: ceux des Occidentaux peuvent bien faire de même, ce qu'ils ont fait par le paſſé. Il n'y a pas de rai- ſon de prétendre que le tems ait diminué la force des uns plutôt que celle des autres. Et par conſequent c'eſt en vain que l'on ſe voudroit flatter de ce pretexte, pour feindre une impoſ- ſibilité, dans une obſervance qui a été ſi gene- ralement pratiquée durant pluſieurs ſiécles, &

qui se pratique encore par quelques-uns avec
beaucoup de devotion & de facilité.

En effet si les corps étoient plus foibles en ce
tems-cy que du tems de nos peres, la vie aussi
seroit plus courte; ce qui n'est pas. Car encore
que la vie des hommes ait diminué notablement «
dans les premiers âges du monde, elle est néan- «
moins demeurée presque au même état, depuis
David & les Prophetes : Nous pouvons dire *Psal. 89.*
même depuis Moïse, puisque si la vie ordinaire *v. 10.*
des hommes étoit alors de 70. ans, & de 80.
pour les plus forts; c'est un âge qui n'est pas
fort rare en ce tems-ci. Que s'il y en avoit
alors qui alloient jusques à cent ans ou audelà,
nous en avons aussi plusieurs exemples. Et si
cela est moins frequent en France que dans les
autres païs, nous ne devons l'attribuer qu'à la
molesse avec laquelle nous y vivons bien souvent, & non pas pretexter un affoiblissement
general des corps, ou une defaillance necessaire de la nature.

Je pourrois à ce propos rapporter une belle
parole de l'Abbé Alexandre solitaire, qui est
dans le Pré spirituel, & qui seroit bonne à *Pré spirit. de*
être dite en ce tems-ci dans beaucoup de *Ieon Mosc.*
maisons religieuses. Ce saint Abbé entretenoit *chap. 168.*
ses freres du relâchement qu'il remarquoit *Cet auteur a*
vécu vers le
parmi eux, & les voulant animer par l'exemple *commence-*
de leurs anciens, il leur disoit : Nos peres *ment du vij.*
siécle.
cherchoient le desert & les souffrances, & nous »
au contraire, nous cherchons les villes & le »
repos : Ils aimoient la pauvreté & l'humilité; »
au lieu qu'aujourd'huy l'avarice & la vanité »

regnent dans nôtre cœur. Helas, mes enfans,
ajoûtoit-il, ne sommes nous pas bien malheureux, d'avoir ainsi renoncé à une vie toute
angelique. Sur cela l'Abbé Vincent, qui étoit
l'un de ses disciples lui répondit, *Il faut avoüir,
mon Pere, que nous sommes bien foibles.* Mais
cet excellent Superieur voulant aller au devant
des consequences qu'on auroit peut-être pû tirer de cette réponse, lui repartit aussitôt. *Que
dites vous, mon fils; nous sommes foibles?* CROIEZ
MOI, POUR CE QUI EST DU CORPS, NOUS NE
CEDONS POINT EN FORCE A CEUX QUI COU-
ROIENT AUX JEUX OLIMPIQUES: MAIS C'EST
NÔTRE AME QUI EST FOIBLE.

Cette parole est sans doute remarquable, &
elle confirme ce que j'ay déja montré, que ce
n'est que la ferveur de l'esprit qui nous manque le plus souvent.

XCVI.

Si ceux qui sont menacez d'infirmitez doi-
vent prendre considerablement plus de vin
que n'en ordonne la Régle. Histoire de
Cornaro. Excellentes maximes pour la
santé. Effets merveilleux de la sobrieté.

JE CROY DONC, Monsieur, avoir pleinement
satisfait à la prétention de ceux qui alleguent
cettte excuse de nôtre molesse, & qui disent
que ce n'est plus le tems des grandes austeritez.
Je me suis un peu étendu sur ce sujet, parce
que j'ay

que j'ay reconnu que c'étoit presque ce qui ar-
restoit plus de monde, & ce que l'on avoit le
plus ordinairement en la bouche. Mais il se présente une autre difficulté, à laquelle on desire
aussi que je réponde, pour la satisfaction de
quelques bons Religieux, qui se croyant menacez de quelques incommoditez, se persuadent qu'ils ont besoin de beaucoup de vin pour
aller au devant, & que ce seroit conscience de
tomber faute de cela, en un état où ils fussent
à charge à leur monastere.

J'avois tâché d'éviter cette objection, parce que je n'ay point voulu me rendre l'arbitre
de la necessité des particuliers. Mais puisque
l'on desire que je dise ici ma pensée sur ce sujet:
je me contenteray de renvoyer ces personnes au
texte même de l'Apôtre, qui n'ordonne que
peu de vin à son disciple, *modico utere vino*; 1. Tim. 5, 23.
& qui ne le lui ordonne que pour des maladies
tres frequentes & tres réelles, *propter stoma-*
chum tuum, dit-il, *& frequentes tuas infirmita-*
tes: & non pour celles que l'on prevoit seulement & qu'on apprehende.

Mais S. Bernard y ajoûteroit peut-être ce
qu'il a dit autrefois; *qu'il semble que depuis*
que nous sommes deveuus Religieux, nous com- Apol. ch. 18
mencions tous à avoir l'estomac foible: Ou bien
il leur representeroit comme il a fait ailleurs;
qu'on doit prendre garde, premierement, que l'A-
pôtre ne s'ordonne pas ce vin à lui-même, & que Serm. 30. sur
le disciple aussi ne le demande pas pour soy: Et les Cant.
en second lieu, que ce n'est pas à un Religieux
qu'on donne ces ordres, mais à un Evêque, dont

O

la vie étoit tres néceſſaire à l'Egliſe qui ne faiſoit que de naître. C'étoit un Timothée, dit ce Pere, donnez-moy un Timothée, & je le nourriray d'or potable & d'ambre ſi vous voulez. Mais c'eſt vous même qui vous ordonnez cecy, & qui vous procurez cette diſpenſe : J'avoue qu'elle m'eſt ſuſpecte & j'apprehende que la prudenc de la chair ne ſe couvre du nom de diſcretion. Enſuitte dequoy il ajoûte ce que j'ay déja touché; que ſi l'on croit que cette Ordonnance de l'Apôtre d'uſer de vin, ſoit ſi favorable; on ne doit pas oublier qu'il ne l'accorde qu'en petite quantité *modico vino :* afin qu'on n'en puiſſe pas abuſer.

En effet c'eſt un grand abus, de croire que le vin ſoit néceſſaire en grande quantité, pour remedier à nos infirmitez, puiſqu'il n'y a rien de plus dangereux & pour le corps & pour les ames. *Encore que le vin ſoit chaud,* dit un auteur de ces derniers tems; & qui a traitté exprés cette matiere, *néanmoins ſi on en uſe ſouvent & que l'on en boive beaucoup, il engendre des maladies froides; comme des fluxions, des rhumes, des toux, des apoplexies, des paralyſies: parce qu'il remplit le cerveau de vapeurs, qui ſe convertiſſent en pituite froide, & qui engendrent toutes ces incommoditez.*

Il me ſemble, Monſieur, que rien n'eſt plus formel pour répondre à la difficulté propoſée. Mais Saint Jerôme remarque encore; *qu'une nourriture mediocre & temperée, eſt utile pour le corps & pour l'ame.* Modicus ac temperatus cibus carni & animæ utilis eſt: Au lieu qu'il dit ailleurs; *que ces montagnes qui vomiſſent les flam-*

Leſſius Regime de vivre n. 50.

Lettre à la veuve Furie.

mes, ne sont pas plus embrasées, que les veines des jeunes gens, qui se remplissent de vin, aprés y avoir déja mis le feu par la multitude des viandes.

Aussi nous voyons que les anciens ne recommandent rien plus que la temperance, même pour raison de la santé. Hipocrate assure, *que les corps qui ont pris leur croissance & qui sont gras & replets, sont en danger de tomber dans la paralysie, & dans de très dangereuses maladies.* La diette au contraire chasse les maladies & entretient la santé. Car si l'on retranche le vin & la nourriture trop forte à une personne qui est malade, qui doute que la santé ne se puisse conserver, par un regime approchant de celui par lequel on la recouvre quand on l'a perduë.

C'est la pensée non seulement des Peres, mais aussi des Medecins. Je pourrois pour la prouver, alleguer ce que dit Galien, *que la diette fait que ceux qui sont de foible complexion par leur naissance, arrivent néanmoins à une extrême vieillesse, sans diminution de leurs sens, sans maladie & sans douleur;* ce qu'il confirme par raisons, & par sa propre experience. Mais pour ne m'arrêter qu'à ce qui est plus proche de nous : on sçait l'histoire du celebre Cornaro Venitien.

Il rapporte lui-même qu'ayant eu une santé fort mauvaise dans sa jeunesse, étant travaillé de douleur d'estomac, de mal de côté, de fiévre presque continuë, & d'une soif qui ne le quittoit jamais; & ayant depuis 35. ans jusqu'à 40. épuisé tous les secrets de la medecine, pour

O ij

Hipocr. Aphorism.

Liv. 5. de la santé.

Cornaro Regime de vivre, nomb. 5. & suivans.

chercher quelque soulagement à ses maux, sans
aucun fruit ; on lui proposa d'essàyer le seul
remede qui restoit, qui étoit celui d'une très
grande sobrieté. Il eut peine à s'y rendre d'abord,
& ses infirmitez continuerent. Mais ayant enfin
pris resolution de suivre cét avis, cette sobrieté
fit en lui comme une espece de miracle : en
moins d'un an il fut remis en parfaite santé,
au grand étonnement de tout le monde : & ensuite, usant toûjours du même regime, il a
vécu plus de cent ans * , sans être jamais malade ; sinon une fois que l'on voulut l'obliger,
à l'âge de 78. ans, d'ajoûter au moins 2. onces à son boire & autant à son manger. Il le
fit par complaisance, mais il sentit incontinent
que cela le rendoit plus pesant & de plus mauvaise humeur, & au bout de 10. jours, il
tomba malade d'une fiévre violente, qui lui
dura 35. jours, de laquelle il se guérit sans autre remede que de reprendre son regime accoutumé.

Centenario majo, hoc anno (1566) Ta-tarij obiit. M. de Thou. liv. 18.

Il ne bûvoit que fort peu de vin, & n'en
bûvoit jamais de trop fort. Toute sa boisson
n'alloit qu'à 14 onces, & sa nourriture solide
à 12. en y comprenant le pain, la viande ou
les œufs, & le reste.

Je vous laisse maintenant à juger, Monsieur,
si on pourra se plaindre aprés cela, de ce que
S. Benoît ne donne que 12. onces de pain,
puisqu'il y ajoûte deux sortes de mets differens,
& même des fruits : ou si l'on pourra trouver
à redire, que j'aye avancé ci-dessus, que 11.
onces de vin par jour pouvoient suffire à un

Religieux, puisque quand on n'y mettroit que la moitié d'eau, ce seroit toûjours beaucoup plus de boisson, que ce sage Italien ne s'en ordonnoit à lui-même. Mais l'on peut aussi considerer que tous les corps, tous les emplois, & tous les temperamens ne sont pas semblables. Or saint Benoît a voulu que ses Religieux travaillassent, & que sa Régle pût servir à tous.

Avec cela néanmoins, Cornaro ayant déja plus de 85. ans montoit encore à cheval sans avantage. Il alloit à pied, il montoit des montagnes tres hautes, il avoit tous les sens parfaitement libres, il joüissoit d'une tres grande netteté d'esprit; & ayant été autrefois fort colere & fort melancolique, la sobrieté l'avoit rendu de la meilleure humeur du monde. En effet la temperance ne remedie pas seulement aux incommoditez du corps : elle entretient même le concert de toutes les facultez de l'ame, & les rend incomparablement plus pures & plus libres.

Nôtre Venitien remarque, que cette sobrieté qu'il observoit, le guerit même de plusieurs blessures & contusions qu'il s'étoit faites en versant une fois dans son carosse, sans aucune medecine ni saignée, & sans autre appareil que de frotter d'huile ses playes & ses blessures. Je n'ay pas peine à le croire, aprés ce que j'ay sceu d'un de mes amis, avec qui je m'entretenois de ceci il y a peu de jours. Il me rapporta l'exemple d'une personne de sa connoissance, qui voyant son ami condamné par les Medecins à avoir une jambe coupée, parce qu'elle étoit presque toute pourrie d'ulceres, & qu'on n'y trouvoit plus de remede, le guerit en le reduisant à une diette extraordinaire où il ne lui retrancha pas seulement le vin & le solide, mais ne lui donna qu'un peu de pomes cruës, pour toute sa nourriture.

Ce n'est pas, Monsieur, que je pretende blâmer ici la medecine, je sçay qu'elle peut être utile & même necessaire à plusieurs. On peut voir ce qu'en dit nôtre Auteur au nombre 14. Mais il suffit que je fasse voir par ces exemples, des fruits de la sobrieté, suffisans pour conclurre, que le vin en grande quantité, & la bonne chere, ne sont pas si favorables que quelques-uns se le persuadent, pour maintenir nos corps dans une parfaite santé.

Cornaro Regim. n. 14.

Il ne faut pas même s'imaginer que ces exemples soient singuliers, ou que le regime de Cornaro ne soit propre que pour les Italiens. Le Jesuite Lessius, qui étoit Flamand, en a usé, & n'a point trouvé de meilleur remede à tous ses maux. C'est ce qui lui donna sujet de traduire le traitté de ce Venitien, & d'y en ajoûter un autre de sa façon, où, comme il avoit étudié autrefois en Medecine, il prouve encore plus amplement la même chose.

Il rapporte de plus une multitude d'exemples des anciens, soit chrêtiens, soit profanes, qui ont vécu cent & six-vingts ans, par le moyen de cette grande sobriété. Il y en joint divers autres des derniers siécles aussi-bien que Cornaro : & il fait voir même que des filles & des Religieuses, s'étant réduites à ce régime de vie, se font guéries de plusieurs infirmitez, & ont vécu jusqu'à 80. 90. & 95. ans.

Les Péres sont aussi pleins de semblables exemples, mais ils passent encore plus avant. Saint Jérôme sur tout fait voir en mille endroits de ses ouvrages, qu'il n'y a rien de plus contraire à la " santé, aussi-bien qu'à la chasteté, que l'usage du " vin & de la viande : Qu'Epicure même qui met- " toit la félicité dans le plaisir, ne recommande " rien tant que la sobriété & l'usage des fruits & " des herbes : Que ç'a été la vie non seulement " des Ermites & de plusieurs Vierges dans l'anti- " quité, mais même de plusieurs anciens Philoso- " phes, des Prêtres d'Egypte, des Mages de Perse, " & autres : Qu'il ne faut pas seulement éviter la " viande, mais aussi les légumes chaudes & fla- " tueuses : Et enfin, qu'il sert peu de s'abstenir de " certaines choses, si l'on se remplit des autres avec " trop d'abondance ; ce que confirme aussi S. Ber- " nard dans son Apologie. "

Mais sans aller si loin, on sçait qu'il y a eu plusieurs personnes de mérite en nôtre tems, qui ayant usé de cette maniére de vivre décrite par Cornaro & par Lessius, s'en sont parfaitement bien trouvez. Bien plus, j'ai appris depuis quelques jours, qu'il y a encore des personnes dans Paris & ailleurs, qui afin même de ménager leur santé, quittent les bonnes tables, pour mener une vie qui est encore plus dure, & qui appro- che de celle de ces anciens Philosophes ou de ces premiers Ermites. Ils soûtiennent qu'il est plus sain, pour plusieurs, de ne vivre que de fruits, comme pomes, noix, amandes, &c. ils se sont

O iiij

presque réduits à cette xérophagie si estimée des anciens; ils ne boivent point de vin, ils ne font point de cuisine, ils ne se chauffent que dans les grandes gelées; ils ne mangent que du pain bis, cuit quelquefois de quinze jours : & ils conseillent à leurs amis, & à des personnes mêmes de condition, de suivre ce genre de vie, en ce qu'ils pourront, s'ils veulent se bien porter, & entretenir leur corps & leur esprit, dans une vigueur qui les tienne toûjours libres, & toûjours prêts à faire tout ce qu'ils veulent.

L'expérience fait voir que ces personnes-là, n'ont pas tant mauvaise raison. J'ai sçû d'un de mes amis, qu'ayant suivi leur conseil, il s'est délivré d'un fâcheux mal de tête, qui ne le quittoit point, & qui le rendoit incapable de l'étude : au lieu qu'à present il a la tête fort libre, & est aussi prêt à travailler aprés avoir mangé que devant. Cornaro assure de même, que par le moyen du régime de vivre qu'il gardoit, il avoit les nuits tranquilles, jouïssoit d'un doux sommeil, & se trouvoit toûjours prêt au sortir de table, à lire ou à écrire, & même à chanter ses priéres.

C'est un des priviléges de cette grande sobrieté, qui a été reconnu par les Péres mêmes, que *Lettres à la Dame Romaine, à Furie veuve, & ailleurs.* cette continuelle liberté d'esprit. *Il faut tellement compasser sa nourriture,* dit saint Jérôme, *qu'on puisse aussi-tôt aprés le repas, lire, prier & chanter des pseaumes :* au lieu que, comme ce Pére remarque lui-même, en le prenant d'un profane, une personne chargée de graisse, n'a pas d'or- *Lettre à Népotien.* dinaire des pensées fort subtiles : *Pinguis venter non gignit sensum tenuem.*

Il me souvient à ce propos qu'une personne fort habile & fort éclairée disoit autrefois, que c'étoit souvent une marque qu'on avoit trop mangé, lorsqu'on ne se trouvoit pas en état de lire, au sortir de table : quoi-que ceux que Dieu engage à travailler de l'esprit tout le long du jour, puissent trés-légitimement prendre quelque relâche sur le midi, afin de recommencer ensuite avec plus de force & de vigueur.

Il est certain que quand on en est venu à cette tempérance, on n'a pas besoin de beaucoup de vin, pour digérer le peu que l'on a mangé. Ce n'est que lorsque l'on prend plus de nourriture que l'estomac n'en peut porter, que l'on a besoin de tout ce vin pour la cuire. Mais rien aussi, comme nous venons de l'apprendre de saint Jérôme, n'enflamme plus nôtre convoitise; & rien en même tems n'offusque plus les lumiéres de nôtre esprit & ne remplit plus nôtre corps de mauvaises humeurs, qui sont les sources de toutes les fluxions & de toutes les maladies.

C'est ce que l'Ecriture nous a voulu marquer expressément elle-même, lorsqu'elle dit : *Plusieurs sont morts pour avoir trop mangé, mais celui qui est sobre prolongera sa vie.* Ce qui doit s'entendre également de l'ame & du corps. Car Galien enseigne *que le moyen le plus sur d'éviter toutes les maladies c'est d'être si sobre, qu'on n'ait jamais de cruditez sur l'estomac.* Et saint Jérôme dit encore, *que rien ne fournit plus de matiére aux mouvemens illicites de la concupiscence, que ces indigestions qui nous reviennent souvent à la bouche :* Tant il est vrai que la médecine spirituelle &

Eccli. 37. 34.

Liv. 1. des viandes de bon & de mauvais suc.

Indigestus cibus ructuque convulsus. Lettre à Furie veuve.

la corporelle, s'accordent parfaitement en ce point.

Je croi, Monsieur, que vous jugerez aisément, que ceci peut suffire pour répondre à la difficulté proposée; & pour faire voir en même tems la sagesse de saint Benoît, qui a mis toutes choses dans un si juste tempérament par sa Regle, que si on la suivoit bien, on trouveroit qu'elle est même avantageuse pour la santé. L'usage du vin y est modéré, puisqu'il n'en ordonne qu'une hémine ou demisetier par jour. La sobriété y est réglée, puisqu'il ne veut pas que l'on mange jusqu'à se rassasier, & qu'il enseigne qu'un Religieux ne doit rien tant éviter que ces indigestions dont nous venons de parler. Et le travail, qui n'est pas une chose des moins favorables pour se bien porter, y est ordonné avec beaucoup de discrétion & de mesure.

S. Benoît, Regle, ch 39. 40. & 48.

Liv. 16 des Epidem. sect. 4.

Hippocrate dit excélemment: *Que la principale regle de la santé, consiste à ne manger jamais jusqu'à se rassasier, & à n'être point paresseux au travail.* Il n'y a rien qui soit plus conforme à cette maxime, que la Regle de S. Benoît quand elle est bien pratiquée. Mais il se trouve aujourd'hui, qu'en plusieurs Maisons on a beaucoup augmenté le vin & la nourriture, & qu'en même tems on a presque aboli tout le travail. Et voilà proprement ce qui est la source des incommoditez dont plusieurs se plaignent; une vie sédentaire ne pouvant pas s'accommoder avec une si forte nourriture.

Lessius, nomb. 4.

L'Auteur que j'ai allégué prétend, qu'encore qu'on ne puisse pas déterminer une mesure pré-

gife qui foit convenable à tous ; néanmoins 12.
ou 13. ou 14. onces de folide par jour, avec un
peu plus de boiffon, peuvent fuffire pour ceux
qui font de petite complexion, ou qui viennent
déja fur l'âge : ce qu'il fonde fur la raifon & fur
l'expérience. On pourroit peut-être inférer de
là, ce qui feroit néceffaire pour les autres à proportion. Mais mon deffein n'eft point de rien
déterminer là-deffus, chacun fe doit connoître
foi-même.

Il fuffit que je puiffe inférer deux chofes de
ceci : la premiére, que l'on ne peut fe plaindre
de la mefure que faint Benoît a ordonnée, foit
pour la nourriture folide, foit pour la boiffon,
puifque nous voyons que les maximes de fanté
vont encore plus loin. Et la feconde, que ceux
qui fe plaignent de leur mauvaife conftitution,
doivent plutôt être portez, à caufe de cela, à diminuer ce que leur permet la Regle, que non
pas à l'augmenter.

Je ne doute point qu'il n'y en eût auffi d'autres, qui fe réfoluffent de le faire, s'ils avoient
bien confidéré les avantages qui nous reviennent
de cette grande fobriété, foit pour le corps foit
pour l'ame. Car on peut plus, avec la grace de
Dieu, que l'on ne s'imagine fouvent. On n'en
fçauroit prefque douter aprés les exemples que
je viens encore de rapporter. Mais on ne veut
pas quelquefois prendre la peine d'en faire l'expérience. L'on fe rend aux moindres difficultez
qu'on y rencontre d'abord, on fe perfuade même
qu'on peut fans fcrupule boire & manger tout
ce qu'un Supérieur fait fervir, ou qu'il eft de la

bienséance de le faire, pour ne pas paroître singulier, & ne pas choquer les autres.

Il est bien certain néanmoins que ce n'a pas » été la pensée de saint Benoît, puisqu'il dit, que » chacun ayant son don, c'est avec quelque scru- » pule & quelque peine, qu'il regle ce qui regarde » le vivre d'autrui : & qu'ayant accordé une Hé- » mine de vin par jour, il ajoûte, que *ceux à qui* » *Dieu donnera la grace & la force de s'en abstenir en-* » *tiérement, en recevront une récompense particu-* » *liére.*

Regle, chap.
40.

Aussi saint Augustin nous apprend, qu'encore » que ce ne soit pas tant l'usage de ces choses, que » l'abus qu'on y commet qui nous rend blâma- » bles : *C'est néanmoins une action de tempérance, de* » *s'en servir avec plus de modération & de retenuë,* » *que ceux mêmes avec qui nous vivons, pourvû qu'on* » *n'y soit pas porté par quelque superstition.* Et il » ajoûte, que celui au contraire qui use de ces mê- » mes choses, en passant les bornes que suivent » les personnes vertueuses avec qui il est, témoi- » gne par là le déréglement qui est en lui, à moins » qu'il n'y ait quelque autre raison qui l'y oblige. »

Liu. 3. de la
doctr. chrêt.
chap. 12.

Et en un autre endroit il nous avertit trés-sage- » ment que comme les jeûnes, les veilles, & tou- » tes les autres mortifications du corps, fortifient » extrémement la priére ; aussi chacun doit faire » en cela ce qu'il peut, sans que les personnes in- » firmes empêchent d'agir celles qui sont plus for- » tes, ni que celles qui sont fortes pressent les in- » firmes de faire plus qu'elles ne peuvent.

Epist. 121.

XCVII.

Conclusion de tout ce discours. Récapitula-
tion de ce qui y a été dit. Et que ceux qui
ne peuvent pas égaler les vertus des
Saints, doivent au moins les reconnoître
& les révérer; & tâcher d'en approcher
tous les jours en quelque chose.

MAIS, Monsieur, ce discours iroit trop loin,
si j'entreprenois d'y traiter plus à fonds de la
tempérance; & c'est déja trop abuser de vôtre
bonté. Il faut plutôt vous faire des excuses de
ce que j'ai été si long. Je puis dire toutefois que
vous en avez été la première cause, lorsque vous
m'avez obligé d'appüier mes pensées d'autoritez
& de raisons, & de vous donner de quoi satisfaire à tout ce qu'on vous pourroit objecter sur
ce sujet. Que si néanmoins je me suis plus étendu, que je ne me l'étois proposé; j'espére que
vous me le pardonnerez. Puisque cette explication du mot *Hemina* par celui de *demisetier* avoit
déja été reprise plus d'une fois, c'étoit une espéce de nécessité de justifier ce point, d'une maniere qui pût satisfaire les personnes les plus pré-
venuës.

Je ne sçay si j'auray été assez heureux pour
m'en être bien acquitté. Mais si quelques Religieux de vôtre connoissance n'en sont pas con-
tens, vous m'obligerez infiniment, Monsieur,
de me faire sçavoir quelles peuvent être leurs
raisons. Je les supplie au moins de considerer

qu'en tout cecy, je n'ay eu pour but que la recherche de la verité & l'édification des ames, & que je n'ay eu dessein de parler des choses qu'en general, sans en vouloir faire aucune application particuliere, qui pût blesser quelqu'un.

Je n'ay nullement prétendu juger de personne, parce que la charité nous deffend de juger. J'ay fait seulement voir ce que c'étoit que l'*Hémine*, sa capacité, sa dénomination; & que nous ne pouvions avoir d'autre mot qui y repondit, que celui de *Demisetier*.

J'ay ruiné la prétention de ceux qui la veulent faire passer pour une pinte. J'ay montré que ceux qui lui donnoient une livre confirmoient nôtre opinion, aulieu de la combattre. J'ay expliqué comment on devoit entendre ceux qui ne lui donnoient que 7. onces & demie. J'ay prouvé que les mesures de pain & de vin qu'on prétend être encore au Mont-Cassin, & que Dubreüil dit avoir été à S. Maur, & à S. Medard de Soissons, ne peuvent être celles qui avoient été laissées par S. Benoît. Et j'ay taché de développer toutes les autres difficultez qui sont venuës à ma connoissance, sur cette matiére.

J'ay representé ensuitte de quelle maniere on observoit autrefois les jeûnes dans l'Eglise, quelle a été la pratique universelle de tous les Saints touchant l'usage du vin, & leur esprit touchant la sobrieté & la temperance. J'ay fait voir par des raisons & par une foule d'exemples, qu'on est mal fondé d'alleguer que les corps font beaucoup plus foibles maintenant qu'ils ne l'étoient du tems de faint Benoît, ou qu'on a befoin de plus de vin pour foûtenir les travaux de la penitence.

Enfin j'ay montré par des raifons tirées des Peres & de la medecine même, que c'eft un abus, de croire que nous ayons befoin de beaucoup de vin pour remedier à nos infirmitez, & qu'il n'y a rien de plus favorable pour la fanté du corps auffi bien que pour celle de l'ame, qu'une grande fobrieté, dont j'ay rapporté plufieurs exemples.

Que fi dans le cours de cet ouvrage, je me fuis égaré en quelque chofe, on me fera plaifir de me redreffer. Mais s'il fe trouve des enfans de ces faints Inftituteurs d'Ordres qui penfent ne les pouvoir fuivre en tout, ou avoir befoin d'un peu plus de vin qu'ils n'en permettent, pour des raifons notoires & évidentes : bien loin de les condamner, je les excufe; parce que je fçay que chacun a fon don, comme faint Benoît le dit lui-même aprés l'Apôtre & que la Régle laiffe au Superieur le pouvoir d'augmenter cette mefure en certain cas, comme *lorfque la neceffité du lieu, le travail, ou les grandes chaleurs de l'été, le requierent;* mais elle ajoûte trés fagement, que c'eft en forte qu'il prenne bien garde, que la temperance & la fobrieté n'y foient pas bleffées, comme elles le pourroient aifément être dans ces occafions extraordinaires, où il eft plus facile de fe laiffer aller à quelque excés : CON-SIDERANS IN OMNIBUS NE SUB-

REPAT SATIETAS AUT EBRIETAS

Il est bien juste, ce me semble, Monsieur, que l'on admire au moins ce que l'on croit ne pouvoir imiter; & que l'on ne ravisse point à ses Anciens & à ses Peres la gloire qu'ils ont si legitimement acquise. C'est pour honorer particulierement ces grands Saints, que j'ay bien voulu m'étendre un peu davantage dans ce discours. Et c'est à quoi tous les Ordres & toutes les Communautez devroient aussi conspirer, pour relever l'honneur de leur Institut, & le merite de leurs fondateurs. Car on ne peut leur ôter ce qui leur est dû, sans commettre une espece de larcin & de sacrilege : au lieu que c'est le premier degré pour s'élever aux grandes vertus, que de les reverer dans les autres, lorsqu'on est encore trop éloigné de les pratiquer.

Tous les dons sont communs pour les humbles dans l'Eglise, comme nous l'apprennent les Peres : ce qu'une personne qui est dans la pieté *n'est pas capable de faire par elle-même*, dit S. Augustin, *elle le fait par une autre, si elle aime veritablement en cette autre, le bien que rien ne l'empêche de faire elle-même, que parce qu'elle n'est pas capable de le faire :* Et un vray disciple de saint Benoît lui peut dire avec confiance, ces belles paroles qu'on rapporte qu'il addressa autrefois lui-même au grand saint Remy : * *Tout le bien que je sens n'avoir pas en moy; graces à Dieu, je croy le posseder en vous.* QUOD MIHI DEESSE SENTIO IN ME, TOTUM, LAUS DEO, POSSIDERE ME CREDO IN TE.

Ainsi

Ainsi c'est diminuer ses propres avantages que de ne vouloir pas reconnoître ceux des autres.

Il y a plus d'honneur à un Religieux d'avouër franchement que l'Hémine de ce S. Patriarche étoit petite, encore que sa portion de vin soit plus grande; que de prétendre que cette Hémine étoit grande, parce qu'il ne voudroit peut-être pas que sa portion fut plus petite. Et rien ne peut tant contribuer à nous attirer le secours de ces grands Saints, pour acquerir ce qui manque à nôtre foiblesse, que d'honorer la ferveur de leur austérité, & la sainteté de leur vie; en même tems que nous reconnoissons n'avoir pas assez de courage pour nous conformer à leur exemple. Mais si nous avons aumoins un sincére desir de les imiter, nous tâcherons d'en approcher tous les jours en quelque chose : Ce que nous ne sçaurions faire, si nous ne comprenons quel a été l'esprit qui les animoit & qui les faisoit agir, si nous ne recherchons quelles ont été leurs maximes, & si nous ne connoissons quel est le véritable sens de leurs loix, & comment il faut entendre leurs ordonnances.

* Cette parôle est si belle, & si Chrétienne qu'on n'a pas fait difficulté de la rapporter, parce qu'encore qu'elle ne fut pas de S. Benoît, la vérité qu'elle contient ne laisseroit pas d'être trés considérable. Mais on ose bien ajoûter de plus, que les raisons de Baronius qui (l'an 507.) rejette cette lettre du Saint, & toute l'histoire, qui la lui a fait écrire, qui fut pour envoyer un possedé à S. Remy; peuvent souffrir quelque réplique, & que l'on ne juge pas cette lettre indigne de la pieté de S. Benoît, ni disproportionnée à la simplicité de ce tems-là. Et en effet cette histoire est rapportée par Fortunat en la vie de S. Remy, par Hincmar, par Flodoard, dans son histoire de l'Eglise de Rheims, liv. 1. chap. 12. Par Pier-

re Diacre, liv. 1. des Hommes illuftres: Par Vincent de Beau-
vais, liv. 21. de fon Miroir hiftorial chap. 8. qui font auffi
mention de la lettre. Et elle eft encore deffenduë par Yeper
dans fa Chronique de l'Ordre, par Vujon en fon premier liv.
de l'Arbre de vie chap. 1. par Colvénarius en fes notes
fur Flodoard, par Baudoüin Moreau, en fon traitté des O-
pufcules de S. Benoît, & par Caramüel en fa Théologie réguliére. Tiræus en fon livre des poffédez fait auffi particuliérement fort fur cette hiftoire, & la reconnoît comme très véritable. Et cette lettre fe trouve auffi à la fin de la Chronique
du Mont-Caffin, & ailleurs.

FIN DE LA DISSERTATION.

APPENDIX

OV

L'ON EXAMINE ENCORE plus particulierement la proportion des poids & des mesures anciennes avec les nôtres ; On justifie quelques passages de Galien, que l'on accorde avec Villalpandus : & l'on éclaircit ce qui a été dit en quelques endroits de cet Ouvrage.

APRES avoir relû ce que j'ay dit ci-dessus, page 142. que je laissois à ceux qui avoient plus de loisir, à examiner quelle étoit la véritable proportion de l'ancien pied Romain avec le nôtre : J'ay crû que j'en devois dire ici ma pensée, afin de soulager ceux qui voudront s'exercer dans cette exacte recherche, & d'éclaircir encore plus quelques endroits de ce livre qui regardent cette matiére.

La difficulté consiste en ce qu'il semble d'abord qu'il se trouve une extrême différence entre les expériences de Galien, & celles qui se font sur le Conge du Palais Farneze. Car Galien dit formellement avoir trouvé par ses *Ci-dessus page 31.*

expériences, que 12. onces de mesure, c'est à
dire 12. fois le pouce cube, faisoient les 10.
onces du poids de l'Hémine. Et Villalpandus
au contraire fait voir qu'il falloit 18. pouces
cubes pour faire l'Hémine.

Cependant, on ne peut pas aisément accu-
ser de faux les expériences de l'un ni celles de
l'autre. On sçait que Galien étoit habile, &
on ne peut douter qu'il n'ait apporté tous les
soins imaginables pour reconnoître une chose,
par laquelle il vouloit examiner les anciens
livres de la Médecine, & où il y alloit de la
vie des hommes, puis qu'il s'agissoit de la
dose qu'on devoit faire entrer dans les remédes. D'ailleurs, ce seroit se crever les yeux que
de vouloir douter des expériences de Villalpandus, qui ont été faites en présence de plusieurs personnes habiles & de mérite, & avec
une diligence à laquelle il ne se peut rien
ajoûter.

Le Conge dont il parle est encore au Pa-
Appar. pag. lais Farneze à Rome. Nous en avons donné
499. la figure ci-dessus pag. 12. Tout le monde le
reconnoît pour veritable & Villalpandus assure
en avoir vû un autre en même tems, qui con-
firmoit tout ce que l'on peut inférer de celui-ci.
L'un & l'autre contenoit 10. livres pesant d'eau
ou de vin, ce qui donnoit 10. onces du poids
ancien pour l'Hémine.

La difficulté n'est donc que pour les mesures de longueur, qui dépendent du pouce
ou du pied.

Nous avons fait voir dans la Dissertation

que 12. fois nôtre pouce cube d'eau ou de vin, donnoient 8. onces de nôtre poids, qui font le petit demifetier de mefure à Paris. Cela eft conftant, tout le monde en peut faire l'expérience. Il s'enfuit donc que les 12. onces de mefure que Galien donne à l'Hémine, & qu'il dit revenir à 10. onces du poids ancien, faifant plus de 9. onces de nôtre poids, elles donneront un pied beaucoup plus grand que le nôtre. C'eft ce que nous avons prouvé page 140. & fuivantes.

Mais Villalpandus montre que ce Conge dont il a fait graver la figure dans fon Apparat, avoit un pied ancien de hauteur, à le prendre depuis le haut de la bafe jufques au fommet du pot. Il affure de plus, qu'ayant fait faire une mefure cubique de bois de cedre fur le demy pied ancien, l'eau qu'il avoit tirée du conge, & qui à la veuë de tout le monde qui étoit prefent, avoit pefé 10. livres (par où il montre qne le poids dont on ufe encore aujourd'huy à Rome eft le même que celui des anciens) remplit fi juftement cette mefure, que comme il n'en falloit pas, dit-il, une goutte de moins, elle n'en eût pas pû tenir auffi une goutte davantage. Ainfi c'eft 216. pouces cubes que comprend ce conge, qui en donneront 18. pour l'Hémine. Et par conféquent, puifque ces 18. pouces cubes reviennent aux 10. onces de poids, de même que les 12. pouces de Galien : il s'enfuit que ces pouces étoient d'un tiers plus petits que ceux dont parle Galien, & donnoient même un pied plus petit que le nôtre.

Le passage de Galien, où il dit avoir trouvé que 12. onces de mesure revenoient à 10. onces de poids, est du liv. 6. de la compos. des remédes selon leur genre, ch. 8. & on le peut voir ci-dessus, page 32. Mais au lieu qu'il y a *Et j'ay trouvé que 12. onces de mesure d'huile, sont égales à 10. onces de poids :* Villalpandus croit qu'il faut lire, *sont égales à 9. onces de poids.* Quand nous admettrions cette correction qui pourroit peut-être d'abord sembler raisonnable à quelques-uns, elle prouveroit toûjours ce que nous avons établi : puisque Villalpandus pretendant que Galien n'a pû parler de la sorte qu'en supposant que l'huile fut d'un 5. plus legére que le vin, ce seroit toûjours revenir dans la proportion de 12. onces de mesure à 10. onces de poids pour le vin. Mais il est remarquable qu'il paroît par un autre passage de Galien, rapporté par Villalpandus même en la page suivante de son Apparat, qu'il faut lire au lieu que je viens d'alleguer, 10. onces de poids, & non pas 9. Car dans cet autre passage tiré du même ouvrage liv. 5 ch. 6. Galien dit expressément que 9. de ces onces de mesure qui faisoient la cotyle d'Athenes, revenoient à 7. onces $\frac{1}{2}$ du poids d'Italie. Or il n'y a personne qui ne voye que comme 9. sont à 7. $\frac{1}{2}$: ainsi 12. sont à 10. Aussi voyons nous qu'Agricole, qui avoit examiné avec tant de soin tous ces passages de Galien, n'a pas trouvé qu'il y eût faute à celui-ci.

Villalp. Appar. p. 487.

Villalpandus n'apporte l'autorité d'aucun Manuscrit pour le prouver : Et c'est une assez plaisante façon d'argumenter à cet Auteur, de prétendre que l'on doit corriger ce premier passage, & d'ajoûter en suitte, lors qu'il voit que la proportion ne reviendroit plus avec le second ; que Galien ne s'est pas accordé avec lui-même, ou qu'il n'a pas entendu l'opinion d'Héras dont-il parle. Mais Galien s'accorde fort bien, & il a fort bien entendu Héras, comme je l'ay fait voir ci-dessus page 29.

Il faut donc trouver une autre solution à la difficulté qu'on pourroit former sur ce premier passage de Galien, d'où l'on voudroit inférer, que si 12. onces de mesure donnent 10. onces de poids pour l'huile qui est un 9e plus legére que le vin ; il faudroit qu'elle donnât 11. onces & $\frac{1}{9}$ pour l'Hémine de vin : ce qui seroit contraire aux autres Auteurs qui ne lui en donnent que 10.

Il semble qu'on puisse repondre à cela que quand les anciens Médecins ont dit que l'huile étoit au vin comme 9. à 10. ils n'en ont parlé que dans la veuë de leurs remédes, & qu'ainsi ils ne l'ont entendu que de l'huile la plus claire & la plus pure, & du vin le plus noir & le plus grossier, comme Agricole le marque. Il n'en est pas de même des passages alléguez. Car comme il ne s'agissoit que de voir la proportion du poids à la mesure en soy : Galien aura pris sans doute l'huile la premiere venuë, & n'aura pas trouvé la difference considerable sur une aussi petite mesure qu'est l'Hémine. En effet la différence ordinaire de l'huile au vin n'est que comme 55. à 59, selon la table que j'ay mise ci-dessus page 21. Et nous voyons que généralement tous les Anciens ont donné les 10. onces de poids, pour le vin, à l'Hémine.

Etant donc constant que selon Galien & selon les autres, l'Hémine a 10 onces de poids, il s'ensuit necessairement que la différence qui est entre Galien & Villalpandus n'est que pour les onces de mesure : Galien ne donnant que 12. onces de mesure pour faire ces 10. onces de poids ; au lieu que Villalpandus en donne 18. d'où l'on doit conclure, que celles de Galien étoient une demy fois plus grandes que celles de Villalpandus.

Mais pour accorder ces Auteurs, il faut prendre garde que Galien ne parle que de la mesure à l'huile. Or ce n'est point une chose extraordinaire, que dans un même païs les mesures soient différentes pour les choses de différente nature ; comme nous voyons qu'à Paris, par exemple, le minot est autre pour le bled, autre pour l'avéne, autre pour le sel, &c. Que si Oribaze ou quelques autres ont parlé d'un *sétier de vin* de 24. onces de mesure, on peut toûjours dire que c'est qu'ils avoient mesuré ce vin dans une mesure à l'huile. Et cette mesure à l'huile, qui revenoit aux 18. pouces de Villalpandus, comme nous le voyons par son poids, n'avoit apparamment été divisée en 12. que parce qu'on lui donnoit le nom de *livre*, qui a toûjours été de 12. onces chez les Anciens.

Voilà ce me semble la maniére la plus juste & la plus raisonnable, d'accorder Galien avec Villalpandus & avec les autres, & de faire voir que leurs expériences dans le fonds conspirent à établir la même chose. Mais il nous reste encore de la difficulté pour accorder exactement le pied de Villalpandus avec le nôtre, & en reconnoître précisément la différence.

Il faut toûjours supposer que 3. de nos pouces cubes (d'eau ou de vin) donnent 2. onces de nôtre poids. Cela est accordé par tout le monde : Et nous sçavons aussi que 9. pouces de Villalpandus donnoient 5. onces du poids ancien. Ainsi, si l'on pouvoit trouver la juste proportion de l'une de ces choses anciennes à l'une des nôtres, il est visible que l'on en inféreroit aussi-tôt l'autre.

Or Monsieur Gassendy ayant trouvé que les 120. onces du conge dont nous avons parlé, revenoient à 111 $\frac{1}{4}$ des nôtres ; la proportion de l'ancien poids au nôtre par conséquent, sera comme 480. à 447. qui font prés d'un 14e de différence. Et ainsi la proportion de leur pied au nôtre doit être la même.

Cependant Monsieur Gassendy dit encore *Liv. 2. ann.*
1609. dans la vie de Monsieur Peiresk au lieu où il parle de ce conge, qu'ayant divisé un pied de France en mille parties, il a trouvé que l'ancien pied romain n'en avoit que 906. Ce qui feroit de nôtre pied 10. pouces, 10. lignes & $\frac{18}{113}$ de ligne.

Mais ces deux expériences ne se rapportent pas dans toute la justesse qui seroit à desirer. Car pour trouver entre l'ancien pied & le nôtre la même raison de 480. à 447. qu'il suppose être entre l'ancien poids & le nôtre; il faudroit que le pied romain eût 931, $\frac{1}{4}$ de ces miliêmes parties de nôtre pied, qui feroient 11. de nos pouces, 2. lignes & $\frac{1}{10}$ de ligne. Ce qui surpasseroit l'autre expérience de 3. lignes & $\frac{159}{250}$ de ligne. Et par conséquent il faut que monsieur Gassendy se soit trompé de 25. miliêmes & un quart, en une expérience ou en l'autre; c'est à dire d'un peu plus d' $\frac{1}{40}$.

Apparat. pag 150.

D'ailleurs ayant pris un pied très exactement justifié sur l'original qui est au Chastelet de Paris, & l'ayant comparé avec la figure du pied ancien que Villalpandus a donnée avec ce Conge; j'ay trouvé que ce pied ancien avoit du nôtre 11. pouces & une ligne, ce qui tient presque le milieu entre ces deux expériences de Monsieur Gassendy; quoi qu'il approche plus de la premiére faite sur le poids de l'eau que contient le conge, que de la seconde faite sur ce pied divisé en mille parties. Cela fait voir la necessité qu'il y auroit de s'assurer davantage de ces expériences, pour en parler avec une entiére exactitude, & combien il seroit à desirer que quelqu'un prit la peine de faire quelque jour des expériences plus certaines sur ce même conge, avec rapport à nôtre poids. Car il est trés facile de s'y tromper de quelque chose, comme nous voyons que Lucas Petus, quoi que trés habile, s'y étoit trompé avant Vil-

lalpandus, pour le rapport du poids de Rome.
Mais puisque Villalpandus montre que l'ancien poids & celuy dont usent encore aujour-
d'huy les Romains est le même ; on pourroit
arriver par une voye aussi juste & plus facile à
la connoissance entiére de ces proportions, en
comparant une livre Romaine bien exacte avec
la nôtre : ou au moins se servir encore de cette
troisiéme expérience pour rectifier les deux autres. Je sçay bien que l'erreur qui s'y trouve ne
peut être considérable sur une petite quantité.
Mais puisque de là dépend la connoissance
exacte de la comparaison qu'on doit faire non
seulement des poids & des mesures des anciens
avec les nôtres, mais aussi de leurs monnoyes:
il y auroit peut-être quelque chose qui vaudroit bien la peine de s'en assurer davantage.

L'on voit par tout ce que je viens de déduire, *Voyez page* 134. que lors que Budé & Cénalis ont dit parlant
de l'Amphore ; que quand on l'a appellée *Qua-*
drantal, comme ayant un pied en tout sens,
cela ne se devoit pas prendre géometrique-
ment : ils ne l'ont dit que par rapport aux onces de mesure de Galien , dont les 12 faisoient
l'Hémine. Car si nous l'entendons des onces de Villalpandus qui lui en donne 18. nous
y trouverons son pied cube, qui est de 1728.
pouces cubes, qui lui donneront ses 96. Hémines, à 18. pouces cubes pour chacune. Mais
ces Hémines , comme je l'ay déja dit (ce que
je supplie toûjours de bien remarquer) ne reviennent néanmoins qu'à 10. onces du même
poids ; parce que les 18. pouces cubes de Vil-

lalpandus ne valent que les 12. de Galien. Et
c'est ce qui faisoit le demisetier ancien, qui
comme nous l'avons assez fait voir, n'étoit que
de fort peu plus grand que le nôtre.

Joseph Scaliger dans sa Dissertation des Monnoyes, pretend que le pied Romain étoit plus
petit que le nôtre de 2. doigts, dont les 16.
faisoient le tout; c'est à dire d'un pouce &
demy romain. Ce qu'il dit avoir vérifié lui-
même, en appliquant le pied de France sur les
figures de l'ancien pied romain qui se trouvent
encore gravées en quelques endroits à Rome.
& il joint cette expérience à un passage tiré du
livre des Limites des terres, où il y a. *Item di-*
citur in Germania in Tungris pes Drusianus, qui
habet monetalem pedem & sescunciam. ON AP-
PELLE *dans le païs de Liége en Allemagne,*
pied de Drusus, celui qui surpasse le pied de la
monnoye d'un once & demi. Car, dit-il, le pied
de la monnoye n'est autre que celui qui est divisé en 12. pouces, comme *l'As* où la *livre* en
12. onces. Et cette once & demie, dont le
pied de Drusus le surpasse est un pouce &
demy.

Cela nous montre que beaucoup d'habiles
gens se sont appliquez à rechercher la proportion de l'ancien pied avec le nôtre, quoi qu'ils
ne l'ayent pas trouvée, puisque ceci ne se rapporte nullement avec ce que nous venons de
faire voir. Mais il se peut faire que Scaliger
n'ait pas bien pris ses mesures, car j'ay déja
montré ailleurs, qu'il n'étoit pas des plus
exacts du monde dans ce qu'il entreprenoit de

traiter. Il faut méme prendre garde qu'il s'eſt gliſſé une faute conſidérable dans ſon ouvrage, où on lit , *Pes igitur Druſianus major eſt Romano Seſcunciâ. Fuit enim* XXII. *digitorum quotorum ſexdecim eſt pes Romanus.* Car puis que ce pied de Druſus n'eſt plus grand que d'une once (ou pouce) & demie, que le pied Romain, qui en avoit 12. & que ce pouce & demy revient à deux doigts, comme je l'ay montré ($\frac{1}{16}$ étant le même que $\frac{3}{24}$) : il s'enſuit qu'il faut lire XIIX. *digitorum*, & non XXII. c'eſt à dire 18. & non 12. La faute s'eſt pû gliſſer par inadvertance dans la copie. Mais elle a été cauſe que dans la ſuitte on a lû encore, *qui profectò major eſt* SEX DIGITIS, *quotorum* XVI. *eſt pes qui Romæ in hortis Angeli Colocii ſculptus in ſaxo viſitur* : au lieu que ſelon ce que je viens de montrer, il eſt viſible qu'il faut lire *duobus digitis.* Et en effet, on ne peut pas croire que nôtre pied ſoit de 6. doigts plus grand que le Romain : & le raiſonnement même de Scaliger prouve le contraire. Dequoy j'ay crû qu'il n'étoit pas inutile d'avertir le Lecteur.

Mais il y en a d'autres comme Agricole, qui prétendent qu'encore qu'il ſoit vray que nôtre pied de Paris ſurpaſſe le romain de deux doigts, néanmoins c'eſt à le prendre ſur ſa propre meſure, c'eſt à dire que le pied romain aura 14. de nos doigts. Et Agricole ajoûte que le pied dont la figure ſe voit à Rome dans ces Jardins d'Ange Coloce prouve cela même. Il ne faut point d'autre conviction pour faire voir que ces Auteurs n'ont parlé qu'à peu prés, & qu'ils

De reſtituend pond. atque menſur. p. 147.

n'ont pas été exacts dans leurs expériences. En effet ayant mesuré soigneusement la figure qu'Agricole donne du pied de Paris dans ce même livre, je l'ay trouvé trop grande de trois lignes entières.

Mensurar. ratio. page 3. & 4.

Cénalis au contraire, dit qu'ayant mesuré nôtre pied de Paris, sur la figure du romain que donne Porcius, il a trouvé que nôtre pied est plus grand que le romain d'un doigt & demy, en sorte que les 12. onces du pied romain sont égales à 11. onces, moins la 6. partie d'un doigt : c'est à dire à 10. pouces & 10. lignes & demie. Cela approche assez de l'expérience que fit Monsieur Gassendy avec son pied divisé en mille parties, quoi qu'il n'y revienne pas tout à fait.

Quoy qu'il en soit, on peut inférer deux choses de tout cecy. La premiére, qu'encore que tous ces Auteurs ne conviennent pas précisément, néanmoins ils ne différent pas d'une maniére qui soit considérable sur une petite quantité ; & qu'ainsi, encore qu'il seroit à souhaitter qu'on pût faire de nouvelles expériences, comme j'ay dit, pour calculer de longues Tables qui fussent dans la derniére justesse : tout cela néanmoins ne fait point de différence fort sensible pour la question de l'Hémine que j'ai traitée.

La 2. chose qu'on peut inférer de cecy, c'est qu'encore qu'on pût dire parlant à la rigueur, que je n'ay pas donné la mesure de cette Hémine dans sa derniére justesse : il est certain néanmoins, que s'il y a quelque petite chose à dire c'est plutôt pour l'avoir augmentée que diminuée ; & qu'ainsi ceux qui ont peine à voir que ce soit une si petite mesure, n'y gagneroient pas, si nous faisions encore de plus exactes recherches.

Mais nous pouvons encore remarquer que les expériences qui se font faites à sainte Geneviéve de Paris, depuis la premiére édition de ce livre, confirment tellement tout ce que j'en avois dit, que les plus difficiles à contenter sur cette matiére, ne croyent pas qu'il y ait rien de plus juste que ce que j'en ay représenté Il y en a seulement quelques-uns qui s'imaginent qu'encore que l'Hémine Romaine soit telle, celle de S. Benoît néanmoins étoit différente. Et c'est ce que nous allons examiner en répondant à leurs difficultez.

FIN DE L'APPENDIX.

REPONSE
AUX DIFFICULTEZ
QUI ONT ETE' FAITES
SUR LA DISSERTATION
DE L'HE'MINE

I.

Ce qui a obligé à publier cette Réponse.

IL y a long-tems que plusieurs personnes de mérite m'avoient voulu engager à remettre sous la presse le petit livre de l'Hémine, parce qu'il ne s'en trouvoit plus d'exemplaires chez l'Imprimeur, & que ce que l'on a écrit depuis sur ce sujet donnoit encore plus de curiosité de le voir. Ils sçavoient aussi que j'y avois corrigé quelque chose, & que j'avois fait quelques réflexions sur les nouvelles difficultez qu'on y avoit faites ; & ils ne doutoient point que cet ouvrage ayant été revû avec encore plus d'exactitude qu'auparavant, ne fut aussi bien reçû du public qu'il l'avoit été la première fois. Ils ajoûtoient que s'agissant d'un point de la Ré-

Q

gle la plus autorifée, & la plus univerfelle qui
foit dans l'Eglife, que Dieu m'a fait la grace
d'embraffer moi-même, depuis cette prémiére
édition, & ce point étant un de ceux dont on
abufe le plus, ils n'eftimoient pas que l'on pût
l'abandonner, mais ils croyoient que j'étois
obligé de l'éclaircir, s'il fe pouvoit, d'une
maniére qui ne laiffât plus aucun doute dans
l'efprit de ceux, qui auroient quelque amour
pour l'exacte obfervance de LA REGLE SAINTE,
ainfi qu'elle eft appellée dans les Conciles.
C'eft ce qui m'a fait réfoudre enfin à tâcher de
les contenter, croyant que ce feroit rendre
quelque fervice à l'Eglife, qui doit être le but
de tous nos travaux, & de toutes nos entrepri-
fes.

Je fupplie donc ceux, qui voudroient bien
fe donner la peine de lire ce petit ouvrage de
s'affurer, que je ne l'ay point fait par un efprit
de contention ni de difpute, mais par le feul
amour de la verité & par le refpect que je dois
à N. B. P. SAINT BENOÎT. dont je ne fais que
fuivre l'efprit en tâchant de deffendre fes paroles. Que fi néanmoins il m'arrivoit de m'é-
loigner de la vérité en la moindre chofe dans la
fuitte; je déclare dés à prefent que je feray prêt
de le corriger auffi-tôt qu'on me l'aura montré. Et comme je dois croire qu'il n'y a que la
charité, qui ait porté les Auteurs de ces difficultez à les publier, je puis dire auffi qu'il n'y
a que la même charité qui m'oblige à leur répondre.

II.

Que l'Auteur des actes des saints de l'Ordre represente ce qu'il y a eu de plus remarquable dans les siécles postérieurs sur ce sujet, & que cela joint avec ce qui en a été dit dans la Dissertation peut suffire pour en avoir une pleine connoissance.

LE Sçavant Auteur des Actes des Saints de nôtre Ordre a rapporté tant de belles choses sur l'Hémine, & sur la livre de saint Benoît dans la première préface de son IV. siécle Bénédictin, qu'il ne semble pas qu'on puisse desirer rien davantage sur ce sujet. Et assurément cette cause ne pouvoit être mise entre les mains d'une personne plus sage, ni qui ait plus de connoissance de l'antiquité ou qui fût plus versé dans les pratiques religieuses; de sorte qu'ayant encore vû ce qu'avoit écrit dans son *Hémine bénédictine*, le Pere Dom Jacques le Clerc dont il releve l'ouvrage, & le mérite, il y a apparence qu'il n'aura rien oublié de ce qui pouvoit être considérable sur ce sujet, & que joignant ce qu'il dit avec ce que j'ay rapporté des anciens dans la Dissertation, on a tout ce qu'on peut desirer pour décider la question, que nous traittons, qui est de sçavoir quelle pouvoit être la mesure, ou la capacité de l'Hémine dont parle saint Benoît dans sa Régle.

Cét Auteur demeure d'accord qu'il n'y a rien de plus juste ni de plus constant que ce qui

Q ij

a été dit des mesures romaines dans la Dissertation, & j'ay été bien aise de voir dans sa préface, que les expériences qui se sont faites à sainte Geneviéve de Paris en sa présence, & devant plusieurs autres personnes de mérite, depuis que Dieu m'a fait la grace de me retirer du monde, se rapportent tellement à celles que j'avois suivies, que l'Hémine, & l'ancien poids romain qui étoient entre les mains du R. Pére du Moulinet Bibliothécaire de cette célebre Abbaye, & encore le sétier romain de Monsieur de Harlay Procureur Général au Parlement de Paris, qui fut aussi apporté là, n'ont servi qu'à confirmer ce que j'avois dit aprés plusieurs autres, du Congé qui se garde dans le Palais Farneze à Rome, & les autres particularitez que j'avois marquées. De sorte qu'il est absolument impossible de révoquer en doute ce que les expériences de tant de personnes habiles & tant de fois réiterées, nous font voir de cet ancien poids, & de ces anciennes mesures, pour ce qui regarde la proportion qu'ils ont entr'eux, & leur rapport avec les nôtres.

Mais ce même auteur nous fait une autre difficulté là dessus : il soûtient qu'autre est l'Hémine romaine, autre l'Hémine bénédictine, & voilà en quoi il fait consister le nœud de toute cette dispute. Il allegue que ces sortes de choses dependant entiérement de la volonté des Princes, elles suivent aussi la révolution des états. Il prétend qu'on doit supposer qu'il s'étoit déja fait de semblables changemens dans l'Italie du tems de saint Benoît à quoi l'on

doit avoir égard pour l'expliquer, & il rapporte plusieurs autoritez des derniers siécles,
pour faire voir que l'Hémine étoit une mesure bien plus grande que nous ne croyons. Voilà donc ce que nous avons à considérer, & à
examiner sur ce sujet

III.

*Si l'Hémine de saint Benoît étoit plus
grande que la romaine. Preuve invincible pour faire voir que cette Hémine
ne pouvoit pas être fort grande. De
combien étoit celle de l'assemblée d'Aix
la Chapelle.*

POUR faire voir à tout le monde que je ne
prétens nullement chicaner là-dessus, je déclare
d'abord que je demeureray aisément d'accord
que l'Hémine de S. Benoît étoit un peu plus
grande que la romaine, pourvû que l'on ne pré-
tende pas par là lui faire passer les bornes
d'une juste médiocrité. Je croy même que cette
différence est la véritable raison pourquoy S.
Benoît fit faire des mesures exprés, puis qu'autrement il n'auroit eu qu'à se servir de celles
qui étoient dans le commerce, & pourquoy il
donna à saint Maur ces mesures particuliéres,
lorsqu'il l'envoya en France.

Mais quelque chose que l'on puisse dire, &
quelque raison qu'on puisse alléguer, il faut néanmoins avoüer ingenument, que l'on ne fera jamais une grande mesure de cette *Hémine béné-*
Q iij

dictine, si l'on ne veut s'éloigner autant de l'esprit de S. Benoît que de ses paroles. Et pour tirer la chose de toute contestation, je demande à tout homme raisonnable, s'il seroit possible qu'un saint si sobre & si pénitent, qui n'avoit point d'autre dessein que de rapporter sa Régle autant qu'il pourroit aux institutions des anciens lesquels ne bûvoient point de vin; un saint qui dit lui-même aprés eux, que *le vin n'avoit point été fait pour les Moines*, & qui témoigne n'accorder à ses Religieux ce qu'il leur en accorde, que pour s'accommoder à l'infirmité des foibles; enfin un saint, qui fait voir qu'il auroit souhaitté pouvoir les disposer à n'en point boire du tout, s'il avoit pû : je demande, dis-je, s'il seroit possible qu'un saint qui étoit dans cette disposition, en eut donné une fort grande mesure.

Si cela étoit, pourquoi se seroit-il donc servi du mot d'*Hémine*, c'est à dire *Demisetier* qui est un mot de diminution, & comment n'auroit-il pas plûtôt pris le setier qui revient à nôtre Chopine ?

Quand une mesure n'est augmentée que de peu, elle retient toûjours son nom propre. Mais depuis qu'on vient à la doubler, ce n'est plus la même mesure, elle rentre nécessairement dans les autres qui sont au dessus, comme le demisétier dans la chopine, la chopine dans la pinte & ainsi des autres. Nous avons un exemple qui fait voir manifestement ce que je dis dans les mesures de Paris. Car le demisétier bourgeois (ainsi qu'on l'appelle) est de deux

onces plus fort que celui de la mesure publique; celui-ci n'étant que de 8. onces justes,
au lieu que l'autre est de dix. Voilà apparament
ce qu'a voulu faire saint Benoît; il a voulu que
son Hémine fût de quelques onces plus forte
que la romaine, en sorte que celle-ci étant de
10. onces, ainsi qu'on en demeure d'accord, la
sienne pût être de 12. onces. Et c'est sans doute
ce qui a porté saint Isidore, qui est venu bien-
tôt aprés lui, à parler de l'Hémine, comme
d'une mesure de 12. onces, je dis 12. onces de
poids, sans qu'il soit besoin pour l'expliquer
d'avoir recours à des onces de mesure (comme
j'avois fait dans la premiére édition de la Dissertation.)

L'Auteur de la préface objecte à cela, que
l'Hémine monastique ne pouvoit pas être si petite, puisque l'on voit que c'étoit la coûtume
des anciens, de boire trois coups à chaque
repas, & que cette Hémine de 12. onces ne
pourroit pas les fournir. Mais cette objection
se réfute assez par saint Isidore même, qui ne
donnant que 12. onces à l'Hémine, est néanmoins un de ceux, qui marquent plus préci- *Isid. reg.*
sément ces trois coups à boire, *Ternis poculis,* *c. 10*
dit-il, *fraterna reficienda est sitis.* Car je ne
pense pas qu'on voulût prétendre qu'il donnoit
plus d'une Hémine à ses Religieux, pour y
trouver ces trois coups; puisque nous ne voyons
point dans aucune Régle ancienne, qu'on ait
accordé plus que l'Hémine aux Religieux pour
leur ordinaire. Ce qui a été cause que ceux,
qui ont voulu favoriser les grandes mesures,

Q iiij

ont crû qu'ils auroient plutôt fait de supposer l'Hémine plus grande qu'elle n'étoit, que
non pas de donner une mesure qui fût plus
grande que l'Hémine. Et il est si vray que
c'est dans l'Hémine qu'il vouloit, que l'on trouvât ces trois coups, qu'il ne marque même que
par là, qu'il accorde l'Hémine, à cause des trois
Cyathes, qu'elle pouvoit leur donner à dîner
& trois à souper, comme nous verrons plus
bas. C'est pourquoi saint Fructueux ayant ordonné que l'on diviseroit le sétier en quatre,
c'est à dire une Hémine en deux & voulant
marquer ensuite qu'aux grandes Fêtes néanmoins, ils auroient l'Hémine entiére, use de
ce mot : *In præcipuis solemnitatibus, tria pul-
menta & totidem potiones præbeantur.*

L'Auteur de la préface sera obligé de demeurer d'accord que l'Hémine peut donner les
trois coups sur lesquels il fait instance ; s'il
considére (comme il dit lui-même dans la suite) que l'on ne met point d'eau dans la biè-
re, & que cependant la celebre assemblée d'Aix
la Chapelle, n'accorde que deux Hémines de
bierre pour une de vin. Car si l'on pouvoit
trouver trois coups à boire sur ces deux Hémines de biere sans y mettre d'eau, il s'ensuit
qu'on les pouvoit aussi trouver sur une Hémine de vin, en y mettant autant d'eau. Or je
ne pense pas que l'on doive regarder, comme
une grande austérité de tremper son vin de
moitié, sur tout pour des Religieux, puisqu'il
y a beaucoup d'honnêtes gens dans le monde,
qui ne le boivent jamais autrement, & que les

profanes mêmes vouloient qu'on y mît trois fois autant d'eau.

Tres miscebis aquæ partes, sed quarta Lyæi Hesiod.

Nous pouvons inférer de là quelle étoit la capacité de l'Hémine sur laquelle s'est reglée cette assemblée, ce que quelques-uns semblent n'avoir pas assez considéré. Car il faut prendre garde que ces trois coups, selon la tradition constante de toute l'antiquité, soit profane, ou religieuse, n'alloient qu'à trois Cyathes. Pline le montre par l'autorité de Démocrite, qu'il dit avoir fait un livre exprés pour faire voir qu'on ne devoit pas boire quatre Cyathes. Saint Augustin faisant le paralelle d'un homme véritablement sobre avec la sobriété affectée des Manichéens, ne lui donne aussi que trois Cyathes *Et tres Cyathos vini sustentandæ valetudinis gratiâ sorbentem.*   *Plin. l. 28. c. 62.*   *De morib. Mani l. 2. c 13*

C'étoit aussi la pensée du B. Abbé Isaïe, qui marquant ce qu'on devoit observer à l'égard des jeunes Fréres, *Ad ternum usque Cyathum, si valetudinis ratio postulet, vinum bibat.*   *Abbas Isa. orat. 3.*

Or le Cyathe étoit la sixiéme partie de la Cotyle, ou Hémine.

At Cotyle Cyathos bis ternos una receptat. Fan.

De sorte que ces trois Cyathes feront la moitié de l'Hémine à diner, & l'autre moitié à souper, ce qui reviendra à 12. onces de boisson pour chaque repas, en y mettant autant d'eau que de vin, ou prenant le double de bierre. Ainsi on aura aisément 24. onces de boisson par jour, ce qui est encore plus que n'en ordonnent ceux qui ont fait des livres de l'exact

Leſſius in Hygiaſt.

régime de vivre, que l'on doit garder pour la ſanté, ſans que cela empêche néanmoins ceux, qui croiront avoir beſoin d'en boire davantage de l'y trouver en y mettant plus d'eau. C'eſt donc tout ce que cette celebre aſſemblée d'Aix a pû ordonner que 24. onces de boiſſon par ſes deux Hémines de biére, qui ne nous répréſentent celle de vin, que de 12. onces. Et ſi elle ne s'en explique pas davantage, c'eſt que l'idée de cette Hémine religieuſe étoit tellement répanduë par tout, comme nous le voyons par ſaint Iſidore, & par ceux qui l'ont ſuivi, qu'elle n'a pas crû que cela fut neceſſaire : comme on ne s'amuſeroit pas à Paris à expliquer, ce que c'eſt qu'un demiſétier, ſi l'on en ordonnoit un pour chaque repas à une perſonne. Cela fait ſeulement voir que dés lors, auſſi bien que maintenant, le mot d'*Hémine* n'étoit guéres uſité, que parmi les Religieux.

Que ſi quelqu'un aprés cela s'aviſoit de nous répliquer qu'il n'eſt pas croyable, que des Conciles tenus en Allemagne, n'ayent accordé que 24. onces de biére par jour pour toute boiſſon, je répons que l'on eſt toûjours libre d'y ajoûter de l'eau. Car encore que ce ne ſoit pas l'ordinaire d'en mettre dans la biére, néanmoins cela n'eſt pas deffendu, & cette ſorte de boiſſon mélangée n'eſt pas contraire à la ſanté, qui eſt tout ce que des Religieux doivent rechercher. Peut-être même que c'eſt pour cela que l'Ordonnance a eu ſoin de marquer que ces deux Hémines ſeroient de bonne biére *de bona cerviſia*, afin qu'en cas de beſoin elle pût

porter un peu d'eau. Et nous voyons que le celebre Abbé, qui a écrit depuis peu, *des devoirs
de la vie Religieuse,* se contente de donner de *Mr. L'Abbé de la Trappe*
même deux Hémines, ou demisétiers de cidre,
pour un de vin, ce qu'il a tiré de cette ordonnance croyant pouvoir prendre le cidre pour la
biére, conformément au païs, où est son monastére. Car de s'imaginer que sous prétexte
qu'on n'a point de vin, on puisse boire autant
qu'on voudra, non seulement de cidre, mais
de biére, c'est ne pas sçavoir, comme l'a écrit
un homme du païs même où la biére est plus
en usage, & qui est des plus versez dans les *Haëften in disquisit. Mon.*
pratiques religieuses, que la biére lors qu'elle
est trop forte, *cervisia potentior,* enyvre autant que le vin, & qu'elle est même plus
dangereuse pour les effets de l'incontinence.

I V.

*Que les mesures romaines n'ont point chan-
gé avant saint Benoît, & que cette supposition sur laquelle on fait fort, est in-
soutenable.*

JE croy que ce que je viens de dire, peut
suffire pour satisfaire l'Auteur de la Préface,
sur ce qu'il allégue de ces trois coups à boire,
& pour faire voir ce que c'étoit que l'Hémine,
dont parle l'Assemblée d'Aix la Chapelle. Mais
pour procéder avec ordre dans ce qui nous reste à examiner, & détacher ce qui ne fait rien

à nôtre question, de ce qui est nécessaire pour l'examiner, & la décider, je déclare encore que je me mets peu en peine des changemens, qui sont arrivez pour les mesures, soit en France, soit dans les autres païs étrangers, à quoi se peuvent rapporter quelques unes des autoritez qui sont insérées dans cette Préface du IV. siécle bénédictin, & que je ne laisseray pas néanmoins d'examiner cy-après. Mais je souhaitterois, que ce sçavant Religieux, à qui rien ne peut presque échapper dans l'antiquité, nous eût fait voir plutôt, qu'il soit jamais rien arrivé de semblable en Italie avant S. Benoît, car c'est de quoy il est question, puisqu'il ne s'agit proprement que de l'idée; que l'usage reçû de son tems dans son païs pouvoit lui avoir donné de l'Hémine. Et si ce Pere avoüe que cela ne seroit pas aisé à faire, peut-être ne sera-t-il pas fâché que nous lui fassions voir ici l'impossibilité de cette supposition de changement.

En effet puisque le petit traitté des anciennes mesures écrit en vers latins, & si estimé, est attribué par les uns à Fannius, qui vivoit du tems de Constantin, & par les autres à Priscien, qui enseignoit à Constantinople du tems de Cassiodore contemporain de nôtre S. Patriarche; c'est une preuve évidente, qu'on n'a jamais crû, que durant tout ce tems-là il fût arrivé aucun changement dans ces mesures.

Ce raisonnement prouve même à l'égard de ceux qui prétendent, que Priscien n'a pas tant composé que corrigé ce traitté : ce qui paroît plus probable. Mais puisque ce celebre Gram-

Cassiod. lib. de Orthogr. c. 13.

mairien la revû pour lui donner plus de cours
sans y rien changer néanmoins quant à la substance des choses, c'est encore une plus grande conviction que ces mesures subsistoient tout
à fait dans le même état où elles avoient été
auparavant.

Cette preuve peut encore recevoir plus d'é-
tenduë pour faire voir l'invariabilité de ces
mesures, si nous montrons que des auteurs &
plus recens que Priscien, & plus anciens que
Fannius, s'accordent de la même façon, comme
quand Pline dit, *Cyathus pendet per se drachmas* *Plin. l. 11.*
decem, & S. Isidore de Seville. *Cyathi pondus* *c. ult.*
decem drachmis appenditur; & ainsi du reste, ce *Isid. origin-*
qui semble ne pouvoir recevoir de réplique. *lib. 16. c. 25.*

Mais pour satisfaire encore plus particuliérement ceux qui seroient plus difficiles à se
rendre là-dessus, & qui supposent que les
peuples, qui se sont jettez avant saint Benoît
dans l'Italie, ont pû prendre un autre ordre de
mesure, je les supplie de remarquer.

Premiérement que ce n'est point par ces petites bagatelles que les conquerans commencent
à réformer un Etat : Ils ont d'autres choses à
penser, & ce seroit une mauvaise politique
que d'en vouloir venir là d'abord, puisque cela
ne serviroit qu'à troubler l'esprit des peuples.

Secondement, que le Bas de l'Italie, où demeuroit S. Benoît, a toûjours été fort distin-
gué du Haut-païs, qui est ce qu'on appelloit proprement Italie ; que c'est dans ce Haut-
païs où se sont particuliérement arrétez ces
étrangers, qui toute-fois n'y ont point fait de

changement pour les mesures ; que d'ailleurs le Bas-païs a toûjours été bien plus particulierement attaché aux loix & aux coutumes romaines que l'autre, & que toutes les fois que les Goths ont voulu s'y établir, ils en ont été vigoureusement repoussez par les Généraux de l'Empire.

Celui qui fit plus de progrés dans ces Provinces qui sont au dessous de Rome, fut Totila, qui succeda à Eraric : & il est remarqué que venant à la couronne il trouva les affaires des Goths en un fort mauvais état, ce qui ne lui auroit pas donné le tems de songer à introduire de nouveaux poids & de nouvelles mesures. Ce fut lui qui vint voir S. Benoît au Mont-Cassin. Il ne prit Naples qu'aprés cette visite, & n'entra dans Rome qu'aprés, d'où il fut même bientôt repoussé par Bellissaire, & enfin il fut entiérement défait par Narsés en 552. c'est à dire quelques 5. ou 6. ans aprés la mort de saint Benoît. De sorte qu'il est absolument impossible ni que ce Prince ait pû donner de nouvelles mesures à un païs qu'il ne put pas seulement garder ni que saint Benoît qui avoit écrit sa Régle avant tout cela, y eut pû avoir égard quand même on supposeroit que ce Prince les auroit changées.

Je ne pense pas que l'on trouvât mieux son compte à attribuer ces prétendus changemens ni au grand Alaric, qui prit Rome, & la saccagea, ni aux autres peuples qui se sont jettez dans l'Italie, comme les Vandales, les Herules, les Huns & autres Barbares qu'on sçait

n'y avoir jamais eu assez d'établissement pour
en venir jusqu'au détail de cette police.

Si donc quelque chose pouvoit avoir seulement l'ombre de ce que l'on prétend, on ne
pourroit l'attribuer qu'à Théodoric, puisqu'aucun de ceux qui l'ont précédé, ou qui l'ont
suivi, n'ont pas seulement été en état d'y penser.

Pour lui, il est vray qu'il se rendit puissant
dans l'Italie dés la fin du V. siécle, sur tout
depuis qu'il eut fait périr Odoacre Roy des
Erules. Il fut même reconnu dans Rome, &
fit quantité de beaux reglemens, l'on compte
jusqu'à 150. loix, qu'il ajouta aux anciennes
& Cassiodore son Secretaire nous a laissé cinq
livres entiéres de ses lettres, où il y a quantité de fort belles choses, pour ce qui regarde
la police. Mais tant s'en faut que ce fut pour
y rien innover (ce qui n'auroit pas contribué
à affermir son état) qu'au contraire, il fait
gloire par tout de confirmer, ce qui avoit été
en usage jusques alors. *Cur enim priora quæs-* *Apud Cassiod.*
semus, dit-il en une de ses lettres, *ubi nihil* *variar. l. 4.)*
est quod corrigere debeamus, & il faisoit même *ep. 17.*
passer cette politique pour une action de sagesse, & pour une marque du respect qu'il
portoit à la piété des anciens *Nos qui regulas* *Ibid. Ep. 42.*
veterum, dit-il ailleurs, *qui servamus monumen-*
ta pietatis.

C'est ainsi que parle toûjours ce généreux
Prince qui auroit veritablement été grand, s'il
eut pû se soumettre à JESUS-CHRIST en
reconnoissant sa divinité, comme il vouloit que

les peuples se soumissent à lui en reconnoissant son autorité & sa puissance, mais quand il s'agit des poids & des mesures, bien loin d'y vouloir toucher, il fait un mystére de ce qui avoit été établi par les Anciens. Il dit, écrivant au sage Boéce que le nombre de 6. * qui est un nombre de perfection se trouve particuliérement renfermé dans l'once qui est le premier degré fixe des mesures. *quod mensura primus gradus est.*

Il admire ensuite que l'once soit douze fois dans la livre, ce qu'il compare aux douze mois de l'année, comme font aussi tous les anciens. Et puis il s'écrie *O inventa prudentium, O provisa Majorum ! Exquisita res est, quæ usui humano necessaria distingueret, & tot arcana naturæ signaliter contineret.*

Je rapporte toutes ces choses afin que l'on voye mieux le génie de ce tems-là, & combien l'on auroit été éloigné de rien innover dans les mesures, qui étoient si bien établies. C'est pourquoy ce Prince dit encore ensuite. *Talia igitur secreta violare; sic certissima velle confundere, nonne veritatis ipsius videtur esse crudelis*

Ibid. l. 1 Ep. 10.

---

* Ce qu'il dit ici du nombre 6. qui se trouve dans l'once se doit entendre des drachmes. Je sçay bien que Priscien en met 8. Mais puis qu'il y a 6. Cyathes dans l'Hémine, & que chaque Cyathe est de 10. drachmes, ce sont 60. pour l'Hémine qui n'étant que de 10. onces donne justement 6. drachmes pour once : & c'est ce qui confirme encore la constance de ce Prince à ne rien changer Que si d'autres ont pris d'autres divisions pour ces petits poids, on peut dire que cela étoit peu considerable, puis qu'ils se réünissoient toujours dans l'once qui étoit regardée comme le premier degré fixe des mesures, & qu'ils étoient uniformes pour ce qui alloit au dessus de l'once, ce qui est necessaire à remarquer pour entendre les anciens.

& fœda

& fœda laceratio. Et pour montrer encore plus particulierement que cela ne s'entend pas feulement des poids, mais des mefures, il conclut en difant, *Conftet populis pondus ac menfura probabilis, quia cuncta turbantur, fi integritas cum fraudibus mifceatur.*

Je m'affure qu'on fe perfuadera aifément aprés cela, que des Roys qui établiffoient ces maximes étoient bien éloignez de rien changer dans les anciennes mefures, ni de fonger à augmenter les Hémines. C'eft pourquoy le celebre Caffiodore, qui aprés avoir paffé par toutes les grandes charges de l'Etat fe rendit encore plus recommandable dans la fuite, en embraffant la vie religieufe, dit expreffément qu'il n'y a rien à quoi les Magiftrats doivent plus tenir la main qu'à cette exactitude des mefures & des poids, & que ce n'eft pas un moindre crime de les augmenter dans le public, que de *Lib. 10.* les diminuer; *quia grave fcelus effe judicamus aut* *Epift. 16.* *menfuras modum excedere, aut libram æquiffimi ponderis juftitiam non habere.*

Je demande donc s'il peut y avoir quelque chofe de plus net pour le point que nous traittons. Cependant il eft certain que ce fiécle, eft le fiécle de faint Benoît même. D'où il s'enfuit que cela feul peut fuffire auprés de toutes les perfonnes équitables pour décider la queftion, & pour faire voir qu'il n'étoit arrivé alors aucun changement dans les mefures. Car fi ce haut de l'Italie, qui n'a pas toûjours été fi attaché aux loix romaines, comme je l'ay déja marqué, y étoit néanmoins tellement con-

R

forme alors, que les poids, & les mesures dont parle ici Theodoric, sont la livre de 12. onces, & l'Hémine de dix ; que peut-on dire du païs où étoit saint Benoît, qui y a été toûjours bien plus attaché. Je ne doute point que l'auteur de la Préface ne se fût rendu à ces autoritez s'il y eût fait reflexion. Mais je souhaitterois au moins, que ceux, qui liront son ouvrage puissent s'en tenir aux maximes des principaux auteurs qu'il allegue. Car Hildemare, *Pref. n. 162.* qui vivoit dans le IX. siécle, & qu'il croit avoir été le premier commentateur de la Régle, dit expressément que ceux qui parlent des mesures, en parlent toujours conformément aux lieux où ils sont, & qu'ainsi saint Benoît n'a parlé de l'Hémine que conformément au païs de Benevent où il écrivoit, *secundum consuetudinem sui loci.* Or est-il que, comme j'ay fait voir ci-devant, la coutume de ce lieu là étoit de suivre toujours l'usage de Rome ; & par conséquent saint Benoît n'a pû parler de l'Hémine que par rapport aux mesures de Rome.

La mineure de cet argument, dans laquelle consiste toute sa force, peut être prouvée sans sortir de la préface dont nous parlons. Car Nicolas de la Fracture, dont l'Auteur rélévé particuliérement le merite, dit, qu'encore de son tems, c'est à dire, dans le XII. siécle, les gens de ce païs là suivoient ordinairement les mesures qui étoient en usage à Rome. *Com-* *Pref. n. 161* *muniter circa mensuram hujusmodi, usum sequuntur romanum.* Je ne m'amuse pas à examiner si du tems de Nicolas, les mesures Romaines

pouvoient avoir changé ou non, il suffit que
cet auteur nous assure que la coutume de cette
Province étoit de suivre les mesures de Rome.
Car s'ils le faisoient en un tems où l'on voudroit peut-être supposer quelque changement
en ce point parmi les Romains, il est certain,
qu'ils le faisoient encore bien plutôt dans celui
où j'ay fait voir qu'il n'y en avoit pas la moindre ombre, & même que c'eût été un crime d'y
penser. D'où il s'ensuit demonstrativement, si
je ne me trompe, que saint Benoît n'a eu, &
n'a pû avoir d'autre idée des mesures en écrivant, que des mesures de Rome, & qu'il n'a
pû parler de l'Hémine que par rapport à la Romaine; ce qui suffit pour conclure le point
que nous traittons.

V.

*Que l'Hémine a toujours passé pour une
petite mesure dans les Monasteres jusqu'au tems de Charlemagne & combien
les Moines jusques alors ont été reservez
à boire du vin. Sobriété remarquable des
Anciens, dans l'usage de l'eau même.*

Peut-etre que quand le R. P. Mabillon
y aura fait réflexion, il ne refusera pas de m'accorder ce que je prouve si évidemment, puis qu'il
dit lui-même à la fin du N. 165. que ce qu'il
a dit de l'Hémine, n'est pas pour former une «
opinion certaine, ni pour faire croire qu'il ait «
tout-à-fait touché le point, ni même qu'il «

R ij

veuille favoriser l'intemperance des Religieux, & assurément, ceux qui le connoissent sçavent bien qu'il est trop sage pour cela. Mais pour satisfaire ceux qui seroient de plus difficile composition, je veux encore faire voir que l'idée, que l'on a euë de l'Hémine jusqu'au tems de Pépin & de Charlemagne, a toûjours été que c'étoit quelque chose de fort petit, & que tous les Religieux qui se sont établis jusqu'àlors, étoient si éloignez d'aimer les grandes mesures, qu'ils ne pouvoient presque se resoudre à boire seulement un peu de vin.

La preuve en sera facile, mais elle sera d'autant plus convaincante qu'elle sera presque toute tirée des Actes des Saints de l'Ordre donnez par cet Auteur même, & enrichis de ses nottes pleines d'érudition. Je ne veux pour le montrer, que la vie du celebre saint Herménland, vulgairement dit Erbland, qui a vécu jusques dans le VIII. siécle.

An. 720.

Ce Saint avoit été Religieux au Monastére de Fontenelle fondé peu de tems auparavant par saint Vandrille. Et la Régle de saint Benoît étoit si bien gardée dans ce Monastére, que l'Evêque de Nantes en étant informé voulut en tirer des Religieux, pour les établir dans son Dioceze. Saint Lantbert qui étoit alors Abbé lui envoya saint Hermenland avec quelques autres, qui ayant representé à l'Evêque combien leur vie demandoit de retraitte, & de solitude, il les établit dans l'Isle d'Indre deux lieües au dessous de Nantes.

An. 667.

Ces Saints menérent une vie toute angelique dans cette solitude, c'est à dire semblable à celle que l'on menoit dans le Monastére de Fontenelle, & ils y pratiquerent si ponctuellement la Régle dont ils faisoient profession, que saint Hermenland fut regardé comme un nouveau saint Benoît *ut novus Benedictus effulsit.* De sorte qu'il seroit difficile de trouver un témoin plus propre que lui pour rendre raison de ce que nous cherchons.

Il est rapporté dans cette vie qu'un jour N. 10. le vin leur manqua, & que ce Saint ne voulant pas que ses Religieux fussent privez du petit soulagement que la Régle leur accordoit en ce point, le multiplia par le signe de la Croix. Or son historien pour marquer le peu qui leur en restoit, dit qu'il n'en restoit que dans une petite bouteille penduë à la muraille qui ne tenoit qu'un peu plus d'une Hémine, & il appelle cette bouteille non seulement petite, mais trés-petite, & plus que trés - petite, *in parvissimo pendente ad sellam vasculo,* dit-il, *quod parum plusquam heminam capiebat vini.* Aprés quoi usant encore d'un mot plus diminutif, il dit, *in tam parvissimo vasculo.* Si donc une bouteille qui étoit plus que trés-petite, pour user de ce terme, tenoit néanmoins un peu plus d'une Hémine, je laisse à juger à tout le monde, de l'idée qu'on pouvoit avoir de l'Hémine parmi les Religieux qui vivoient alors.

Car si c'étoit là l'idée que l'on en avoit dans le Monastére de saint Hermenland, on ne peut pas douter que ce ne fut aussi celle que l'on en avoit dans celui de saint Vandrille, du mo-

R iij

naſtére duquel ce Saint avoit été tiré, & ſi ce
toit celle de ſaint Vandrille, on peur dire qui
c'étoit celle de tous les Monaſteres ſans en excepter ceux d'Italie, puis qu'il eſt rapporté de ce
Saint qu'il voulut viſiter les maiſons les mieux
réglées de ſon tems, avant que de s'établir,
ayant été à ſaint Claude, à Boby, & ſur-tout
à Rome, où étoient alors les enfans de ſaint
Benoît chaſſez du Mont Caſſin par les Lombards,
afin de s'inſtruire plus parfaitement de leurs pratiques. Or on ſcait que ces premiers diſciples de
S. Benoît avoient eu un ſoin particulier en ſe re-
tirant d'emporter avec eux leurs meſures, comme le remarque expreſſément Leon d'Oſtie. De
ſorte que ſaint Vandrille avoit vû là l'original
de l'Hémine & l'uſage que l'on en faiſoit, de
même que ſaint Hermenland avoit vû cet uſage dans le Monaſtére de ſaint Vandrille. D'où
il s'enſuit que l'idée qu'on en avoit chez lui,
étoit l'idée qui en étoit dans toutes les maiſons
qui floriſſoient alors en ſainteté.

En effet la ſobrieté des Moines, qui étoit
ſi grande, ſe faiſoit particuliérement remarquer
à l'égard du vin, & l'on avoit peine à leur en
faire prendre le moins du monde.

On rapporte de ceux du celebre Monaſtére
de Lindiſfern en Angleterre, qu'ils ne buvoient
que de l'eau, & que le Roy Coëlvulfe, qui s'y
retira vers la fin du IX. ſiécle, fut le premier
qui les porta à boire un peu de vin ou de la biére.

Nous liſons de même que ſaint Boniface
établiſſant le Monaſtére de Fulde dans toute la
pureté de la Régle de ſaint Benoît, & donnant

à ses Religieux plusieurs instructions tirées de l'Ecriture sainte *sans y pouvoir rien trouver, qui marquât que le vin fut pour les Moines,* or-donna du consentement de tous qu'on n'en boiroit point, ni d'aucune autre liqueur forte qui pût enyvrer, mais seulement de la petite biére *sed tenuis cervisia,* ce ne fut que du tems de Pepin Pere de Charlemagne qu'on leur permit l'usage d'un peu de vin en faveur des infirmes, quoi que plusieurs continuérent à n'en point boire jusqu'à la mort.

Nous pouvons encore joindre ici le trés ancien Monastére de Landevenech en Bretagne, où l'on ne commença à boire du vin que sous Loüis le Débonnaire. Nous avons marqué d'au-tres semblables exemples dans la Dissertation, & nous en pourrions encore ajoûter beaucoup d'autres, si nous ne croyions que ceux qui ne se rendront pas à des preuves si convaincantes ne se rendront pas aussi à tout ce qu'on leur pourroit dire de plus.

Nous voyons donc combien tous ces saints Moines étoient éloignez de croire que l'Hé-mine accordée par saint Benoît fut une gran-de mesure, puisqu'ils avoient peine de se per-suader qu'il leur fut seulement permis d'user d'un peu de vin, & qu'ils se plaignoient mê-me jusqu'à l'eau. Car nous ne lisons autre chose dans les vies des Peres. *Un Moine sobre,* dit saint Ephrem, *ne s'amuse ni à boire, ni à re-chercher les vins délicats, il ne boit jamais qu'avec retenuë; il ne s'engage pas aisément à prendre du vin, & non seulement il évite l'excés des vins*

R iiij

Vita sancti Sturmij n. 13.

Sermon. in eos qui in Christo dor-miunt.

mais il ne boit même de l'eau qu'avec retenuë.

Saint Antoine donnoit aussi pour Regle de ne jamais boire de l'eau jusqu'à se satisfaire entiérement. *A saturitate aquæ abstinere,* Evagrius disoit de même, que si l'on vouloit humilier le corps, & se délivrer des songes importuns que le Demon nous suscite quelquefois la nuit, il ne falloit pas même boire de l'eau à grande mesure : *ne in bibenda aqua largiore mensurâ uterentur.*

VI.

Que la décadence de la vie religieuse a presque toujours suivi les desordres de l'Etat, combien Charlemagne & Loüis le Debonnaire travaillerent pour retablir l'ordre religieux, & que néanmoins leurs travaux n'eurent pas un succés de longue durée.

NOUS pouvons remarquer à ce propos que l'affoiblissement de la discipline religieuse a presque toujours suivi les desordres de l'Etat, (ce qui nous oblige particuliérement à prier Dieu pour la prosperité du Roy, & pour la conservation de la famille Royale) On sçait les malheurs que causa à la fin du VII. siécle la décadence de la race du grand Clovis, & à quel abandonnement furent livrez les Monasteres sous Charles-Martel, ses fils Carloman, & Pepin tâcherent de réparer une partie du desordre, Charlemagne s'y employa encore plus particuliérement depuis, & Theodemar, dans la lettre qu'il lui écrivit, en lui envoyant les mesures de saint Benoît, se crût obligé de le remercier particuliérement du zele qu'il faisoit paroître en ce point.

Ce fut pour continuer le projet qu'il avoit prémédité d'une réforme générale, que Louïs le Débonnaire son fils convoqua cette Assemblée générale à Aix-la-Chapelle, où présida ce célébre Abbé d'Aniane, le saint Benoît de nôtre France. Mais ce Saint qui avoit été chargé de faire exécuter les délibérations de l'Assemblée, & de tenir la main à ce que la vie que l'on meneroit dans tous les Monastéres fût uniforme, & que la Régle y fût soigneusement observée. ne vécut que trois ou quatre années aprés, & la division qui se mit dans la Famille Impériale, fut cause qu'on commença aussi à voir de nouveaux desordres dans l'Eglise, aussi bien que dans l'Etat. Les plus célébres Abbez furent éloignez, Vala proche parent de l'Empereur fut envoyé en exil aussi-bien que saint Adalard son frére à qui il avoit succédé dans le gouvernement du Monastére de Corbie, les autres, comme saint Paschase successeur de Vala, saint Rhaban Abbé de Fulde, & le vénérable Guibert Abbé de Ferriéres se résolurent à plûtôt quitter que de souffrir le renversement, qu'on avoit fait dans leurs Maisons. Enfin les Religieux protestoient publiquement, qu'ils aimoient mieux être chassez & réduits à la mendicité que de se voir traittez, comme ils étoient, par des Ecclésiastiques de la Cour, qui n'avoient point de plus grande passion que de s'emparer des Monastéres.

C'est contre ces desordres que s'assemblérent

les Conciles de Mayence en Allemagne, & celui de Meaux en France : mais une marque qu'ils n'y purent pas apporter le reméde qu'ils desi- Conc. Vern. an.844.c.12. roient ; c'est que le Concile de Vernon tenu sous Charles le Chauve témoigne qu'encore de son tems quantité de Moines étoient sortis de leur voye, les uns par un dessein formé, les au- tres par une pure négligence, & la plûpart, faute d'avoir seulement de quoi vivre & se vétir, *Alios studio, nonnullos desidiâ, multos necessitate victûs & vestimenti.*

Or il est fort probable que de ceux-ci il y en eut qui ne manquérent pas de remuer tout pour trouver de quoi appuyer leur relâchement, ou pour tirer le plus qu'ils pouvoient de ces Abbez qui vouloient tout prendre, Car tel est le mal- heur de nôtre nature dans l'état où nous a ré- duit le péché : plus on nous refuse, & plus nous voulons avoir. Non seulement la contrainte & la nécessité nous portent à rechercher encore plus la molesse & l'abondance : mais nous voulons même paroître forts jusques dans nôtre propre foiblesse : nous imaginant que ce ne seroit pas assez pour nous d'élargir nôtre voye, si nous n'entreprenions encore de faire voir, que si nous ne marchons pas dans la plus étroitte, nous sui- vons au moins la plus raisonnable, & celle qui a plus de rapport avec la vie de nos Péres.

VII.

D'où peuvent être venus les écrits qui ont
parû dépuis ce temps là , & qui favo-
risent les grandes Hémines.

VOILA apparemment ce qui a pû donner
lieu a quelques écrits particuliers, que l'on trouve dépuis le IX. siécle jusqu'au dixiéme qui auront été faits par des gens , ou qui n'entendoient pas ces matieres , ou qui n'étoient pas fâchez de favoriser les grandes mesures.

Ils se mettoient peu en peine de sçavoir quelle étoit la capacité des Romaines , ny s'il y étoit
arrivé quelque changement dans ces mesures du
temps de S. Benoît , & dans le païs où il étoit.
Il leur suffisoit qu'il en fût arrivé dépuis cela
dans les provinces étrangéres , pour conclure
d'une pratique du VIII. ou du IX. siécle à celle du V. ou du VI. & de ce qu'ils voyoient
peut-être en France de leur temps , à ce qui s'é-
toit pratiqué du temps de S. Benoît en Italie ,
qui sont des fautes de raisonnement que l'on
ne pardonneroit seulement pas aux moindres
Ecoliers de Logique. Mais quoy ! l'on se sert de
tout , quand on a une méchante cause à deffendre.

Je laisse à l'Auteur de la Préface , à examiner Pref. n. 158.
dans son manuscrit de Rheims , si le moine Bertiguaire qui écrivoit , dit-il , sous l'Archevêque Ebon , & par consequent dans le siécle où
nous sommes , n'étoit point luy même un de

ceux là. Je ne m'arrête pas même à ce que ce bon Religieux dit de la qualité des mesures de son temps. On sçait que l'Empereur Charlemagne étant venu à la Couronne trouva un si grand desordre en toutes choses, qu'il n'y avoit presque pas deux Villes, qui eussent les mesmes mesures, & les mêmes poids, & qu'il fut obligé de renouveller tout, & de faire quantité de loix. Mais ce qui est visible c'est que quand Bertiguaire rapporte deux opinions, comme lors qu'il dit, que les uns faisoient l'Hémine d'une livre, & les autres d'une livre & demie, il est toûjours pour la plus large. Ce qui doit faire craindre qu'il ne fût un peu porté à favoriser le relâchement.

Ie laisse encore ce qu'il dit, que ces mesures changeoient selon la volonté des Princes. *Ad vota Principum.*

J'ay assez fait voir que cela ne se peut pas entendre de ceux, qui ont été dans l'Italie jusqu'à S. Benoît, & quoy que l'Auteur de la Préface n'ait rapporté ce grand passage tout au long que parce que, dit-il, rien ne sert plus à faire voir, quelle est la mesure de nôtre Hémine. *Quod ad illustrandam Hemina nostra mensuram plurimum conferat :* je doute qu'il trouve beaucoup de gens de son opinion en ce point ; & j'ose même me promettre, connoissant sa probité & sa sagesse, qu'il aura d'autres pensées là dessus, s'il veut seulement prendre la peine de considérer sans prevention ce qui est dit icy, l'assurant que de ma part, je seray toûjours dans la disposition d'écouter tout ce qu'il luy plaira de me repreſenter avec quelque fondement ſur ce ſujet.

Ce que ce Pere ajoûte du Concile d'Aix-là chapelle de l'Année 816. au chap. 122. fait encore plus pour nous que pour luy, puiſque cela prouve ſeulement l'inégalité des meſures de France, en ce temps là. *Cùm hujuſmodi menſuræ diverſiſſimæ, & inæquales ſoleant haberi, &c.* D'où il s'enſuit que l'on n'en peut rien inférer du tout pour la queſtion que nous traittons, & qu'il faut neceſſairement paſſer les monts, & remonter juſqu'au ſiécle de S. Benoît, pour en juger, & c'eſt ce que je croy avoir fait exactement dans les nombres précedens.

Nous voyons donc que tout étoit fixe & arrété pour ce point dans le païs de Rome, & au ſiécle de S. Benoît, & nous voyons au contraire que tout n'eſt que confuſion, & que deſordre dans les provinces au temps où l'on nous rappelle. Et au lieu que les plus grands Princes regardoient à lors ces antiquitez comme des choſes ſacrées, à quoy ils ne croyoient pas qu'on pût toucher, *ſans déchirer la verité*, & ſans commettre une eſpéce de ſacrilége, ici au contraire tout eſt renverſé, & l'on n'a plus d'autre regle que la volonté de ceux qui gouvernent. *Ad vota Principum, & Judicum.*

Qui pourra donc nous fixer, & nous aſſurer ſi nous ne remontons à la ſource, & ſi nous ne rentrons dans la pratique conſtante de ces ſiécles bien-heureux, qui ne ſe ſont point arrétez à la volonté changeante des hommes, mais a l'autorité de la regle & à l'eſprit conſtant de leur premier Pere.

VIII.

Que c'est par la pratique des anciens, & véritables Religieux, plûtôt que par les commentaires qu'il faut expliquer la Regle. Qu'Hildemare cependant, qui est le plus ancien, reconnoît que l'Hémine n'étoit que de 12. onces, aussi-bien que Boherius. Justification de S. Isidore.

Il est bon de remarquer icy avant que de passer outre, que c'est par cette ancienne pratique que nous devons expliquer la Regle plûtôt que par les commentaires, qui ne sont venus, que depuis. C'est pourquoy nous voyons que les plus excellens Religieux avoient tant de soin d'aller en pellerinage visiter les plus fameux Monasteres, ou d'y envoyer, pour en tirer la véritable pratique de la Regle, & l'Auteur de la Préface nous en fournit encore un exemple remarquable, qu'il a tiré de Monsieur Baluze touchant quelques Religieux qui furent envoyez à Richenavv, & qui rendent compte à leur Abbé de toute l'œconomie sainte, qu'ils y avoient remarquée.

Les Commentaires sont venus plûtard, & les plus anciens que nous ayons ne sont que du IX. siécle; D'où il s'ensuit qu'il ne faut point s'étonner, s'ils n'ont pas toûjours bien rencontré à expliquer les choses, soit qu'ils ne connussent pas assez l'antiquité, ou qu'ils se laissassent emporter par la pratique de leur temps.

Cependant Hildemare, que le Pere Mabillon croit être le premier de tous, reçonnoît luy

même que ce n'est point à cette diversité de mesures qui se trouve dans les provinces, qu'on
doit rapporter l'Hémine de S. Benoît, & que
c'est ce qui obligea Charlemagne de faire venir
celle du Mont Cassin, qui est dans le païs de Benevent, parce qu'il est certain que S. Benoît avoit
parlé selon la coûtume du lieu ou il écrivoit.
Sciendum est (dit cet Auteur) *quia unaquæque
regio suam mensuram habet, & idcirco Doctores
cùm de mensura dicunt, secundum sui loci consuetudinem dicunt*; aprés quoy il ajoûte. *Unde Ca-
rolus Rex qualiter ipsam Heminam intelligere ac
scire potuisset, misit Beneventum ad ipsum Mona-
sterium, videlicet S. Benedicti & ibi reperit An-
tiquam Heminam, & juxta illam Heminam da-
tur Monachis vinum : similiter & juxta illam ha-
bemus & nos.*

Ce texte mérite d'être consideré, car il fait
voir; premierement, que ces mesures avoient
changé dans les provinces & par consequent que   *Pref. n. 162.*
nous n'y devons avoir nul égard. Et il ajoûte
que voilà ce qui obligea Charlemagne de recou-
rir à l'Hemine du mont Cassin, & que c'est sur
cette Hemine là qu'on régloit le vin qu'on donnoit aux Religieux. Par là nous voyons que c'est
sur cette mesure, que les choses furent réglées
dans l'assemblée d'Aix, puisqu'il est certain que
son dessein fut que l'on gardât une entiere uniformité en toutes choses, aussi bien dans le boire & dans le manger, que dans le reste. *Unifor-
mis mensura in potu & cibo*, dit Ardoüin dans la
vie de S. Benoît d'Aniane.

Si donc comme je l'ay fait voir, cette   *Ard. n. 11.*

Assemblée n'a accordé, que 12. onces de Vin,
il s'ensuit encore de là, que le Monastère
d'Hildemare & tous les autres de son temps
n'en avoient pas davantage, & nous le pouvons encore confirmer par la suite du texte de
cet Auteur, qui revient aussi-tôt à l'Hémine de
S. Isidore, qu'il dit n'être que d'une livre de 12.
onces. Ce que fait aussi Smaragdus qui écrivoit
dans le même siécle. De sorte qu'il est visible,
que ces Auteurs ne reviennent ainsi à l'Hémine
de 12. onces, que parce que c'étoit la véritable
Hémine Religieuse reconnüe dans cette Assemblée : & il ne faut point dire qu'ils ne traittent,
que la Thése en general, puisqu'ils ne pouvoient déscendre plus précisément à l'Hypothe-
se, qu'en parlant de cette Hémine de 12. onces,
ni la confirmer par une autorité plus considérable que celle de S. Isidore, qui étoit venu immediatement aprés S. Benoît, & qui apparament n'avoit pris cette idée de l'Hémine, que de
ce qu'il voyoit pratiquer dans les Monasteres, quoique du tems même de Galien, il y eut
déja des auteurs qui lui donnassent cela comme
nous l'avons fait voir dans la dissertation : mais
ce n'étoit pas une opinion fort répanduë.

Et il y a bien de l'apparence, pour ne le dire
icy qu'en passant, que c'est de là même qu'est
venuë *la pinte*, que nous appellons *de saint Denis*,
qui est en usage non seulement dans la ville qui
porte ce nom, mais aussi dans toutes les terres,
qui dépendent de l'Abbaye. Car elle est justement de trois chopines de Paris, c'est a dire de
48. onces, qui divisez par 4. donneront 12. onces pour le demisestier.   Ainsi

Ainsi les Moines ne se tromperoient pas trop, s'ils disoient que leur Hémine doit être prise sur ce pied là, qui donne en effet une aussi grande mesure que la Romaine. Mais la faute qu'ils font, est d'appliquer le mot d'Hémine a cette pinte, au lieu qu'il faudroit renoncer au sens commun, & a l'étymologie du mot même, pour ne pas voir qu'il ne se peut rapporter qu'au demisestier. Ce qui a été assez prouvé auparavant.

L'on voit par là que ce n'est pas merveille si Boherius qui écrivoit dans le XIV. siécle, aprés avoir rapporté l'opinion de Nicolas de la Fracture Auteur du XIII. siécle, dont je parleray cy aprés, revient aussi tôt à celle de Smaragdus qui est celle de S. Isidore même : Et cet Auteur ne pouvoit pas mieux faire voir combien il descend dans le particulier, qu'en disant, qu'encore que cette mesure parût petite, il la croyoit suffisante néanmoins par ce qu'on y pouvoit mettre de l'eau : *Aquâ tamen junctâ satis sufficere credo*, pourvû, ajoûte t'il, que l'on se contente du nécessaire, & que l'on préfere la sobrieté au plaisir, *Si voluptati tamen sobrietas & necessitas præferatur*. Et sa raison est, comme il dit ensuite, qu'il doit suffire à un homme, qui fait profession de pénitence, d'avoir une mesure qui luy puisse fournir 3. ou 4. fois à boire, & que même on ne doit pas boire plus de trois fois à dîner: *Sufficere namque debet homini pœnitenti, si ista mensura tria vel quatuor contineat pocula, cum ultra tertiam vicem in prandio minime sit bibendum.*

S

J'ai fait voir aussi que c'étoit le sentiment des Anciens, qu'on ne doit pas boire plus de trois fois, & j'ai montré en quoi consistoit cela.

Je sçai bien que Bohérius appuye ce qu'il dit par la qualité des vins d'Italie, qui sont plus forts que ceux de France, & que l'on dira pour éluder l'autorité de saint Isidore, qu'il ne s'accorde pas lui-même avec lui-même. Mais j'ai déja répondu à tout cela dans la Dissertation; & je puis ajoûter ici que les reproches qu'on fait à saint Isidore sur ce sujet, viennent aussi de ce que l'on ne l'entend pas assez. Car premiérement, cette disconvenance qu'on y remarque, n'est que pour les dragmes, en quoi les Auteurs différent souvent. Et secondement, si l'on trouve quelque diversité là-dessus, dans saint Isidore, elle ne vient que de ce qu'il a considéré deux sortes de mesures, l'une publique & l'autre monastique; ce qui nous est encore plus favorable. Il est vrai qu'il ne fait pas cette distinction formellement; mais il est visible néanmoins qu'il la suppose, comme une chose connuë alors.

C'est de la publique qu'il faut entendre ce qu'il dit du cyathe, qui se trouve six fois dans l'Hémine, lorsqu'il le fait de dix dragmes. Ce qui se peut confirmer par l'autorité de Pline, qui ne lui en donne pas davantage; & cela fait 60. dragmes pour l'Hémine, comme nous avons déja vû auparavant.

Mais c'est de l'Hémine Monastique qu'il faut entendre ce qu'il ajoûte. *Hemina appendit libram unam, quæ geminata sextarium facit.* Tout ce qu'on peut dire à cela, c'est que si saint Isidore

avoit pû revoir son ouvrage, il auroit auparavant appuyé davantage cette distinction : mais
on sçait qu'il mourut avant que de l'avoir
achevé.

Or cette livre de 12. onces & ces 12. onces di-
visées par 6. cyathes que contient l'Hémine,
donnent 2. onces pour chacun ; ce qui revient
encore à l'opinion des Grecs, comme on voit
par Suidas.

Je ne me mets pas en peine si de là on pourroit conclure qu'il y a 16. dragmes dans le cyathe, à raison de 8. dragmes pour once, quoi-
que d'ordinaire on ne fasse le cyathe que de 10.
dragmes.   Car tout ce que cela prouve, est que
l'Hémine Monastique étant de 12. onces, son
cyathe est un peu plus fort que celui de l'Hémine
ordinaire, laquelle n'est que de dix onces : comme en effet il le doit être d'un tiers. Mais cela
ne fait rien parce que (comme j'ai déja dit) le
premier degré fixe des mesures, c'est l'once. Il
y a toûjours une égale proportion à ce qui est au
dessus. Mais il y a de la diversité à ce qui est au
dessous. Cassiodore dans l'Epitre de Théodoric
que j'ai citée auparavant, ne lui en donne que
6. Celse lui en donne 7. & les autres d'ordinaire
lui en donnent 8. ce qui n'est pas une augmentation de l'once, mais une diminution, ou mul-
tiplication des dragmes suivant que les Médecins ont cru, qu'il seroit plus commode pour
leurs remédes.

IX.

Que ce que nous avons dit jusques ici peut suffire pour répondre à tout ce qui a été écrit jusqu'au X. siécle. On satisfait aux difficultez proposées.

JE croi que si l'on prend la peine de considérer ce qui a été dit jusques ici, on trouvera peu de choses dans les Auteurs qui ont écrit avant le 10. siécle, que l'on ne puisse facilement accorder, puisque si vous en exceptez quelques particuliers qui se sont arrêtez aux desordres & à l'inconstance du moyen âge, pour favoriser le relâchement, tout le reste conspire visiblement à établir l'égalité des mêmes mesures. J'avertis seulement, qu'encore que la plûpart des autres Régles qui sont venuës depuis saint Benoît, ayent approché de la sienne, autant qu'elles ont pû, il ne faut pas néanmoins s'imaginer qu'elles lui soient toûjours conformes en tout, puisqu'autrement il n'en auroit point falu écrire d'autre. Ceci se comprendra mieux par des exemples.

Quand la Régle du Maître, qui est de la fin du VII. siécle, ordonne que l'on présentera les trois coups à boire, séparément, en sorte que le 3e. coup acheve l'Hémine qu'on doit servir. *Qui tertius impleat mixtam Heminam*, il ne faut pas s'imaginer qu'on puisse inférer de là, que cette Hémine fût plus grande que l'ordinaire, comme a cru l'Auteur de la Préface. Mais il faut

considérer, comme il paroît par le texte même,
que le vin se mettoit dans la tasse à trois diverses reprises, c'est-à-dire deux cyathes, ou quatre
onces à chaque fois, & qu'en y mettant autant
d'eau, ou environ, ils avoient raisonnablement
pour boire chaque coup ; car l'Auteur de la Préface avouë lui-même que 7. ou 8. onces peuvent suffire pour boire un coup. Si donc on servoit le vin à trois fois, ce n'étoit pas une marque
que l'on en donnât davantage ; mais c'étoit au
contraire une preuve d'une plus grande exactitude dans la tempérance, parce qu'il auroit pû
se faire que quelqu'un étant assez foible, auroit
bû par avidité toute son Hémine de vin à la fois,
& ensuite n'auroit plus eu que de l'eau. Ou bien
même que cette pratique auroit été introduite,
pour n'être pas obligé d'avoir tant de pots sur
la table, ainsi qu'il se pratique encore chez quelques Religieux Mendians. Cela ne sert donc
qu'à confirmer encore davantage la capacité de
nôtre Hémine, par rapport à ces trois coups
à boire, si souvent mentionnez dans les Anciens.

Que si l'on insiste qu'il paroît par cette Régle
qu'on donnoit une Hémine entiére le soir, lorsqu'on avoit dîné à midi, & qu'à dîner même
on avoit encore, outre cette Hémine, un coup
de vin pur à boire, *singulos meros* : je répons que
c'est ce qui leur étoit particulier, peut-être à raison de leurs grands travaux, puisqu'il est expressément fait mention de l'été, & que quoi-qu'il
en soit, cela ne regarde point du tout la Régle
de S. Benoît.

S iij

Ce que l'on allégue aussi de la Régle de saint
Fructueux, qui n'ordonne qu'une Hémine pour
deux, ne prouve pas pour cela qu'elle fût plus
grande ; mais bien que ses Religieux étoient plus
sobres, & plus pénitens que les autres. En effet
comment saint Fructueux auroit-il pû avoir une
autre Hémine que saint Isidore, puisqu'il écrivoit presque dans le même païs, & un peu après
luy ? S. Benoît avoit voulu tenir le milieu, pour
se proportionner aux foibles ; mais S. Fructueux
avoit été plus loin, parce qu'il sçavoit qu'il n'y a
rien de plus dangereux que le vin pour la continence. Et ces bons Religieux croyoient qu'en
cela on leur donnoit encore plus qu'on ne devoit, puisqu'il y en avoit à qui l'on n'en donnoit
point du tout, comme nous l'avons fait voir par
plusieurs exemples. Outre qu'il est expressément
remarqué, que les Fêtes on leur donnoit à chacun trois coups à boire, c'est-à-dire, leur Hémine entiére.

Ainsi il ne faut pas s'imaginer qu'on puisse
éluder ce passage de saint Fructueux par un bon
mot, en disant qu'il n'y en auroit pas pour une
poule : *Qui potus vix gallinæ sufficiat.* Il faut laisser cette raillerie à Villalpandus, s'il croit avoir
bien rencontré. Mais pour nous, nôtre Régle
nous défend d'en user : Et nous pouvons dire,
qu'en y mettant de l'eau il y en aura assez à boire, non pour une poule, mais pour un véritable Religieux, *& un homme sobre, & pénitent,*
ainsi que nous l'apprenoit peu auparavant Bohérius. A la vérité, le vin n'en est pas si fort,
mais nous trouverons d'autres exemples de cette

grande sobriété, qui ont toûjours été traittez avec respect dans l'Eglise. Témoin ce qui est rapporté de saint Wunebaud, Abbé de Heidenheim, qu'il prenoit si peu de vin, qu'il sembloit que ce fût plûtôt pour en tâter, que pour en boire. Saint Valry n'en usoit pas avec moins de moderation, puisqu'il est expressément dit de lui, qu'il ne bûvoit ni vin, ni cidre, ni autre chose qui pût enyvrer, si ce n'est quand il y avoit des hôtes, qu'il en tâtoit seulement un peu, pour leur témoigner sa charité, & pour leur complaire.

Il est rapporté du B. Alcuin, dans sa vie, qu'il ne bûvoit que trés-peu de vin, non pour satisfaire sa convoitise, mais pour subvenir à ses infirmitez en suivant le conseil de l'Apôtre; & l'illustre Grégoire Abbé & grand Vicaire d'Utrec, qui étoit de la famille de nos Rois, & disciple de saint Boniface Apôtre d'Allemagne, pouvoit à peine se résoudre à prendre un peu de vin, à raison de ses infirmitez, encore ne le bûvoit-il jamais sans y mettre beaucoup d'eau, exhortant ses disciples *à fuir l'excés du vin comme l'enfer.*

Il est de même remarqué de saint Pierre Célestin, que (comme il ne mangeoit point de chair) aussi il ne bûvoit que trés-rarement du vin; & qu'alors il le trempoit tellement que ce n'étoit plus du vin. *Ita dilutum, ut speciem omninò mutaret.* Saint Paul Evêque de Léon en Bretagne ne bûvoit jamais de vin. Ses disciples Daniel & Hildas, surnommé le Sage, imitérent si bien leur Maître, qu'ils furent nommez,

Aquarii, Bûveurs d'eau.

Pref. n. 164. Je ne pense pas que l'on trouve mieux son compte pour faire croître l'Hémine dans ce qu'on allégue des Statuts de saint Adalhard Abbé de Corbie, qui écrivoit au commencement du I X. siécle. Car outre que ce chapitre ne regarde pas le vivre des Religieux, puisqu'il parle seulement des aumônes ; tout cela se termine à faire voir qu'il y avoit six verres, ou six coups à boire, *sex calices*, dans le settier, qui se réduisent encore à nos trois coups pour l'Hémine. La différence qu'on y peut considérer est, que comme il ne s'agit que de biére, & que ce n'est que pour des personnes de dehors, au lieu de mettre deux Hémines pour une, comme avoit fait l'Assemblée d'Aix de l'année 817. & le Concile de la même ville de l'année 815. ce saint Abbé a pris une Hémine doublé, ce qui revient toutesfois à la même chose.

Mais, dira quelqu'un, voilà donc enfin une Hémine deux fois plus grande qu'une autre ? Passe, pourvû que l'on demeure d'accord, que cela ne peut rien faire contre nous ; puisque d'une part, j'ai déja remarqué que Charlemagne avoit changé les mesures publiques en France, & que de l'autre au contraire, cela fait voir que ce grand Abbé que l'on appelloit le *saint Augustin de son tems*, gardoit même la modération dans le boire jusqu'envers les personnes du dehors, & que dans le fonds il n'accorde pas plus de biére à chaque particulier, que n'avoit fait le Concile dont j'ai parlé. Ce qu'on pourroit seulement conclure de ceci, est que la mesure de

Paschas. in ejus vita.

biére étoit peut-être alors double de celle du vin en Picardie ; en quoi il n'y auroit pas sujet de s'étonner.

Ainsi l'on voit que tout ce qui a été écrit par des personnes d'autorité ; (Je laisse à part quelques particuliers, comme ceux dont j'ai parlé ci-dessus) & qui peut avoir quelque rélation aux mesures monastiques, s'accorde trés-bien jusqu'au X. siécle, & revient toûjours à la même chose ; c'est-à-dire, à cès trois coups de boisson, qui se doivent trouver pour chaque personne dans un repas, & qui se prenoient sans eau pour la biére, & avec la moitié ou les deux tiers d'eau pour le vin.

Mais il est vrai que depuis le X. siécle les choses ont bien changé ; & il ne s'en faut pas étonner vû les grands desordres qui arrivérent alors ; de quoi il ne sera peut-être pas inutile de donner ici quelqu'idée en abrégé.

X.

De la décadence de la race de Charlemagne, & du desordre que cela a causé dans l'Eglise aussi-bien que dans l'Etat. Que c'est ce qui a précipité de nouveau le monde dans l'ignorance, & les Moines dans le déréglement. Naissance du poids, & des mesures extraordinaires du Mont-Cassin.

LES desordres du X. siécle, en y comprenant ce qui l'a un peu précédé au moins de prés, furent si grands, particuliérement en Italie, que Baronius appelle ce siécle, non seulement un siécle de fer, & de plomb, mais aussi un siécle de ténébres.

Ce n'est pas que je ne sois tout-à-fait du sentiment de l'Auteur de la *Perpétuité de la Foi*, qui montre trés-bien que les Calvinistes se sont rendus ridicules, en abusant de l'autorité de Baronius, pour prouver qu'il soit arrivé quelque changement alors dans la créance de l'Eglise. L'Eglise est toûjours invariable dans sa foi, elle est cette ville située sur la montagne, qui ne peut jamais être cachée. Et l'on vit alors plusieurs grandes lumiéres qui éclatérent comme des soleils au milieu de la nuit, comme l'a aussi remarqué le sçavant Auteur des Actes des Saints de l'Ordre de saint Benoît. Mais il faut avoüer néanmoins que l'ignorance n'a jamais été plus grande dans la plûpart des hommes, ni le déréglement des Ecclésiastiques, & des Religieux plus général dans l'Italie. Le Pape Victor III. qui avoit été Moine du Mont-Cassin, est obligé de reconnoître luy-même, aussi-bien que Baronius, la vie monstrueuse que menoient alors les Papes, les Evêques, & les Prêtres. L'ignorance étoit si profonde, que l'on avoit peine quelquefois de trouver des personnes qui sçussent seulement lire. Et s'il s'en rencontroit quelques-uns qui eussent un peu plus d'esprit, & de talent que les autres, on les faisoit passer pour sorciers, témoin Gilbert Archevêque de Rheims, qui fut depuis le Pape Sylvestre II. & Guy l'A-

Baronius & alij.

Perp. de la Foy, c. 8.

Praf. saculi V. Benedict.

In Praf. lib. 3.

On le peut voir dans le 2. Tome du IV. siécle Bénédictin avec les sçavantes notes du P. Mabillon.

retin, Moine de saint Benoît, qui inventa la gamme de la musique.

La Langue Grecque étoit tellement inconnuë dans ce siécle, & dans les suivans, qu'il faloit quelquefois envoyer jusqu'en Gréce, pour déchiffrer une inscription de trois lignes.

Le desordre avoit pénétré jusques dans les Maisons les plus sacrées, & les Moines du Mont-Cassin qui furent obligez de se retirer à Théane, aprés que les Sarrazins eurent pillé leur Monastére, ne furent pas plus saints que les autres, pour être revenus sur cette sainte montagne: leur Abbé Manson, comme témoigne Léon d'Ostie, vivoit dans le déréglement, & il fut traitté si cruellement par l'Evêque Albéric, qu'il en vint jusqu'à lui faire crever les yeux, afin de mettre son bâtard à sa place. Faut-il s'étonner aprés cela, si des Moines peu réglez n'ayant plus la véritable mesure de l'Hémine, en ont inventé de plus grandes.

Je sçai bien que ceux qui ne haïssent pas les grandes mesures, pourront dire que c'est deviner que de parler de la sorte. Mais s'il est permis de donner quelquesfois lieu à la conjecture, je m'assure que l'on trouvera que celle-ci n'est pas des plus mal fondées; & je supplie ceux qui n'y voudront pas entrer, de nous donner quelque chose de plus assuré, pour nous faire voir l'origine de ces mesures exorbitantes du Mont-Cassin. Car enfin, quoi-qu'il en soit de leur naissance, c'est-à-dire, de la maniére dont elles ont été introduites, j'ose soûtenir que ce n'est plus une conjecture; mais une vérité démon-

trée, que de dire qu'elles ne font nullement celles de faint Benoît : & je ne puis affez m'étonner comment tant de gens durant tant de fiécles
ont pû être les duppes de ces faux Moines, en
recevant ces fauffes mefures.

Je croiois que ce qui avoit été dit dans la
Differtation pouvoit fuffire là-deffus ; mais puifqu'il femble qu'on y veuille revenir encore, je
fupplie toutes les perfonnes raifonnables de me
dire, fi l'on peut s'imaginer que Charlemagne,
qui avoit vû la régularité & l'œconomie du
Mont-Caffin, & qui en avoit été édifié, eût pû
approuver ces exceffives mefures, & s'il eût pû
fe réfoudre à les faire venir de fi loin, pour régler le vivre des Religieux dans le deffein qu'il
préméditoit d'une réforme générale. Je demande fi l'Abbé Théodemar n'eût pas été honteux
lui-même d'envoyer ces mefures à un Prince fi
fage, puifqu'il eft conftant qu'elles donnent
plus de pain & de vin à chaque Moine, qu'il
n'en faut pour deux ou trois. Enfin je demande
fi l'Affemblée d'Aix compofée de tant de faints,
& de vénérables perfonnages, eût pû regarder
fans indignation, ces effroyables mefures, ou fi
elle eût pû fe réfoudre à les recevoir dans le
tems, où elle traittoit d'une réforme trés-exacte,
& qu'elle vouloit réduire toutes chofes dans les
bornes d'une fainte fobriété, & d'une pauvreté
religieufe.

Et je laiffe à juger à tout le monde, fi le célébre
Abbé d'Aniane qui préfidoit à cette Affemblée,
eût pû fouffrir, qu'on eût porté les chofes à un
tel excés, lui qui dit expreffément, qu'il faut

regarder le *vin*, *comme un poison*, & qui vivant dans un païs où il est si commun, en accordoit à peine un coup à chacun de ses Religieux les Dimanches, & les Fêtes, *singulas potiones*.

L'on pourroit encore confirmer ceci par une remarque que fait le R. Pére Dom Jean Mabillon, qui compte entre ceux qui se trouvérent dans cette Assemblée d'Aix-la-Chapelle, Apollinaire Abbé du Mont-Cassin, & successeur médiat de Théodemar. Car si cette Assemblée n'a pas suivi ces grandes mesures, il s'ensuit qu'elles n'étoient pas aussi au Mont-Cassin, puisque son Abbé, qui étoit présent n'eût pas pû souffrir, qu'on en eût pris d'autres que celles qui avoient été envoyées à Charlemagne, ou que s'agissant d'une uniformité, que l'Empereur vouloit faire recevoir par tout, & au Mont-Cassin même, on lui eût fait quitter des mesures, qu'il auroit crû être de S. Benoît, pour lui faire prendre une Hémine de 12. onces.

L'on peut appuyer cette preuve d'une nouvelle instance tirée de ce que dit Léon d'Ostie, que les ordonnances de l'Assemblée d'Aix étoient gardées au Mont-Cassin avec autant d'exactitude que la Régle de saint Benoît. Car si cela est, il faut nécessairement conclure que cette Assemblée n'a rien fait en ce point qui pût être présumé si fort opposé à ce qui auroit été établi par saint Benoît : mais qu'au contraire les petites mesures qu'elle nous a laissées, sont celles qu'on doit croire être véritablement de ce Saint. D'où il s'ensuit que les autres n'étoient pas encore nées alors, & qu'on ne leur peut guéres at-

tribuer une autre naissance, que celle que j'ai
marquée auparavant.

XI.

Naissance des poids & des mesures de saint Maur.

LES autres poids, & mesures qu'on a aussi
montrez depuis à saint Maur des Fossez, ne semblent pas avoir une origine plus favorable, ce
que je croyois avoir aussi fait voir assez clairement dans la Dissertation.

Mais une marque convaincante, ce me semble, que ces mesures, qu'on prétend avoir été
conservées & regardées comme celles que le B.
saint Maur avoit apportées en France, étoient
inconnuës dans le moyen âge; c'est que s'il en
eût été parlé du tems de Charlemagne, il n'eût
pas été besoin d'envoyer au Mont-Cassin, pour
avoir celles de ce Monastére, ou qu'au moins on
auroit fait quelque confrontation des unes avec
les autres, pour en reconnoître mieux la justesse,
& la vérité.

L'on sçait que le Monastére de Glanfeuil, appellé aujourd'hui *S. Maur sur Loire*, que ce
Saint avoit bâti à son arrivée en France, & où il
avoit laissé les mesures que saint Benoît lui avoit
données, a été tant de fois ruiné, qu'il n'y a
nulle apparence, qu'on ait pû conserver ces mesures.

Il le fût premiérement par un Italien de Ra-
venne, nommé Gaydulphe, à qui Pépin pére

de Charlemagne donna le Comté d'Anjou pour
récompense de ses services, & qui fit une de ses
maisons de ce Monastére.

Ce malheureux Comte prit tellement à tâche
d'effacer toute la mémoire de saint Maur, qu'il
chassa les Moines, ruina la maison, abattit l'E-
glise, & consuma jusques aux titres, & aux pa-
piers de la fondation, dont il jetta une partie
dans la riviére, & brûla les autres. On sçait
quelle fut la fin funeste de ce Tyran. Mais il est
aisé de juger par là que cet impie, qui n'épar-
gnoit pas les choses les plus sacrées, n'aura eu
garde d'épargner davantage ces mesures, desquelles il aura plûtôt fait raillerie pour les jetter
ensuite avec le reste, ou dans le feu, ou dans la
riviére. Quoi-qu'il en soit, il n'en est fait nulle
mention depuis. Et nous ne voyons pas qu'il en
soit parlé dans la translation des reliques de saint
Maur, qui fut faite sous Charles le Chauve,
lorsque la terreur des Normands obligea les Religieux d'abandonner leur maison, & de venir
après plusieurs tours, mettre enfin le corps de
ce Saint au Monastére des Fossez, qui porte aujourd'hui son nom, distant de deux lieuës de
Paris. Il est certain néanmoins que s'il y avoit
eu lieu de nous dire comment ces mesures de
saint Maur auroient été apportées à ce Monastére, c'étoit en cette rencontre qu'il le faloit
faire, comme nous avons vû que Léon d'Ostie
n'a pas oublié de marquer, que quand les Moines
du Mont-Cassin s'enfuirent à Rome, ils y empor-
térent leurs mesures.

Ce n'est pas que j'aie peine à me persuader

qu'on n'ait pû montrer à Bohérius dans le XIV.
siécle des mesures qui passoient pour celles-là,
puisque je suppose cette invention, pour ne pas
dire cette imposture plus ancienne.

J'avoüe franchement que je n'avois point vû
cet endroit dans Bohérius, parce que je n'eus
son manuscrit que fort peu de tems entre les
mains, & je suis trés-aise, que l'Auteur de la
Préface l'ait remarqué. Je souhaitterois même
que le lieu fût encore plus favorable pour justifier Dubreuil, lequel néanmoins je n'ai jamais
crû assez double pour nous imposer, mais à qui
j'ai eu peur que d'autres n'eussent imposé, sur
tout aprés les recherches que j'avois faites moi-
même sur les lieux pour m'en assurer, sur quoi
on peut voir la Dissertation.

Mais si ces poids, dont parle ce bon Religieux, étoient si considérables, comment les
Péres de saint Germain des Prez, à qui il dit
qu'il en laissa le modéle, n'ont-ils pas été plus
diligens à le conserver? Enfin, si celui qui fut
montré à Dubreuil à la fin du siécle passé, est le
même que celui qui avoit été montré à Bohérius dans le XIV. siécle, comment est-ce qu'ils
sont si différens? Et s'ils sont si différens, comment pouvons-nous croire qu'ils soient les mêmes.

Dubreuil dit expressément que celui qu'on
lui montra pour le vin, & qu'il prit la peine de
peser, n'étoit que de 25. onces, je veux bien
pour l'amour du R. P. M. qu'on lise 35. si l'on
veut. Ce ne seroit toûjours qu'un peu plus d'u-
ne pinte de Paris qui en pese 32. & qui cependant

dant n'a que deux chopines, au lieu que la mesure que l'on montra à Bohérius en contenoit trois entiéres : *Tres chopinas Pariſienſes continet valdè juſtè*, dit-il.

Mais de dire que la différence qui ſe trouve entre ces deux Auteurs ne vient que de ce qu'ils n'ont pas été aſſez juſtes dans leur calcul, c'eſt aſſurément une mauvaiſe défaite, on ne ſe trompe point ſi fort, quand il s'agit de peſer une même choſe avec les mêmes onces, ſur tout quand la maſſe de ce que l'on peſe n'eſt pas fort grande. De plus, Bohérius nous aſſure lui-même de l'exactitude qu'il apporta en ceci, lorſqu'il dit qu'il y trouva ces trois chopines préciſément, *valdè juſtè*. Et c'eſt encore avec moins de fondement que l'on voudroit ſuppoſer qu'il ſe fût fait quelque changement dans les meſures de Paris, depuis Bohérius juſques à Dubreuïl, ſans que perſonne en ait jamais ouï parler.

Mais ce qui fait voir plus viſiblement que ce que l'on montra à l'un n'eſt point ce qui fut montré à l'autre ; c'eſt que Dubreuïl dit expreſſément qu'on lui preſenta deux poids, *duo pondera*, dont l'un étoit pour le pain & l'autre pour le vin : au lieu que Bohérius parle d'un poids & d'une meſure creuſe : *Habent pondus panis*, dit il, *& menſuram vini*. Et c'eſt cette meſure, qu'il dit avoir meſurée, & avoir trouvé qu'elle contenoit juſtement trois chopines de Paris.

En effet ſi nous remontons juſqu'au départ de ſaint Maur d'Italie, nous trouverons que S. Benoît lui donna un poids ſolide pour le pain, & une meſure creuſe pour le vin. *Proferrique*

T

juffit pondus libræ panis, & vasculum æneum Hæminam capiens. Ce qui sembleroit plus favorable pour Bohérius, si Fauste, qui avoit vû les choses, ne nous assuroit que cette Hémine étoit petite. *Vasculum æneum Heminam continentem:* Mais ce mot d'airain est encore plus formellement opposé à Dubreuïl, qui dit que les deux poids qu'on lui montra étoient tous deux de plomb. Combien de grandes contradictions dans un si petit sujet; & qui pourra encore s'y laisser prendre?

XII.

De ce qu'il y a de plus remarquable à examiner sur cette matiére depuis le XII. siécle.

Nous voyons au moins par-là qu'il ne faut pas s'étonner si les choses ont été si incertaines & si confuses dans les derniers tems, & si cette confusion & cette ignorance ont donné trop de hardiesse à quelques Auteurs, & ont été cause que les autres ne sçavoient souvent quel parti prendre, & quelquefois ils ne s'accordoient pas eux-mêmes avec eux-mêmes.

De là vient que ceux qui ont été les plus sages dans ces siécles ténébreux n'ont rien voulu déterminer là-dessus non plus que l'Auteur de la Préface, parce qu'ils voyoient bien que l'obscurcissement où l'on étoit ne leur permettoit pas d'en voir le fonds. C'est ainsi que le vénérable Bernard Abbé du Mont-Cassin, qui écrivoit sur la Régle à la fin du XIII. siécle, voulant éviter cet écueil, passe adroitement cet endroit des mesures que l'on gardoit à son Monastére, il dit que ceux qui l'avoient précédé les avoient examinées, & que pour lui, il aime mieux n'en rien dire pour abréger. *Hemina vini mensura est apud nos usque hodie reservata, quam veteres certo pondere mensuraverunt, quòd causâ brevitatis hic scribere pratermitto.* Comme nous le lisons dans la Préface du R. P. Mabillon.

D'autres, qui ont voulu pénétrer un peu plus sur ces matiéres aprés avoir rapporté les opinions les plus larges, sont enfin revenus à la plus juste, comme a fait Bohérius à la fin du XIV. siécle, en se rangeant au sentiment de saint Isidore, qui est que l'Hémine n'est que d'une livre de 12. onces. Ce qui fait encore voir qu'il n'avoit pas grande foi à ce que l'on lui avoit montré à S. Maur des Fossez.

Et d'autres enfin qui ont voulu se laisser emporter au torrent des grandes mesures, n'ont presque pas été intelligibles, & ne se sont peut-être pas entendus eux-mêmes, comme Nicolas de la Fracture Moine du Mont-Cassin, qui écrivoit aussi au XIII. siécle, & qui est peut-être un de ceux que l'Abbé Bernard avoit en vûë, lorsqu'il dit que d'autres les avoient examinées. Car cet Auteur ayant dit que l'Hémine qu'on gardoit de son tems, étoit ce qu'un homme peut raisonnablement boire à un repas. *Mensura competens ad bibendum in uno prandio,* ajoûté qu'elle revenoit à la mesure que les Romains appellent, *petitus,* qui selon les expériences les

plus certaines, revient à 64. onces, c'est-à-dire,
à deux pintes de Paris. D'où il faut conclure,
ou, que Nicolas ne s'entendoit pas lui-même,
ou, qu'il étoit un grand bûveur, puisqu'il croit
que deux pintes de vin ne font que ce qu'un Religieux & un disciple de S. Benoît peut raisonnablement boire à un repas.

Je sçai bien que l'Auteur de la Préface dit,
pour excuser Nicolas, qu'il y a faute dans le
passage. Mais je le supplierois volontiers de
nous dire pourquoi donc il a cru s'en pouvoir
servir; & de plus le P. le Clerc, qui écrivoit en
même tems que lui sur ces matiéres, n'étoit pas
d'un autre sentiment que Nicolas, puisqu'il
vouloit aussi que l'Hémine fut de deux pintes,
& qu'il se servoit, pour l'autoriser, de l'Histoire
de Dijon. Mais sans m'amuser à en faire ici le
récit, pour ne pas donner matiére de raillerie
aux esprits peu sérieux, je me contenterai de dire
que l'on peut voir par un bas relief, qui se voit
encore dans la muraille du grand jardin des Péres Bénédictins de saint Benigne de Dijon, de
quels excez sont capables des Moines déréglez,
& avec combien peu de raison on voudroit se
servir de cet exemple, ou des grandes Hémines
que l'on dit être encore gardées dans ce Monastére, pour prouver que la portion des Moines
étoit beaucoup plus grande que nous ne la faisons.

Ce qui montre visiblement que Nicolas de
la Fracture n'avoit pas bien examiné sa Réglé,
c'est qu'il veut qu'une Hémine à laquelle il donne deux pintes, ne soit que pour un dîner, in

uno prandio, au lieu que la Régle qui distingue toûjours les tems où l'on dîne, de ceux où l'on jeûne. *Tempus prandii & tempus jejunii*, veut que de la même Hémine dont on a bû à dîner, quand on ne jeûne pas il y en ait aussi pour le soir, quelque petite qu'elle puisse être. Et cette division d'une Hémine en deux repas ne doit point paroître fort extraordinaire, puisque nous avons vû ci-dessus que saint Fructueux divisoit toûjours (hors les grandes Fêtes) l'Hémine à deux personnes, ce qui suffit pour montrer que Nicolas, ou n'entendoit pas sa Régle, ou ne s'entendoit pas lui-même; & fait voir en même tems combien la confusion de ces choses étoit grande en ce tems-là. D'où il s'ensuit que l'on ne peut rien inférer de juste ni de solide, de la pratique de ces derniers siécles.

C'est pourquoi quand un autre Moine du Mont-Cassin, qui écrivoit encore au XIII. siécle, a dit que l'Hémine étoit une mesure, qui se pouvoit mieux comprendre par ce que l'on voyoit dans la pratique que par les régles qu'on en a écrites, *Quæ meliùs de facto cognosci potest, quàm de jure :* il ne nous a soulagez de rien, puisque cet usage, comme nous voyons, étoit fort différent alors. Mais il a, sans y penser, fait admirablement le tableau de son tems par un seul trait de plume, puisque la régle de tous ces siécles-là étoit de n'avoir point de régle. D'où il s'ensuit que les choses ne pouvoient être que dans un continuel desordre. *Omnia sunt incerta,* disoit un sage Romain, *cùm semel à jure disces-*

Richard. de St Angelo.

Cicero.

T iij

sum est. Et assurément cette sentence vaut bien celle de Richard, puisqu'il est certain qu'il n'y a point de liberté que l'on ne se puisse donner lorsque l'on n'a plus d'autre Régle que l'usage, & que l'on s'imagine que tout ce qu'on voit faire aux autres, nous est permis. Car la Régle établie en chaque chose nous rappelle toûjours à la vérité.

C'est comme une ligne sur laquelle nous marchons, qui redresse nos pas à chaque moment, & dont nous ne sçaurions nous éloigner le moins du monde sans le reconnoître, tant que nous aimons à suivre la vérité, au lieu que depuis que nous avons franchi cette barriére, l'égarement n'a plus de bornes, & il peut s'étendre à l'infini. *Error vero in immensum tendit.*

XIII.

Que l'on a toûjours plus approché de la vérité des vrayes mesures, en avançant dans les derniers tems, où il est parlé de plusieurs réformes qui se sont faites en France.

Nous avons donc pû remarquer ci-dessus que Bernard Abbé du Mont-Cassin à la fin du XIII. siécle, fut tellement persuadé de la supposition des grandes mesures de son Monastére, qu'il n'osa seulement pas les appuyer; & que Bohérius à la fin du XIV. siécle ne fut pas moins convaincu de la fausseté de celles de saint Maur des Fossez, puisqu'il revient à l'Hémine de S. Isidore.

Depuis cela il s'est toûjours trouvé des personnes en France, qui ont tâché de plus en plus d'approcher de la vérité.

Guy Juvenal Abbé de saint Sulpice de Bourges, qui vivoit à la fin du XV. siécle, dans sa traduction de la Régle de saint Benoît ne donne qu'une chopine à l'Hémine, c'est-à-dire, seize onces. Estienne Poncher Evêque de Paris dans les Constitutions qu'il fit pour les Religieuses de Chelles, à la fin du siécle passé ne lui en donne pas davantage, & c'est ce que porte aussi la traduction Françoise de la Régle manuscrite de Font-Evraût citée par le R. P. Mabillon. Le vénérable Pierre du Mas Instituteur de la Congrégation de Chésal-Benoît au commencement du XVI. siécle, ne s'en rapportant qu'aux autres, dit qu'il avoit appris que l'Hémine contenoit une livre & un quart, c'est-à-dire, 20. onces; & il y a apparence que ce vertueux Abbé avoit pris ce sentiment du Moine de Cisteaux, qui écrivoit un peu avant lui, & qui donne cela même à l'Hémine dans l'explication qu'il fait de la traduction de Guy.

C'est aussi de là que les R. R. Péres de la Congrégation de saint Maur, ont pris leurs Herçaux, quoi-qu'avec encore quelque augmentation, puisqu'ils ne sont pas seulement de 20. onces, mais de 22.

Les Réformez de Cisteaux, comme j'ai déja dit dans la Dissertation, sont ceux qui ont le plus approché de la vérité de l'Hémine dans

leurs Conſtitutions, puiſqu'ils demeurent d'accord qu'elle ne conſiſte qu'en dix onces de
poids, & s'ils ont aprés cela attribué à ces dix
onces la pinte de Paris, ce n'a été que faute
d'expérience.

Enfin les Réverends Péres Abbez de la Trape
& de ſept-fonds du même Ordre, ont encore
approché plus prés de la meſure de l'Hémine;
& s'ils n'ont pas de vin, ils la doublent, en
donnant du petit cidre, ou de la biére : mais
c'eſt peu que de dire cela de ces deux célebres
Maiſons, au prix des autres auſtéritez qu'elles
pratiquent, & de la grande régularité dans laquelle elles vivent. Il viendra peut-être un tems
où j'en pourrai parler avec plus d'étenduë. Je
me contente maintenant pour ne parler de
la réforme de Ciſteaux qu'en général, de dire
qu'elle fut une de celles qui reçûrent mieux d'a-
bord la Diſſertation, que les premiers d'entr'eux
l'ont ſouvent loüée & eſtimée, & que le Révé-
rend Pére Joüaud, alors Abbé de Priéres, l'envoya en pluſieurs Maiſons de ſon Ordre.

Ainſi il y a ſujet d'eſpérer que s'il plaît à Dieu
de benir ce livre, la meſure de l'Hémine étant ſi
clairement prouvée, & ce changement qu'on
ſuppoſoit être arrivé dans les meſures Romaines
avant ſaint Benoît, ſi nettement détruit, cette
meſure monaſtique ſe remettra en uſage en pluſieurs lieux, ou au moins que l'on tâchera d'en
approcher, & que l'on n'aura plus à faire les
reproches que l'on fait quelquefois aux Religieux, de boire plus que ne font les honnêtes
gens du monde, ſans que toutefois les ſerviteurs

de Dieu puissent prendre de là sujet de s'élever
de leur sobriété, puisqu'ils peuvent voir combien nous sommes encore éloignez aprés cela
des pratiques des grands Saints, qui ne bûvoient
point du tout de vin, & qui menoient une vie
mille fois plus austére, plus laborieuse, & plus
pénitente, que la nôtre.

XIV.

*Explication d'un passage difficile de saint
Jérôme, duquel on montre que l'on ne peut
rien conclure contre ce qui a été dit dans
cet Ouvrage pour l'Hemine de S. Benoît,
qu'au contraire il sert à l'appuyer.*

AFIN de mieux faire voir, que je ne veux
rien dissimuler de ce qui peut contribuer à l'é-
claircissement de la question que j'ai traittée;
j'examinerai encore ici un passage de saint Jérôme, qui paroît un peu brouillé; mais qui dans le
fonds n'est point contraire à ce que j'ai établi
jusques-ici. C'est sur le 4. chapitre d'Ezéchiel
où Dieu voulant marquer en figure, l'extrémité
où seroit réduit Jérusalem, dit au Prophéte:
*Cibus tuus quo vescěris, erit in pondere viginti sta-
teres in die..... & aquam in mensura bibes, sextam
partem Hin, à tempore usque ad tempus.*

Sur quoi saint Jérôme aprés avoir montré
que les 20. statéres de pain revenoient à dix onces; *ce qui n'est pas tant*, dit-il, *pour nourrir un
homme que pour le faire languir* (parce qu'il faut
considérer qu'on ne lui donne rien à manger

avec ce pain) il ajoûte, pour expliquer ce que c'étoit que cette sixiéme partie du Hin. *Porrò Hin duos χόας atticos facit, quos nos appellare possumus duos sextarios Italicos : ita ut Hin mensura sit Judaïci sextarii nostrique castrensis, cujus sexta pars facit tertiam partem sextarii Italici, qui cibus & potus juxta inclytum Oratorem non vires tribuit, sed mortem prohibet.*

Ce passage paroît inintelligible, si on le compare avec les Tables les mieux calculées sur l'évaluation des mesures antiques, parce qu'au lieu que saint Jérôme dit, que *le Hin comprend deux Choas Grecs, qui y égalent deux sétiers d'Italie*; on trouve au contraire, que le Hin ne revient seulement pas à un Choé & demi : & que le Choé d'autre part, bien loin de n'être qu'un sétier Romain, en contient huit.

Agricole, l'un de ceux qui ont travaillé avec plus de soin sur ces matiéres, croit qu'il y a faute dans le passage, & qu'il faut lire *duas cotylas*, au lieu de *duos choas*. Ce qu'il fonde sur ce que la Cotyle d'Athenes revenant à peu prés au sétier Romain; les Grecs aprés que leur païs fut soûmis à la domination des Romains, se servirent du mot de Cotyle pour marquer le sétier, n'en ayant point d'autre dans leur langue pour l'exprimer. En effet Galien le remarque expressément dans son 1. liv. de la composition des remédes selon les genres. Mais quand nous donnerions à Agricole tout ce qu'il prétend, il seroit encore difficile d'accorder saint Jérôme avec les autres; puisqu'il s'ensuivroit-delà que le Hin n'auroit eu que deux cotyles, au lieu qu'il en contenoit 16. & que quand nous prendrions la cotyle pour le sétier, il s'enfuivroit toûjours que le Hin des Hebreux, en contiendroit huit; au lieu que saint Jérôme ne lui en donne que deux.

Tous ceux qui ont travaillé là-dessus en ces derniers tems, ne nous y donnent aucune lumiére; parce qu'ils ne font que se copier l'un l'autre, comme on peut voir dans le Synopsis: Au lieu qu'il est facile de juger, qu'on doit nécessairement conclure de tout ceci, qu'il y avoit deux sortes de Hin parmi les Hébreux. Le grand qui comprenoit deux Choas comme le marque encore Joseph, au 3. liv. de ses Antiquitez, ch. 10. Et le petit, que Dieu marque ici à son Prophéte, & qui se trouvoit encore en usage dans la Palestine du tems de saint Jérôme, c'est-à-dire, au IV. siécle; parce que les petites mesures étant plus d'usage que les grandes, se conservent aussi-bien plus que les grandes. Il semble donc que ce Pére, n'y prenant point assez garde, ait confondu d'abord ces deux mesures ensemble; quoi-qu'ensuite il se soit arrêté simplement à la petite: & c'est ce qui lui fait dire que le Hin est le sétier Hébreu, & qu'il étoit le double du Romain: *Ita ut Hin mensura sit Judaïci sextarii, nostrique Castrensis, cujus sexta pars facit tertiam partem sextarii Italici.* Ce qui ne sert qu'à confirmer encore davantage tout ce que j'ai dit de l'Hémine de saint Benoît, qui écrivant sa Régle en Italie, n'a pas pû se former une autre idée de ces mesures que de celles de ce païs-là, qui étoient de moitié plus petites que celles des Juifs, & qui y ont été religieusement conservées, comme nous le montre le Conge de Vespasien, dont on peut voir la figure ci-dessus, page 12. & comme le prouve encore ce que nous avons rapporté de Cassiodore, page 255.

Il ne faut donc point s'imaginer que saint Benoît ait pû avoir quelque idée de ces mesures Judaïques en écrivant sa Régle, ou qu'il ait voulu accorder à ses Religieux de boire autant que des Juifs ou des Gens-d'armes. Ce seroit même offenser ses vrais enfans, que d'avoir d'eux cette idée. Mais ce que l'on ne peut leur contester, est que certainement saint Benoît faisoit son Hémine de quelque chose plus grande que la Romaine, selon que nous l'avons fait voir auparavant, & que le montre ce que nous appellons encore à Paris, la grand' mesure, c'est-à-dire, celle DE S. DENYS; que Garault en ses Mémoires, p. 21. dit qu'on devroit plûtôt appeller, DE S. BENOÎT, parce qu'en effet c'est sur son Hémine de douze onces qu'elle a été formée.

Mais si l'on me demande aprés cela, à quoi donc pouvoit aller ce que Dieu régle ici au Prophéte pour son boire en chaque jour, quand il dit, *sextam partem Hin?* Il est certain premiérement que ce n'est pas par relation au grand Hin, qui contient plus de quatre pintes & demi de Paris; de sorte que le Prophéte auroit eu prés de chopine par jour; en quoi on ne verroit pas la grande extrémité où Dieu vouloit mar-

quer qu'ils seroient réduits : D'où nous pouvons
conclure que selon le témoignage de Dieu même, il y doit avoir un autre Hin que ce grand-
là. C'est donc par rapport au petit Hin que
nous devons prendre cette sixiéme partie, qui
reviendra environ à six onces de nôtre poids,
ou à la moitié d'un demisetier de saint Denis.
Car puisque ce *Hin* pris pour le sétier Hébreu,
étoit double du Romain, qui n'étoit que de
20. onces ; & que les onces Romaines étoient
plus foibles que les nôtres ; les 20. ne venant
qu'à 18. plus $\frac{5}{18}$ le tiers de cela ne va qu'à un
peu plus de six onces. Et voilà pourquoi saint
Jérôme dit, que cela étoit plûtôt pour empêcher un homme de mourir, que pour le faire vivre. Cependant nous voyons encore sur les vaisseaux, qu'on est quelquefois réduit à une aussi
grande nécessité.

X V.

On commence à discuter la livre de pain.
On fait voir qu'il y en a eu de deux sor-
tes ; que Bohérius appuye encore ce qui a
été dit des trente solides de l'Assemblée
d'Aix : & qu'il est plus facile de convenir
de cette mesure de pain, que de celle du
vin.

Je croi que si l'on considére bien ce qui a
été dit jusques ici de la mesure du vin que l'on

accordoit aux Religieux, on trouvera peu de chose, dont on ne puisse donner la solution. La mesure du pain n'est pas si difficile à examiner, ni même si importante, puisque l'on n'y commet pas tant d'excés. J'ai fait voir dans la Dissertation, que l'Assemblée d'Aix-la-Chapelle s'en explique assez, pourvû qu'on l'entende bien, & que l'on voye ce que c'est que ces 30. solides dont elle parle. Tout cela se termine à montrer, qu'on a voulu donner aux François une livre un peu plus forte, que celle des Romains. Et l'Auteur de la sçavante Préface confirme encore ce sentiment. Cependant on voit qu'Hildemare, dans son commentaire, revient aux mesures Romaines, lorsqu'en parlant de la nourriture des enfans, il dit qu'on ne mettoit pour leur pain que 22. solides de pâte, afin qu'aprés la cuisson, dit-il, *cela revienne à 20,* qui font 12. onces; ce qui sert encore à appuyer ce que nous avons dit de ces solides dans la Dissertation.

Il semble que nous puissions aussi inférer de là, que les deux livres, c'est-à-dire, la Françoise & la Romaine étoient en usage dans les Monastéres, mais que celle-ci n'étoit que pour les enfans. C'est pourquoi lorsque dans Cluny on voulut faire passer cette livre aux jeunes Freres, ils s'en plaignirent à saint Hugues, disant qu'il n'y avoit pas d'apparence, que portant le plus grand poids du travail, ils eussent moins de nourriture, & ce Saint leur fit raison.

*Vita S Hug.
apud Surium.*

Ce qui a été dit dans la Dissertation que ces livres monstrueuses, qu'on voyoit de côtez &

d'autres dans les Monastéres, ne pouvoient venir que des 30. solides de l'Assemblée d'Aix mal-
entendus, peut encore être confirmé par ce que
rapporte Bohérius de la livre qu'on lui montra
à saint Maur des Fossez, puisqu'il dit qu'elle pesoit deux livres quintales, *duas libras quintales.*
Car si par ces livres quintales nous entendons
nos livres *Parisis*, c'est-à-dire, des livres augmen-
tées d'un cinquiéme, comme 25. s. pour 20.
dans les livres de compte, nous trouverons que
la livre quintale de 12. onces en donnera 15. &
que les deux prises ensemble feront 30. qu'on
aura voulu comparer aux 30. solides; mais que
quelqu'un leur ayant dit depuis que la livre
qu'on montroit au Mont-Cassin étoit de 33. onces & demie, ils en auront fabriqué une de même, de peur que cela ne servit à convaincre leur
livre de fausseté, sans considérer la différence
qu'il y a entre les onces Romaines, & les nôtres?
& que c'est ce poids de nouvelle fabrique qui
fut montré à Dubreuil, puisqu'il dit, qu'il étoit
aussi de 33. onces & demie. *Pondus panis triginta
trium unciarum & semis.*

Je ne doute point que ceux qui considére-
ront ces choses sans prévention ne trouvent ces
conjectures assez appuyées. Néanmoins si l'on
aime mieux dire avec le P. le Clerc, que ces
poids extraordinaires ne venoient que de ce
qu'ils joignoient la portion de deux Religieux
dans un même pain, afin d'avoir plûtôt fait, je
ne m'y oppose pas, puisque cela reviendra toûjours à la même chose. Mais ce qui fait voir
qu'il n'y a guéres d'apparence, que cela soit,

c'est que ce n'est pas d'ordinaire dans les originaux des mesures, que l'on double ainfi les poids, mais dans l'application qu'on en fait enfuite ; & que la Conférence d'Aix s'explique affez là-deffus, lorfqu'elle dit : *Ut libra panis 30. folidis appendatur.* Au lieu que fi elle avoit voulu marquer l'autre fens, elle auroit dit plûtôt : *Ut panis duorum fratrum tali pondere appendatur.*

Cette preuve fera encore plus fenfible par la confidération du poids qui fe montroit au Monaftére des Foffez qu'on prétendoit être celui que faint Benoît donna à faint Maur, en l'envoyant en France. Car on n'auroit eu garde de doubler un poids pour l'envoyer 300. lieuës loin, puifque le poids fimple pourroit fuffire, & qu'on feroit toûjours libre de le doubler dans l'application qu'on en feroit. De là il s'enfuit que ce prétendu poids du Monaftére des Foffez montré à Bohérius & à Dubreuil, ne pouvoit paffer que pour une livre, ou pour la portion feule d'un Religieux, & non pour deux. Ce qui nous donne droit de conclure le même des autres. Et c'est en cela que leur erreur eft infoûtenable.

XVI.

De ce que prenoient les Servans & le Lecteur
avant le repas.

Conclusion de tout cet Ouvrage.

CE seroit ici le lieu de répondre aux objections qu'on m'avoit faites sur ce qui regarde les
Servans & le Lecteur : mais je croi que l'on sera
content de ce que j'en ai dit dans la Dissertation à cette seconde édition , où j'ai corrigé
quelques fautes qui s'étoient glissées dans la
première , & j'en pourrai encore parler dans le
Commentaire sur la Régle, où j'examinerai plus
particuliérement, quand ils doivent prendre ce
qu'elle leur accorde , faisant voir qu'Hildemare
s'est trompé , quoi-que l'Auteur de la Préface
l'ait suivi, quand il dit que cela se prenoit une
heure entiére avant le repas , au lieu qu'on ne le
prenoit qu'immédiatement devant.

Ainsi je croi avoir satisfait à tout ce qui regarde
la question que j'avois entrepris de traitter , puisqu'aprés avoir montré en quoi consistoit précisément l'Hémine Romaine , & qu'il ne s'étoit fait
aucun changement dans ces mesures, jusqu'au
tems de saint Benoît, il s'ensuit qu'il n'a pû parler de l'Hémine que par rapport à ces mesures ;
de sorte qu'il n'y doit plus avoir personne qui
ne se rende à des preuves si convaincantes. Je
prie seulement le Lecteur d'excuser les fautes,
qui pourroient s'être glissées dans un ouvrage si

V

épineux & ſi difficile , l'aſſurant encore que je
ſerai toûjours prêt à les reconnoître , & les corriger quand il plaira à quelqu'un de me les montrer.

Je ſupplie auſſi toutes les perſonnes qui liront
ce livre , de ne pas s'imaginer que je veuille
impoſer une néceſſité abſoluë à tous les Religieux de ſe réduire à cette meſure. Je ſuis , graces à Dieu , trés-éloigné de cette penſée , & ſi
ſaint Benoît qui étoit rempli de l'eſprit de tous
les Juſtes, a dit , que ce n'étoit qu'avec ſcrupule qu'il ſe voyoit obligé de régler le vivre d'autrui (parce qu'il ſçavoit que chacun a ſon don)
je laiſſe à juger ce que doit dire ſur ce ſujet celui
qui ſe conſidére comme le moindre de tous ſes
enfans.

Il ne faut pas même s'imaginer, que quoi-que
j'aie traitté ceci avec tant d'exactitude , je veuille
qu'on prenne les choſes dans une ſi grande rigueur pour ce qui regarde la nourriture. J'ai
aſſez fait voir le contraire , quand j'ai dit que S.
Benoît ne vouloit pas que l'on chicannât avec ſes
Religieux ; & comme il leur donnoit la livre de
pain à bon poids , *libram propenſam* , il avoit
auſſi donné à l'Hémine quelque choſe de plus
que la meſure ordinaire , ce qui pouvoit aller à
quelques douze onces , au lieu de dix. Mais j'ai
été obligé d'examiner toutes ces particularitez
dans la derniére exactitude , & d'y conſidérer,
s'il faut ainſi dire , juſqu'aux atomes ; parce que
j'ai vû qu'elles n'avoient jamais été bien traittées , & que j'ai voulu ôter , s'il y a moyen, aux
eſprits les plus fâcheux , tout ſujet d'y revenir.

J'ai vû même que cette exactitude étoit nécessaire pour entendre plusieurs points de l'antiquité, pour garder une juste proportion dans la composition des remédes, & pour comparer nos poids & nos mesures avec celles des Anciens, & arriver par là à la véritable estimation de leurs monnoyes, & à la connoissance de toutes leurs proportions d'Architecture, & de mille autres choses qui peuvent arrêter ceux qui se plaisent dans les recherches antiques, à qui ce livre pourra n'être pas inutile.

Mais en même tems, je supplie tous les Religieux, que je regarde comme mes Péres & comme mes Fréres, de ne se point imaginer que la Régle de nôtre B. P. saint Benoît prise dans toute son étenduë, soit quelque chose de fort rigoureux, & qui surpasse les forces de nôtre nature. Si cela étoit, saint Grégoire ne l'auroit pas appellée, *discretione præcipuam*, la plus sage, & la plus modérée de toutes les Régles : Ce qui nous trompe en ceci, n'est que nôtre lâcheté, qui nous fait ombre, & qui nous arrête dans les moindres difficultez, au lieu que nous courrions avec liberté dans nôtre voye, si nous avions soin de nous tourner vers Dieu dans les rencontres, & de lui demander qu'il nous donnât un peu de cette joie, qui fait faire les plus grandes choses sans peine. Mais comment penserions-nous l'obtenir, lorsque nous ne la demandons seulement pas, ou la demander, lorsque nous ne la desirons pas ; ou la desirer, lorsque nous ne remplissons nôtre corps & nôtre esprit que de choses toutes charnelles, que nous n'aimons que

la corruption, & le monde, que nous ne prenons de plaifir que dans des chofes baffes & ter-
reftres, & que nous ne faifons rien moins que ce
qu'il faudroit faire pour obtenir la parfaite fanté
de nôtre ame en même tems que nous avons tant
de foin d'éviter jufqu'aux moindres accidens qui
pourroient aller à intéreffer le moins du monde
celle de nôtre corps.

Ne faifons nous pas bien voir en agiffant de
la forte, que nous vivons encore de la vie de
l'homme animal, & que nous fommes bien éloignez d'arriver à l'état de l'homme fpirituel, puifqu'à peine peut-on dire que nous foyons raifonnables.

Je fçai que tous n'en font pas là, mais ceux
qui n'y feront pas, avouëront que le nombre
des autres n'eft que trop grand ; ils en gémiront
fans doute avec moi dans leurs cœurs, & feront
ce qu'ils pourront, pour tâcher de les en retirer.

Je demanderois volontiers à ces gens-là comment ils fe font faits Religieux, puifqu'il eft
certain d'une part, que comme aprés le Sacer-
doce il n'y a rien de plus grand dans l'Eglife que
leur état, felon faint Denis, & que les vœux de
la Religion tiennent lieu d'un fecond Batême,
felon faint Bernard ; auffi quand ils viennent à
les violer, ils font pires que les plus méchans fé-
culiers, parce que c'eft d'eux, encore plus que
des autres, qu'on peut dire, qu'ils crucifient
JESUS-CHRIST en eux-mêmes une feconde fois.
Rurfum crucifigentes fibimetipfis Filium Dei, dit
l'Apôtre. D'où vient qu'il ajoûte, qu'il eft im-

Heb. 6.

poſſible de les convertir , *impoſſibile eſt renovari* Hebr. 6. 6.
ad pœnitentiam. Et que S. Romualde dit , qu'on
viendroit plûtôt à bout d'un Juif.

Il eſt certain qu'il n'y a rien de plus difficile ,
que de ramener un Religieux qui ne marche pas
dans ſa voye.

Mais il faut qu'on me permette de dire aux
autres , c'eſt-à-dire , aux bons , qu'ils ne doivent
pas s'étonner de la raillerie des mauvais qui
croient avoir tout fait quand ils ont trouvé un
mot à leur goût pour décrier ou les perſonnes ,
ou les choſes qui ne leur reviennent pas , & qui
devroient plûtôt conſidérer que Dieu ſe raillera
auſſi d'eux à ſon tour, lorſqu'il n'y aura plus rien
à faire pour eux. *Ego quoque in interitu veſtro ri-*
debo. Il n'eſt jamais permis aux bons de ſe re-
lâcher de leur voye , à cauſe de la raillerie des
méchans , puiſque le Fils de Dieu pour nous apprendre cette vérité , n'a pas ſeulement ſouffert
en ſon corps , & qu'il a voulu auſſi être raillé ,
& illudetur.

Il ne faut pas auſſi qu'un Religieux craigne de
paroître ſingulier en faiſant ſa Régle , & de tomber dans la cenſure des autres. On ne ſe rend
point coupable du vice de ſingularité en faiſant
ce qui eſt ordonné ; puiſque, ſelon S. Auguſtin,
on ne l'eſt pas même en ſe privant de ce qui eſt
accordé : & que ſaint Iſidore dit expreſſément Iſid. Reg. c.
dans ſa Régle , qu'un Religieux ne doit point 10.
être empêché de s'abſtenir de vin ou de quelque
mets , qui lui aura été ſervi , parce que l'abſti-
nence ne doit point être blâmée , mais qu'elle
mérite plûtôt des loüanges.

V iij

En effet ne voyons-nous pas, que non seulement saint Benoît, mais saint Maur & saint Placide, ses deux plus fidéles disciples, ne se sont pas contentez d'observer la Régle, mais qu'ils ont été encore beaucoup au de là; qu'ils n'usoient point de lit, qu'ils portoient continuellement le cilice, qu'ils ne bûvoient point de vin, qu'ils passoient tous les Carêmes au pain & à l'eau, en ne mangeant que deux fois chaque semaine.

Si donc la vie des véritables Religieux doit être un continuel martyre, & si ce doit être une vie véritablement crucifiée, comme nous l'apprennent les Saints, croit-on que ce soit trop pour eux de faire simplement ce que leur Régle leur commande? Et s'ils disent véritablement à Dieu: *Confige timore tuo carnes meas*, ne doivent-ils pas avoir peur, comme dit saint Augustin, d'arracher trop tôt ces précieux cloux, qui les attachent à Dieu; & qu'ensuite la chair qui ne se sent plus retenuë dans les véritables bornes de la vie Religieuse, ne vienne à se révolter, & qu'elle ne les emporte dans le précipice.

Nous n'en voyons que trop d'exemples; & il seroit à souhaitter que ceux à qui il reste encore quelqu'amour pour leur salut, y fissent un peu plus de réflexion, afin qu'ils ne s'imaginassent pas que les choses les plus simples de la Régle fussent des montagnes pour eux & des obstacles, qu'il ne leur est pas possible de surmonter, en même temps qu'ils voyent une infinité de Saints anciens & nouveaux, qui ont fait des choses cent fois plus grandes & plus difficiles, & qu'ils font affûrez par la bouche de la vérité même, qu'il eft impoffible dans quelque condition que l'on foit, de remporter des victoires fans combattre, ni de gagner le Royaume du Ciel fans fe faire violence : *Violenti rapiunt illud.*

Mais ce qui nous doit confoler eft, que nôtre faint Patriarche nous apprend dés l'entrée de fa Régle que cette violence devient douce dans la *Au Prolog.* fuite, & que cette voye qui fembloit étroite au commencement, s'élargit à mefure que l'on y marche. Enfin quand nous confidérerions quelque chofe encore plus difficile dans LA REGLE SAINTE, que de fe paffer à un demi-fetier de vin par jour, il n'y a rien néanmoins qui ne devienne facile à ceux qui aiment. Au contraire ceux, qui ont befoin de pénitence, reconnoîtront que cette Régle eft encore trop douce pour eux. Et fi quelquefois la tentation la leur faifoit regarder comme un fardeau trop pefant, ils fçavent qu'ils ont un moyen efficace de fe le rendre léger, puifqu'ils n'ont qu'à jetter les yeux fur le Fils de Dieu, & à fe rendre les imitateurs de fa douceur & de fon humilité pour trouver que fon joug eft doux, & que fon fardeau eft léger : JUGUM SUAVE, ET ONUS LEVE.

FIN.

V iiij

DISQUISITION

DE L'ANNE'E,

DU JOUR,

ET DE L'HEURE

Où est mort

LE GLORIEUX PATRIARCHE

SAINT BENOIST.

Par laquelle on montre que dans le grand nombre d'opinions différentes, qui ont paru jusqu'à present sur ce sujet, il n'y en peut avoir aucune de vraye.

On prouve qu'il n'y peut avoir que quatre ou cinq années qui tombent en contestation sur ce sujet.

On soûtient qu'entre celles-là, l'année 547. est la seule où cette bienheureuse mort puisse être mise.

On fait voir que ce XII. des Calendes où

l'on s'est arrêté jusqu'à cette heure, pour démêler cette question, a été mal entendu, &
que c'est ce qui a trompé tout le monde.

Et l'on répond à toutes les difficultez que
l'on a pû faire, sur ce que l'on a tâché d'établir.

DISQUISITION
DE L'ANNE'E, DU JOUR,
Et de l'heure où est mort
SAINT BENOIST.

DANS LAQUELLE PAR OCCASION on touche aussi quelque chose de saint Maur, & des deux saintes Gertrudes.

I.

Avantpropos.

Il n'y a rien de si remarquable, ni de si déterminé que les circonstances qui accompagnèrent la mort de nôtre glorieux Patriarche saint Benoît, & il semble qu'il n'y ait rien si difficile que de les ajuster quand on en veut rechercher précisément le tems. C'est ce qui a donné lieu à cette grande diversité d'opinions, qui paroissent sur ce sujet, sans qu'il s'en soit encore trouvé une qui puisse passer pour véritable, ni personne qui ait satisfait à ce que l'on pouvoit desirer. Je rapporterai les principales de ces opinions, quand j'aurai fait voir en quoi consiste la difficulté, & j'en établirai une nouvelle pour la soûmettre au jugement de tous ceux qui ont quelque connoissance de l'Antiquité, & qui ont examiné avec soin l'Histoire Ecclésiastique ou Religieuse.

Je sçai qu'il n'y a rien où l'on doive moins prétendre à l'infaillibilité, que dans les choses de critique; & je ne veux nullement m'attribuer ce don, ni même me comparer à plusieurs personnes habiles qui ont traitté cette question avant moi. Mais je ferai voir au moins qu'il y a une maniére plus courte, & plus facile de l'examiner, que toutes celles que l'on a suivies jusqu'à cette heure. Je montrerai qu'elle dépend de beaucoup de circonstances, qui, quoique petites en apparence, peuvent néanmoins beaucoup servir à en trouver la solution, & je rapporterai des preuves qui me paroissent convaincantes pour établir l'opinion que je propose, en même tems que j'alléguerai les raisons qu'il y a de rejetter toutes les autres. Je satisferai aussi aux objections que l'on a accoûtumé de faire : & peut-être qu'aprés cela on trouvera que ce petit travail ne sera pas inutile, & qu'il n'est point si impossible de s'assûrer dans cette recherche, que quelques personnes, quoi-qu'habiles, se le sont imaginez.

I I.

En quoi consiste la difficulté de cette recherche.

LA difficulté consiste en ce que le B. Fauste ayant écrit dans la vie de saint Maur, que saint Benoît mourut la veille de Pâque ; & chacun croyant qu'il a voulu joindre cette veille au XII.

des Calendes d'Avril, c'est-à-dire, au 21. de Mars, auquel nous célébrons maintenant la fête de nôtre B. Pére : on ne trouve point de Pâque, qui s'y puisse rapporter. Ce qui augmente la difficulté, est que ni la diversité des Cycles, qui ont été en usage pour régler le temps de cette grande Fête, ni les diverses contestations qui se sont élevées quelquefois sur ce sujet dans l'Eglise, ne peuvent de rien servir pour en sortir. Il est même remarquable que dans tout le siécle où a vécu saint Benoît, on ne trouve Pâque qu'une seule fois au 22. de Mars, selon le calcule des Orientaux, sçavoir en 509. & une autre fois selon le calcul des Occidentaux, sçavoir en 520. & l'on sçait certainement que ces années sont très-éloignées de celle où peut être mort nôtre Saint.

Enfin ceux qui penseroient se tirer de cet embarras, en supposant d'autres pratiques de quelques Eglises particuliéres, ne seroient pas mieux reçus, puisqu'il est certain que Fausté écrivant la vie de saint Maur à Rome, & ayant eu soin de faire revoir son ouvrage par le Pape Boniface, qui y donna son approbation, on n'auroit pas manqué d'y reconnoître cette diversité s'il y en avoit eu quelqu'une, & d'en avertir les Lecteurs.

Outre qu'il fut expressément ordonné au IV. Concile d'Orleans tenu en 541. *Que tous les Prêtres célébreroient le saint jour de Pâque en même tems, suivant les Tables de Victorius ; que chaque Evêque auroit soin d'annoncer cette solemnité au peuple tous les ans, le jour de l'Epiphanie ; & que*

toutes les fois qu'il y auroit quelque difficulté là-
dessus, on s'en tiendroit à ce qu'on verroit avoir été
ordonné par le saint Siége. Ce qui ne peut pas
avoir été négligé les années immédiatement suivantes; sur tout par les Evêques qui signérent à
ce Concile, entre lesquels est celui d'Auxerre
dans le Diocése duquel se trouvoit saint Maur,
lorsqu'il eut révélation de la mort de nôtre B.
Pére, & cette Eglise a toûjours été tellement
exacte en ce point, qu'on allégue encore un canon d'un Concile, qui y fut tenu en 588. & qui
confirme la même chose en ces termes : *Ut omnes*
Presbyteri ante Epiphaniam missos suos dirigant,
qui eis de principio Quadragesima nuntient & in
Epiphania ad populum indicent.

De sorte que nous ne voyons pas qu'il y ait la
moindre difficulté à faire là-dessus, & que l'on
peut dire, sans hésiter, qu'il n'y a eu durant toutes les années où la mort de nôtre Saint peut
tomber, aucune diversité pour la célébration de
la Pâque dans nos Eglises, comme l'a supposé un
Auteur de ces derniers tems.

Car il faut bien prendre garde que ce canon du
Concile d'Auxere, n'est nullement pour remédier
à un semblable desordre, ni même pour changer
ou réformer quelque chose dans ce qui avoit été
arrêté par le Concile d'Orléans, ce qu'il n'auroit eu garde de faire, n'étant ni si nombreux ni
si général : mais que c'est seulement pour confirmer la même chose, & pour en faciliter l'exécution. Ainsi au lieu que le Concile d'Orléans s'é-
toit contenté de dire en général, que l'Evêque
feroit sçavoir quand devoit arriver Pâque, selon

le calcul de l'Eglise Romaine, celui d'Auxere ajoûte, pour plus grande sûreté, que chaque Curé de la campagne envoyeroit à l'Evêché pour s'en informer, & l'annonceroit lui-même à son peuple le jour de l'Epiphanie, en leur marquant même expressément quand devoit commencer le Carême, afin que personne ne fût pas si simple que de s'y tromper, quoi-que la fête de Pâque eût dû être annoncée à la Cathédrale.

Enfin l'Eglise de France a toûjours été si exacte à ne souffrir aucune diversité dans la célébration de la Pâque, sous quelque prétexte que ce pût être, que ce fut une des causes qui firent conclure à renvoyer saint Colomban dans son païs, à quoi les Evêques donnérent eux-mêmes les mains, aprés avoir assemblé un nouveau Concile sur ce sujet, comme le Saint le témoigne lui-même dans ses lettres, parce que s'étant établi dans ce Royaume, il y voulut célébrer Pâque à la façon des Hibernois, en se défendant par la Tradition de son Eglise, comme avoit fait autrefois saint Polycarpe quand il vint à Rome du tems du Pape Anicete.

Il n'y a donc point eu de relâchement ni de diversité sur ce sujet dans nos Eglises, mais une trés-grande exactitude, & une uniformité trésreligieusement observée.

III.

Par quel moyen on peut sortir de toutes ces difficultez.

Nous voyons donc que cette Histoire, & toutes ces circonstances de la mort de saint Benoît, sont environnées de difficultez qui paroissent insurmontables, parce que Fauste qui semble nous avoir jettez dans le labyrinthe, est le seul Auteur qui nous puisse aider à en sortir; ce que personne ne peut presque attendre de lui. Cependant j'espére qu'il le fera, si nous avons soin de le consulter, & que nous voulions bien l'entendre.

Mais il faut auparavant établir deux choses : La prémiére, quelles sont les bornes dans lesquelles on peut renfermer l'année de la mort de saint Benoît; en sorte qu'on puisse dire qu'elle n'est point arrivée ni plûtôt, ni plus tard. Et la seconde, quelle est la créance que l'on doit avoir à la narration de cet Auteur, ou à Eude Abbé de Glanfeuille, qui s'avisa d'en corriger le stile au IX. siécle.

IV.

IV.

Que toute la dispute de la mort de saint Benoît doit nécessairement être renfermée dans quatre ou cinq années de tems.

QUANT au premier point, nous n'avons pas besoin de prendre des termes fort éloignez, puisque s'il est certain que Totila a vû saint Benoît au Mont-Cassin, il est aussi certain que saint Maur a vû le Roi Théodebert en France, & que son arrivée en ce Royaume est inséparable de la mort de saint Benoît.

Ce Théodebert étoit fils de Thierry, fils aîné du grand Clovis.

Ainsi si nous voulons nous arrêter à l'autorité d'Helvicus, qui marque cette visite de Totila en 546. & à celle de Grégoire de Tours, qui met la mort de Théodebert en 548. il ne nous reste presque que l'année 547. où nous puissions raisonnablement placer la mort de nôtre B. Pére. Mais parce que ces Auteurs peuvent être contestez, il est bon d'examiner ces deux termes plus à fond, & faire voir qu'en les prenant même dans le plus grand éloignement qu'ils puissent avoir, nous n'avons néanmoins que 4. ou 5. années à examiner.

Le sçavant Pére Mabillon a parfaitement bien établi ce premier terme de la visite de Totila, mais il n'étoit pas besoin d'aller jusqu'à la ruine du Mont-Cassin, pour trouver le second; ce qui enfermeroit plus de 40. ou 50. ans.

Pref. 2. sæc. Bened. 2.

Or il est certain que les années de ce Prince ne peuvent être mieux examinées que par les rai-

X

sons que nous tirons de Procope, qui est le plus fidéle témoin que nous puissions alléguer en cette rencontre.

Selon cet Auteur, Totila ne peut avoir commencé à régner que sur la fin de la 7. année de la guerre des Goths en Italie : & cette guerre n'a commencé que la 9. année de Justinien. Or Justinien fut fait Empereur l'an de Jesus-Christ 527. Indiction 5. Mavortius étant Consul. D'où il s'ensuit que sa 9. année qui concourt avec la première de cette guerre, tombe en la 535. de Jesus-Christ, & que la 7. de cette même guerre où nous commençons la première de Totila, concourt avec la 541. de Jesus-Christ. Les sçavans demeureront aisément d'accord de ces principes.

Voyez le P. Mabillon en sa Préf. du I. siécle Bened.

Il faut seulement prendre garde que les années de cette guerre ne commencent qu'au printems ; & qu'Erricus qui régna quelques cinq mois avant Totila, occupa une partie de cette année-là : qu'ainsi nous ne pouvons placer le commencement de Totila que sur la fin de cette même année 541. & que la plus grande partie de cette première année de son régne concourt avec l'année 542. de Jesus-Christ ; ce qui fait que la mort de ce Prince qui n'est arrivée qu'aprés onze ans de son régne (comme nous l'apprenons aussi de Procope en son l. 4. ch. 32.) ne se doit placer qu'au commencement de l'année 553.

Nous devons conclure de là que saint Benoît ayant prédit à Totila, selon le rapport de saint Grégoire, au 2. livre de ses Dialogues, qu'il régneroit encore 9. ans, & qu'il mourroit la dixiéme; Totila en avoit déja régné deux, quand il vit le Saint ; & qu'ainſi cette entrevûë ne doit être placée qu'en l'an 543. ou même en 544. dans laquelle par conſéquent ſaint Benoît n'étoit pas encore mort ; & voilà le premier terme que nous prenons pour examiner la difficulté propoſée.

Quant au ſecond, qui dépend de la mort de Théodebert, ſoit que nous ſuivions l'opinion de ceux, qui s'arrêtant à Grégoire de Tours, ne le font vivre que juſqu'en 548. ſoit que nous déférions plus à Procope, qui en effet ſemble plus croyable en ce point, parce que les affaires de Théodebert dans ſes dernières années, regardoient bien plus l'Italie que la France, & qu'il n'eſt pas croyable qu'un Sécretaire de Béliſſaire, & un homme d'eſprit, *qui lui avoit été donné pour l'aſſiſter de ſes conſeils*, qui ſçavoit toutes les intrigues des François avec Totila, qui écrivoit les choſes à meſure qu'il les voyoit, & qui les marquoit par années, ait pû ſe tromper dans la mort de ce Prince, qu'il fait vivre juſqu'à la 17. année de la guerre, c'eſt-à-dire, juſqu'en 552. ou 53. ſoit, dis-je, que nous ſuivions l'un ou l'autre de ces deux Auteurs, nous ne pouvons mettre la mort de ſaint Benoît plus bas que 547. ou 48. puiſque, s'il faut joindre la mort de ce Saint avec l'arrivée de ſes diſciples en France, il faut auſſi que cette année ait précédé la mort de Théodebert de 4. ou 5. ans, qui eſt le moins qu'on puiſſe donner à ſaint Maur, pour avoir bâti ſon Monaſtére de Glanfeuille, à la Dédicace duquel il eſt certain, ſelon le témoignage de

X ij

Fauste, que le Roi Théodebert voulut assister.

De sorte que nous n'avons plus, comme j'ai dit, que 4. ou 5. années à examiner, c'est-à-dire, depuis 543. jusqu'à 548. dans lequel intervalle il faut nécessairement que la mort de S. Benoît soit arrivée.

Par là nous excluons déja de cette dispute tous ceux qui mettent cette mort ou plus haut ou plus bas que ces deux termes: comme Sigebert, qui la place en 509. Volaterre en 518. ou comme lisent d'autres, en 528. Paul Diacre en 529. Abbo Abbé de Fleury en 531. Ferrarius en 532. Matthieu de Vveftmonfter en 535. Hugues de Fleury en 536. Belforeft en 538. Aubert le Mire en 539. Trithéme, Sigonius, & Panuinus en 542. Léon d'Oftie, Maffé, de Pontac, Génébrard, Vvion, Bellot, Milet, Baronius, le Pére Labbe, & autres qui la mettent en 543. Par même moyen nous excluons encore l'opinion de Marien l'Écoffois, qui met cette bienheureufe mort en 60; & les autres qui la mettent en 560. ou 61. fans parler de ceux qui la mettent en 544. que j'examinerai plus particuliérement ci-aprés, quand j'aurai fait voir quelle autorité on doit donner au B. Faufte, Hiftorien de la vie de faint Maur, & à Eude ou Odon de Glanfeuïlle fon Correcteur.

V.

Quelle autorité on doit donner à la vie de S. Maur, telle que nous l'avons à préfent.

CE que je viens d'établir n'eſt fondé que ſur la ſeule notoriété de l'Hiſtoire priſe en général; nous tirerons encore d'autres raiſons du calcul aſtronomique par la veille de Pâque, à laquelle Fauſte nous rappelle, quand nous aurons examiné quel poids doit avoir ſon témoignage.

Il eſt viſible que quelque ſentiment que l'on ſuive ſur la mort de ſaint Benoît, on ne peut pas rejetter l'ouvrage de Fauſte, puiſque ſi on le rejette, il ne faudra plus en diſputer, mais dire ſimplement que le tems de cette mort eſt une choſe inconnuë, & qui a été enſévelie dans l'oubli.

Auſſi ceux qui y trouvent plus à redire, ne s'en prennent-ils pas à Fauſte, qu'ils avouënt n'avoir pû ſe tromper dans ce qu'il écrit, comme témoin oculaire, mais à Eude ou Odon, Abbé de Glanfeüille ſon correcteur, qu'ils ne craignent pas d'accuſer de ſuppoſitions & de menſonges. Néanmoins, s'il eſt certain d'une part, qu'il auroit été à ſouhaitter que cet Abbé nous eût laiſſé l'ouvrage de Fauſte dans la ſimplicité où ce ſaint Religieux l'avoit écrit, afin qu'on y eût pû avoir plus de créance : il ſemble auſſi que de l'autre, on ne peut, ſans injuſtice, imputer une telle infidélité à une perſonne qui tenoit un rang si considérable dans l'Eglise, seulement parce que nous voyons que sa narration ne s'accorde pas avec nos idées. Mais quelle raison ou quel intérêt pourroit avoir eu ce vénérable Abbé, de corrompre la vie de saint Maur, Patron de son Abbaye, dans le point qui est le plus important, & qui est celui que nous traittons. Il est visible au contraire, que si on lit cette vie sans prévention, on y trouvera un caractére de vérité qui se soûtient par tout; & qu'on jugera que ce Correcteur a eu dessein d'être fidéle & exact jusques dans les moindres choses, nous marquant non seulement les années, mais les mois, les semaines, les jours, & les heûres mêmes; ce qu'il n'auroit pas pû deviner, s'il ne les avoit trouvez dans l'original.

Si ceux qui s'avancent ainsi de corriger le stile des Anciens, font quelques fautes, c'est plûtôt par inadvertance ou en rétranchant quelque chose, que non pas en y insérant par plaisir, comme nous le voyons dans Surius & dans d'autres.

Il faut excepter seulement quelques erreurs de chifres qui ont pû se glisser dans cet ouvrage de Fauste comme dans les autres; & qui doivent plûtôt être imputées aux copistes qu'aux Auteurs, quand nous avons des raisons convaincantes, qui nous obligent de les redresser, sans que cela néanmoins nous puisse donner sujet de les réprouver; puisqu'autrement il n'y en auroit presque point dans l'Antiquité, que nous ne fussions obligez de rejetter.

J'en dis de même de quelques noms propres,

qui ne peuvent paſſer que pour des mépriſes, comme quand on trouve dans cette vie de ſaint Maur *Bertingrand* pour *Innocent*, Evêque du Mans, & ſemblables.

Que l'on diſe donc tant que l'on voudra, qu'il auroit été à ſouhaitter que l'Abbé Odon nous eût laiſſé Fauſte dans ſa ſimplicité, mais que l'on ne faſſe pas paſſer ſon ouvrage pour un Roman, aprés les aſſûrances qu'il nous donne, d'avoir été fidéle à rapporter & les faits & les paroles : (*Salvâ fide dictorum & miraculorum*) dans la liberté qu'il s'étoit donnée de corriger ſeulement le ſtile. Odon fait encore plus ; car il aſſure les Lecteurs de la foi qu'on doit avoir à la narration de Fauſte telle qu'il nous la donne, en faiſant ſerment *par la vérité de Jéſus-Chriſt*, d'y avoir rapporté ſincérement toutes choſes ſans les vouloir déguiſer ou les enfler par ſes paroles : *Quos per eam quæ eſt in JESU deprecor veritatem, ut veris, & abſque fuco à me prolatis fidem adhibentes religioſis vitæ ſtudiis ſolicitè operam dare non negligant.*

Il eſt donc certain que cet ouvrage tel que nous l'avons, doit avoir une entiére autorité, & que ce n'eſt pas être aſſez juſte de le vouloir rejetter, en même tems qu'on tâche néanmoins de s'appuyer de lui, ou de détourner en des ſens trés-éloignez ce qu'il dit de la mort de ſaint Benoît.

Il eſt même d'autant plus dangereux d'ôter la créance à cet Auteur, qu'il rapporte des faits non ſeulement de ſaint Maur & de S. Romain, mais auſſi de ſaint Benoît que nous ne pouvons apprendre que de lui, & qui ne se trouvent point ailleurs.

VI.

Que saint Benoît est certainement mort au mois de Mars, & la veille de Pâque.

Nous tenons donc pour certain sur le témoignage de ces deux Auteurs, Fauste, & Eude, ou Odon Abbé de Glanfeuïlle, que saint Benoît est mort la veille de Pâque, & au mois de Mars. Et s'il y a quelque impossibilité d'accorder cela avec le 21. du mois dans les années où il faut nécessairement renfermer la mort de nôtre B. Patriarche, nous croyons devoir conclure qu'il se sera plûtôt glissé quelque faute dans le chifre d'un jour particulier, que dans une infinité d'autres circonstances, qui quadrent toutes avec la veille de Pâque, & qui sont trop considérables, pour que les Auteurs ayent pû s'y tromper ; & trop particularisées par Fauste, pour que nous en puissions douter.

Cet Auteur aprés avoir décrit toute la marche de saint Maur, & avoir marqué ses principales stations, à Verceil, à saint Maurice, à saint Claude, dit que voyant que la Fête de Pâque s'approchoit, *jam appropinquante solemnitate Paschali,* ils hâtérent leur voyage, & qu'ils arrivérent à Auxerre le Jeudi Saint, *eo die quo Dominica celebratur Cœna,* qu'ayant appris là que saint Romain, qu'ils regardoient comme le pére de saint Benoît, n'en étoit pas loin, ils se rendirent à ſon Monaſtére de Font-Rouge, pour célébrer avec lui le trés-ſaint jour de Pâque : *Ut eo divertentes , ibidem ſacroſanctum Paſcha celebraremus* , qu'ils s'y rendirent le Vendredi Saint à midi. *Die paraſceves horâ ſextâ.*

Qu'aprés l'Office, comme il étoit déja tard , *cùm jam veſpertina hora poſt ſolęmne Officium propinquaret* , ſaint Maur fit part à ſon hôte de la révélation qu'il avoit euë, que ſaint Benoît devoit ſortir de ce monde le lendemain ; & qu'aprés l'avoir conſolé de la douleur que lui cauſa une nouvelle ſi affligeante , ils ſe mirent en priéres pour obtenir à ſaint Benoît la grace de bien mourir , & qu'ils y paſſérent toute la nuit , en laquelle commençoit la veille de Pâque , ſans avoir rien pris auparavant : *Noctem illam , quâ ſacratiſſimum Vigiliarum Paſchæ illuſcebat Sabbatum, jejuni pervigilem duximus* , qu'ils ſolemniſérent ce jour-là & le Dimanche ſuivant , où l'on célébroit particuliérement le triomphe de la Réſurrection du Seigneur avec une grande joye : *Diem verò illam , & ſequentem Dominicam , quâ ſpecialiter triumphus Dominicæ Reſurrectionis colitur, ſolemnem & celebrem omni gaudio & lætitiâ peregimus* ; & qu'enfin ils en partirent le Lundi de Pâque , *Secundâ Feriâ feſtivitatis ipſius.*

Je rapporte toutes ces circonſtances de ſuite , afin qu'on voye combien Fauſte s'eſt étudié à particulariſer les choſes , & qu'il ne nous ſoit plus libre aprés cela de prendre le mot de Pâque, qu'il marque ici pour un autre jour que pour celui de la Réſurrection du Seigneur : & c'eſt ce qui donne plus de ſujet de s'étonner comment

des perſonnes habiles de ces derniers tems ont
pû encore ſe réſoudre à détourner ce mot en un
autre ſens, pour dire que ſaint Benoît eſt mort
le Samedi de devant le Dimanche de la Paſſion.
Car il faut, comme j'ai dit, ou qu'ils n'ajoû-
tent aucune foi à cette Hiſtoire, & alors ils ne
doivent plus ſe mettre en peine de raiſonner ſur
le jour de la mort de ſaint Benoît, ou que s'ils y
ont quelque créance, ils avouënt que Fauſte a
voulu expreſſément nous marquer Pâque de la
Réſurrection, *quâ ſpecialiter triumphus Reſurrectionis Dominicæ colitur.*

Car de dire que Fauſte avoit ſeulement marqué la veille de Pâque, & que c'eſt l'Abbé Odon
qui a ajoûté le reſte, c'eſt la ſuppoſition du
monde la plus ſurprenante, puiſque c'eſt faire
paſſer une perſonne dont la dignité étoit ſainte,
& la piété reconnuë dans l'Egliſe, comme on
voit par ſes autres ouvrages, pour un fourbe &
un parjure, aprés le ſerment qu'il avoit fait, *per
eam quæ eſt* IN CHRISTO JESU VERITATEM, de
n'y rien changer, ni ajoûter pour ce qui regarde
les faits ou les paroles.

Auſſi le R. P. Mabillon de la Congrégation
de ſaint Maur, a eu particuliérement ſoin de
relever ces paroles dans ſes obſervations ſur
cette vie, en faiſant voir qu'Odon a été non
ſeulement ſçavant; mais trés-ſincére, & éloigné
du déguiſement : *Sed apprimè ſincerum, & à
fuco alienum.*

En effet, dans un autre ouvrage que nous
avons encore de lui, où il parle de la tranſlation
de ſaint Maur & de ſes miracles, il dit auſſi ex-

preſſément, qu'il n'a rien écrit qu'il n'ait vû, ou qu'il n'ait appris de gens qui l'avoient vû. En quoi on ne peut pas deſirer une plus grande marque de ſincérité. Et aſſurément ſi Odon avoit été un faiſeur de contes, il n'auroit pas eu une ſi grande réputation, ni un ſi grand crédit auprés de l'Empereur Charles le Chauve, qui non ſeulement lui donna l'Abbaye de Glanfeuïlle; mais voulut qu'il fût encore chargé de celle des Foſſez, aprés que le corps de ſaint Maur y eût été apporté pour le ſauver de la fureur des Normans.

Nous examinerons ci-aprés ce qu'on doit dire de ce XII. des Calendes, qui ſe lit au même endroit, & auquel ſeul ces nouveaux Auteurs s'attachent : mais il ſuffit de faire voir ici, premiérement qu'ils n'ont nul droit d'impoſer ici à l'Abbé Odon d'avoir corrompu ce texte.

Secondement, que penſant s'attacher à l'antiquité, en mettant cette mort au XII. des Calendes, on s'en ſépare en l'ôtant à la veille de Pâque, quoi-que ce dernier point ſoit une tradition plus ancienne & plus aſſurée que l'autre.

Troiſiémement, que l'on retranche par là ce qui ſe rencontre de plus glorieux dans les circonſtances de cette bienheureuſe mort, n'y ayant rien de ſi admirable que de voir un homme qui avoit vieilli dans les travaux de la vie pénitente & religieuſe, mourir debout à la veille de la Réſurrection : *ſtans*, c'eſt-à-dire, comme un généreux Prince de la milice ſpirituelle ; & ne mourir pas seulement dans l'oratoire, dont il avoit toûjours fait son paradis, ni un Samedi pour aller se reposer dans le Ciel, au jour où Dieu même se reposa; mais mourir le Samedi de Pâque, pour entrer dans le nouveau repos où entroit ce même Sauveur, qni le vouloit couronner le jour même de son triomphe. Car cela nous montre bien des choses, & nous voyons par là que nous ne sçaurions être les enfans véritables d'un pére si saint & si admirable, si nous ne sommes enfans de la Résurrection, *filii Resurrectionis*, comme parle l'Ecriture, c'est-à-dire, morts à tout pour ne plus vivre qu'à Dieu; & si nous n'avons déja nôtre conversation dans le Ciel.

Je passe les autres réflexions merveilleuses qu'on pourroit faire là-dessus, afin qu'on ne dise point que je me jette sur la morale, parce que je ne trouve pas assez de quoi m'appuyer dans l'Histoire.

Quatriémement, qu'il est si vrai qu'on n'a jamais cru pouvoir séparer cette mort de la veille de Pâque, que tous les autres Auteurs ont mieux aimé supposer quelques brouilleries entre les Eglises pour la célébration de cette Fête, que d'avoüer que saint Benoît fut mort en un autre jour, quoi-qu'il soit certain qu'il n'y a eu aucune contestation ni difficulté sur la Pâque dans les années dont est question, comme nous l'avons déja marqué, & comme nous le pourrons encore faire voir plus particuliérement dans la suite.

Cinquiémement que nous voulons bien accorder à ces Auteurs, que le Dimanche à été

quelquefois appellé en général, *dies Resurrectionis*, nous y ajoûterons, s'ils le veulent, que le
Vendredi a été aussi appellé *dies parasceves* : mais
il faut qu'ils demeurent aussi d'accord que cela
est rare, & qu'il n'y a nulle apparence que
Fauste, qu'on suppose n'avoir pas été sçavant,
ait été chercher ces expressions rares & figurées,
par lesquelles il ne se seroit pas fait entendre,
puisqu'elles sont générales & conviennent à toutes les semaines; au lieu qu'il paroît par les autres circonstances qu'il a mises, & que nous
avons rapportées, qu'il a voulu parler de la semaine où se sont opérez nos mystéres,& qui précédoit la résurrection du Seigneur.

De sorte qu'il en faut toûjours venir là, de
dire ou que Fauste a voulu marquer expressément
la fête de Pâque, si ces expressions sont de lui;
ou qu'Odon est un fourbe, un parjure, & un
imposteur, s'il les y a ajoûtées aprés avoir fait
serment du contraire, ce que je ne crois pas qu'il
soit licite à un Chrêtien de présumer en conscience.

Sixiémement enfin, qu'il s'ensuivroit encore
de la supposition de ces Auteurs, que saint Maur
étant parti de Font-Rouge le Lundi de la Passion, pour continuer son voyage, il auroit été
en chemin toutes les Fêtes, ce qu'il est visible
qu'il avoit voulu éviter, & qu'il y auroit été,
sans que Fauste nous eût marqué où ils auroient
passé le jour de Pâque, ou du Jeudi Saint & du
Vendredi; ce qu'il est visible qu'il a voulu marquer, pour nous donner des preuves de sa piété.

Car il faut prendre garde qu'il paroît toûjours

une grande sainteté dans toute la description de
ce voyage que Dieu accompagna par tout d'une
infinité de miracles : & que Fauste parlant du
Jeudi & Vendredi Saints, nous décrit parfaitement bien la pratique de ce tems-là, où la Messe
& le Service ne s'y disoit que le soir ; ce qu'il auroit peut-être été difficile à Odon de nous marquer aussi justement, & sans que nous eussions
pû y reconnoître quelque altération ou quelque
différence.

VII.

*Que l'opinion de ceux qui font mourir saint
Benoit en 543. n'est pas moins insoûtenable que les autres que nous avons déja rejettées.*

LA mort de saint Benoît étant donc certainement arrivée au mois de Mars, & la véritable
veille de Pâque, nous en concluons que ce n'a
point été en l'année 543. en laquelle Pâque n'est
arrivé que le 5e. Avril, & le 16. de la lune, selon
toutes les Tables Astronomiques & Ecclésiastiques. D'où il s'ensuit encore qu'il n'y a aucune
supposition de brouillerie entre les Eglises, qui
puisse donner Pâque au mois de Mars en cette
année-là, puisqu'il est certain que jamais aucune
Eglise n'a célébré Pâque avant la pleine lune, &
que quelqu'erreur qu'on puisse de même supposer dans le calcul, il est impossible que cela eût
pû aller à cinq jours de différence. D'où il s'ensuit démonstrativement, qu'il est absolument im-

possible que Pâque ait été au mois de Mars cette année-là ; & par conséquent que ce ne peut être celle où est mort saint Benoît, que nous supposons sur le témoignage de Fauste, & d'une tradition constante, être arrivée au mois de Mars.

Cette mort de saint Benoît peut encore être rejettée de l'année 543. par une autre raison, qui est que, comme nous l'avons prouvé ci-dessus, Totila n'a pû voir saint Benoît avant la fin de la 8. année de la guerre, & la seconde de son régne. De sorte que, soit que l'on rapporte cette année-là à l'an 543. ou 44. de JESUS-CHRIST, cette entrevûë n'a pu se faire avant la fête de Pâque ; & par conséquent saint Benoît n'étoit pas encore mort à Pâque de l'année 43. ni même l'été de cette année, qui est le plûtôt que nous puissions placer cette visite.

Car il faut toûjours se souvenir, que selon Procope, les années de la guerre ne commençoient qu'au printems, & que, comme le marque cet Auteur, Totila fit diverses expéditions cette même année, avant que de venir dans la terre Sabine, où est situé le Mont-Cassin, de sorte qu'il est visible que l'année étoit déja avancée, & par conséquent Pâque passé, avant qu'il eût pu voir saint Benoît. Et cela s'accorde fort bien avec ce que dit saint Grégoire dans ses Dialogues, que depuis cette entrevûë Totila se montra beaucoup plus humain ; puisque Procope remarque qu'ayant pris Naples à la fin de cette 8. année de la guerre, il étonna tout le monde, faisant voir plus de bonté envers les citoyens de cette ville, *qu'on n'en eût pû espérer ni d'un ennemi, ni d'un barbare.* C'étoit donc les fruits de cette visite qu'il avoit renduë à nôtre Saint peu de tems auparavant. D'où il résulte que saint Benoît n'étoit pas encore mort à la fin de cette même année 543.

VIII.

Discussion des autres cinq années, qui nous restent à examiner.

IL ne nous reste donc plus que cinq années à examiner entre celles qui sont comprises dans nos deux termes. De ces cinq, il y en a trois dont la pleine lune qui donne Pâque, n'arrive qu'en Avril, sçavoir 545. 546. 548. & par conséquent aucune Eglise n'a pû célébrer Pâque au mois de Mars en cette année; cela est clair par ce que nous venons d'établir.

Ainsi il ne reste plus que 544. & 547. à examiner : mais il n'y a personne qui ne voye que nous ne pouvons pas mettre cette mort à la prémiére de ces deux années, qui nous donne Pâque le 27. Mars, parce que c'est une tradition ancienne, que saint Benoît est mort vers l'équinoxe, qui ne pouvoit pas être rejetté jusqu'à ce jour.

Et de plus, il faut encore prendre garde que l'on ne sçauroit bien s'assûrer, si cette année-là n'est point même celle où Totila rendit sa visite à nôtre Saint. Car si la guerre qui a rapport à la 9. année de Justinien, n'a commencé qu'à la fin de cette 9. année, comme nous l'avons fait voir ci-dessus, ci-deſſus, il eſt certain que la 8. année de la guerre ne tombera qu'en la 544. de Jesus-Christ; or nous avons fait voir que la viſite de Totila n'avoit pû être avant la fin de l'été de cette 8. année; & par conſéquent ſaint Benoît qui eſt mort avant Pâque, ne ſeroit pas mort cette année-là.

Le texte de Procope s'accorde parfaitement à ceci, lorſqu'au chapitre 5e. de ſon premier livre, il dit que l'Empereur ayant appris la mort de la Reine Amalaſonthe, ſe réſolut auſſi-tôt à faire la guerre; & qu'il y avoit alors 9. ans qu'il te-noit l'Empire, ἔνατον ἔτος τὴν βασιλείαν ἔχων. Car on ne dit pas, par exemple, qu'un enfant à neuf ans, s'il n'eſt déja bien avancé ſur cette 9e. an-née.

Ce que Procope dit de Béliſſaire au même en-droit, ſe rapporte encore aſſez bien à cela. Il témoigne premiérement la gloire que ce grand Capitaine s'étoit acquiſe par la défaite de Géli-mer en Afrique, par laquelle il avoit mis fin à la guerre des Vandales, puis il finit ce chapitre en diſant, qu'ayant heureuſement conquis la Sicile, il ſe démit de ſon Conſulat.

Or le premier Conſulat de Béliſſaire n'eſt pro-prement qu'en 536. Indiction XIV. l'honneur qu'il avoit eu auparavant n'enfermant point né-ceſſairement cette qualité qui étoit preſque mou-rante, & dont il ne ſe ſoucioit pas beaucoup. Néanmoins parce que ce point pourroit être conteſté, je laiſſe à chacun la liberté d'en croire ce qu'il lui plaira; ce qui eſt certain au moins, eſt, qu'il y a des Auteurs conſidérables qui met-

Y

tent cette visite de Totila encore plus bas que
l'année 544. témoin Helvicus, qui dans sa Chronologie la place en 546. ce qui suffiroit toûjours
pour rendre cette année 544. fort suspecte. Mais
ce qui nous oblige à la rejetter absolument, est
l'impossibilité qu'il y a de l'ajuster avec l'inscription qui fut mise dans le tombeau de saint
Maur en l'enterrant, dont nous parlerons ci-
aprés.

IX.

Que la mort de S. Benoît ne peut être arrivée qu'en 547.

IL ne nous reste donc plus que la seule année
547. où nous puissions placer la mort de nôtre
Bienheureux Pére. Cette année a l'avantage de
n'être sujette à aucun des inconvéniens où tombent toutes les autres, & elle se trouve appuyée
de preuves, qu'il est presque impossible de rejetter.

Elle est certainement aprés la visite de Totila,
quand même nous ne la mettrions qu'en 546.
selon Helvicus ; & elle est avant la mort de
Théodebert, quand nous le ferions mourir en
548. selon Grégoire de Tours.

Elle seroit même la seule qui fût renfermée entre nos deux termes, si nous suivions le sentiment de ces deux Auteurs : & elle nous donne
Pâque, sinon le lendemain du jour où l'on fait
la fête de S. Benoît maintenant, au moins le plus
prés qu'il en puisse approcher, sçavoir le 24.
Mars.

X.

Si la narration de Fauste se peut accorder avec cette année-là.

IL faut donc voir si la narration de Fauste, que j'ai soûtenu avoir toutes les apparences de sincérité, se peut accorder avec cette année-là. Or elle s'y rapporte tellement, qu'elle peut suffire seule pour l'autoriser ; quand même nous n'en aurions point d'autre preuve. Car il dit expressément que saint Maur partit du Mont-Cassin le 5e. jour de la semaine de l'Epiphanie, *quintâ Epiphaniorum Sabbati*, c'est-à-dire, le 10e. de Janvier, comme l'ont fort bien marqué les RR. PP. de la Congrégation de saint Maur, dans leur Histoire abrégée, sans parler de cette sçavante Vierge, qui nous a donné L'ANNÉE BENEDICTINE en François. Il auroit été seulement à souhaitter, que ne pouvant dire cela que sur l'autorité de Fauste, ils l'eussent suivie toute entiére, puisque ce 5e. jour de l'octave de l'Epiphanie ne peut être le 10. Janvier, que la Fête ne soit le Dimanche ; ce qui seul suffit pour terminer toute la dispute que nous traittons, & pour faire voir que Fauste, qu'on croit n'avoir pas marqué les choses assez précisément , les a néanmoins tirées hors de toute contestation, pourvû qu'on le veuille entendre. Car si la fête des Rois étoit cette année-là le Dimanche, il est certain que la lettre Dominicale étoit F, qui avec les autres caractéres propres à cette année 547.

nous donne Pâque au jour que nous venons de marquer. Et ce qui eft bien confidérable, c'eft qu'en toutes les années qui peuvent tomber en conteftation, il n'y en a aucune autre où cette Fête des Rois foit le Dimanche.

Cette preuve eft fi convaincante, qu'il n'eft pas imaginable combien ceux qui ont marqué la mort de faint Benoît une autre année, fe font donné la gêne pour détourner les paroles de Faufte en un autre fens, parce qu'ils ont bien vû qu'elles fuffifoient feules pour ruiner leur opinion : mais la vérité eft toûjours une, & il n'y a point de plus grande marque qu'elle eft fincére, que lorfqu'elle s'accorde parfaitement en toutes fes parties.

Quelques - uns ont crû que ces paroles de Faufte : *Nos quintâ Epiphaniorum Sabbati iter arripientes*, *&c.* marquent qu'ils étoient partis un Samedi. Mais ils nous auroient obligez de nous apprendre comment ils entendoient cela. Car s'ils ont crû que *Sabbati* étoit pour *Sabbato* à l'ablatif, c'eft une licence un peu extraordinaire, & qui feroit difficile à excufer ; fur tout dans un ouvrage qui a été revû par Odon, pour en ôter la barbarie : & s'ils ont crû que *Sabbati* fuppofoit *die*, c'eft une ellipfe dont on ne croit pas qu'il fe trouve des exemples ; & qu'affurément le même Odon n'y auroit jamais laiffée. Quoi-qu'il en foit, fi ce départ au 10. de Janvier étoit un Samedi, la lettre Dominicale étoit donc D, qui ne fçauroit donner Pâque au 22. Mars dans tout le fiécle de faint Benoît, qu'en 590. felon le calcul des Alexandrins, ou en 510. felon la pratique de quelques Eglifes

Latines ; ce qui se trouve entiérement éloigné
du tems de la mort de nôtre saint Patriarche.

D'autres qui étoient plus habiles, & qui
voyoient combien ce sens qu'on donnoit aux paroles du B. Fauste étoit insoûtenable, ont pensé
qu'il valoit mieux rapporter *Sabbati* au mot *iter*,
& que *Sabbati iter arripientes* signifie, *Nous fî-
mes ce jour-là le chemin qu'on pouvoit faire le jour
du Sabbat*; ce qu'ils déterminent à mille pas :
mais en vérité cela semble un peu tiré de loin.
Car encore que je louë leur adresse à se tirer de
ce mauvais pas, il est certain que *iter arripere* ne
signifie point en Latin faire une certaine quantité de chemin ; mais seulement, se mettre en
chemin pour commencer un voyage, quelque
grand, ou petit qu'il puisse être. Si Fauste avoit
voulu imiter ici la phrase de l'écriture, il auroit
plûtôt dit, nous logeâmes ce jour-là à un tel
lieu ; *qui est juxta Casinum, Sabbati habens iter.*
Ou si cette expression fût échappée à Fauste pour
signifier ce qu'ils pensent, il y a apparence que
son correcteur Odon n'auroit pas manqué de la
substituer, puisqu'elle seroit simple, & très-pro-
pre pour exprimer ce qu'on leur veut faire dire.

D'où il s'ensuit que si ni l'un ni l'autre ne
l'ont usurpée, c'est une marque qu'ils n'avoient
nullement dans l'esprit le sens qu'on leur atttri-
buë. De plus, s'il n'étoit question que de marquer mille pas, pourquoi un homme né dans
l'Italie, comme Fauste, & qui écrivoit à Rome
même, où le mot de *milliare* est si commun, ne
s'en seroit-il point servi ? Et pourquoi aller chercher ce chemin du Sabat inconnu aux simples,

du nombre defquels on veut que Faufte ait été, & dont les fçavans difputent encore aujourd'hui, les uns prétendant que c'eft plus, & les autres moins. Ce feroit juftement vouloir dire quelque chofe, & ne rien dire, ou affecter de fe rendre obfcur fans néceffité. Il faut donc mettre cela avec ce qu'on lui attribuë, d'avoir appellé le Samedi de la Paffion veille de Pâque, ce que je doute qu'on puiffe perfuader à aucun homme de jugement. Mais il faut au contraire prendre garde que Faufte s'explique toûjours affez nettement, & que néanmoins il ne s'eft jamais arrêté à fpécifier la diftance des lieux; de forte qu'il a juftement fait ici comme font les bons voyageurs, qui marquent ordinairement en quel jour du mois & de la femaine ils commencent leur voyage. *Quintâ Epiphaniorum Sabbati*, dit-il, le 5e. jour de la femaine de l'Epiphanie, c'eft à-dire expreffément, le Jeudi 10. du mois de Janvier; ce que l'on ne fçauroit dire, fans fuppofer l'Epiphanie le Dimanche. Car on diroit bien, par exemple, *quintâ Pafchæ Sabbati*, de même que l'Evangélifte a dit, *primâ Sabbati*, parce que Pâque eft toûjours le Dimanche. Mais on ne diroit pas *primâ* ou *quintâ Afcenfionis Sabbati*, parce que l'octave de l'Afcenfion anticipe fur deux femaines. Ces chofes font claires par elles-mêmes, & paroiffent fi naturelles, que l'on n'en peut prefque douter quand on les a un peu confidérées avec attention; & néanmoins elles fuffifent feules pour déterminer la difficulté.

XI.

*Que l'année de la mort de saint Benoît
doit être rapportée au tems de saint
Innocent Evêque du Mans.*

IL paroît donc par tout ce que nous avons
dit jusqu'icy, que l'année 547. est si juste pour
y attribuer la mort de saint Benoît, que non
seulement rien ne s'y oppose, mais que tout
semble conspirer à l'établir. Il nous reste à faire
voir que l'Histoire de l'Eglise du Mans ne nous
est pas moins favorable, soit pour nous tirer
de Bertigran, le nom duquel s'est glissé dans
Fauste mal à propos; soit pour nous rappeller à
Innocent, que si nous mettions la mort de nôtre
Saint en 544. comme font les plus habiles d'entre les autres.

Bertigran n'a été mis sur le siége de l'Eglise *V. Præf. 1. sæc.*
du Mans qu'en l'onziéme année de Childebert *Ben. §. 5.*
II. c'est-à-dire l'an de JESUS-CHRIST 586.
ce qui ne peut être que très-éloigné de la
mort de saint Benoît, tout le monde demeurant
d'accord qu'il ne peut pas avoir vécu si tard:
& cela se voyant assez par ce que nous avons
établi auparavant. Innocent au contraire, reconnu pour saint parmi les Evêques de cette
Eglise, étant mort entre le IV. & V. Conciles
d'Orleans, (ce qui se justifie par ce qu'il a si-
gné au premier, & non au dernier) C'est-à-
dire entre les années 541. & 549. Cela suffit
pour faire voir qu'il a pû appeller saint Maur en
France, l'arrivée duquel tout le monde reconnoît être inséparable de la mort de saint Benoît.

Car de cette maniére le B. Innocent a pû fa-

cilement vivre jufqu'en nôtre année 543. au
Carême de laquelle l'Annalifte de l'Hiftoire Ec-
cléfiaftique de France met fa mort : quoy que
fa fête ne fe célebre qu'au mois de Juin, comme celle de faint Benoît ne fe faifoit autrefois
qu'au mois de Juillet, & celle de faint Grégoire au mois de Septembre ; parce que l'on
n'admettoit point de fête en Carême : & cela
nous fuffit pour nous faire voir que nul autre
Evêque que luy ne peut être Auteur de cet appel de faint Maur en France, & que les noms
des autres ne fe font gliffez dans Faufte que
par l'ignorance des Copiftes, ou par la prévention de ceux qui ont voulu détourner la mort
de faint Benoît de fon véritable jour. Et certainement il étoit digne de ce grand Evêque,
qui a fondé tant de Monaftéres, & qui a tant
fait de bien aux Eglifes, de vouloir attirer auprès
de lui des difciples du reftaurateur de la perfection monaftique dans l'Occident.

Ce Saint ayant donc choifi deux des perfonnes les plus qualifiées qui fuffent auprès de lui,
fçavoir Flodeguaire fon Archidiacre, & Hardé-
rard fon Official ou fon Intendant (*Vicedominum fuum*) les envoya vers faint Benoît en l'année 546. nous ne fçavons pas précifément en
quel mois : mais il y a apparence qu'ils furent
affez long-tems en chemin, parce que tout étoit
en feu dans l'Italie à caufe de la guerre des
Gots. Faufte, comme nous l'avons fait voir, met
le départ du Mont-Caffin, pour leur retour au
dixiéme de Janvier ; & il décrit la fuite de leur
voyage, comme nous l'avons rapporté cy-deffus,
jufqu'à leur départ de Font-Rouge. Il en faut
faire voir encore la fuite.

XI.

Suite de la description du voyage de saint Maur avec ses compagnons.

LORSQU'APRE'S avoir quitté le Monaſtére du B. ſaint Romain, ils furent arrivez à Orléans, Fauſte ajoûte qu'ils apprirent la mort du bon Evêque qui les avoit demandez à ſaint Benoît, & que ces deux Officiers s'étant auſſi-tôt rendus au Mans, ils eurent la douleur de voir que celui qui s'étoit emparé de ſon ſiége, ne vouloit point entendre parler de ce deſſein.

Cela montre aſſez que ce devoit être le malheureux Schienfroy, & non ſaint Domniole, dont le nom s'eſt auſſi gliſſé dans cette narration. Comme Schienfroy étoit un injuſte uſurpateur, il ne faut pas s'étonner, s'il ne pouvoit rien approuver de ce qui tendoit à la piété. Et il y a apparence que l'on ne le ſouffrit pas long-tems dans cette intruſion, puiſqu'il eſt marqué dans la vie de ſaint Domniole, qui eſt le premier Evêque aprés luy, que le ſiége avoit été long-tems vacant, lorſqu'il fut élu en 560. ſelon Grégoire de Tours. Auſſi nous ne voyons pas qu'au II. Concile de Paris tenu en 551. ni au III. tenu en 557. il y ait eu aucune ſignature d'Evêque du Mans, non plus qu'au V. d'Orléans tenu en 549. ce qui marque, ou que le Siége a été vacant durant tout ce tems-là, ou que ſi cet Intrus l'occupoit toûjours, il n'étoit point reconnu.

Nôtre Hiſtorien qui a ſoin de faire voir des

marques d'une piété vraiment religieuse par tout
ce voyage, dit que ces vertueux Envoyez de saint
Innocent, avant que de partir d'Orléans, avoient
eu soin de disposer un logis à saint Maur & ses
compagnons, qui fût commode pour y faire
leurs exercices, *aptissimam mansionem* ; & qu'ils
laissérent les plus honnêtes gens qu'ils eussent à
leur suite pour les servir. Mais n'ayant pû rien
obtenir de Schienfroy, ils furent contraints de
prendre d'autres mesures avec saint Maur, dont
nous parlerons ci-aprés.

Il faut auparavant examiner ce que les Auteurs
qui suivent une autre opinion que nous, peuvent alléguer pour le 21. Mars, où ils prétendent que Fauste a fixé la mort de saint Benoît.

XII.

Réponse à l'objection du 21. de Mars.

FAUSTE, disent-ils, que vous relevez si
fort, n'a pas seulement dit que saint Benoît fût
mort au mois de Mars & le Samedi de Pâque,
mais il dit que ce fut le *XII. des Calendes d'A-
vril*, c'est-à-dire, le 21. de Mars, auquel nous
voyons en effet que l'on célebre sa fête.

Quoi-que cette objection ait plus d'apparence
que de force, il faut avant que d'y répondre,
considérer ici trois ou quatre choses.

La premiére, que nous n'avons nullement dessein de toucher à la fête de saint Benoît dans toute la dispute que nous traittons, parce qu'encore
qu'il fût certain que saint Benoît seroit mort un

autre jour, nous ne devons pas néanmoins changer ce qui est universellement reçu dans la pratique, sur tout quand cela a quelque fondement
dans l'Antiquité.

La seconde, qu'il est néanmoins fort indiffé-
rent aux Saints en quel jour on célebre leur fête,
pourvû qu'on le fasse avec la dévotion & la piété
requise; & que l'on n'a pas toûjours choisi le
jour de leur mort pour en faire la solemnité, témoin ce que nous avons dit ci-dessus de saint
Grégoire Pape, de saint Innocent Evêque du
Mans, & de saint Benoît même; à quoy nous
pouvons ajoûter, qu'encore à present les Grecs
ne célebrent pas la fête de ce dernier le 21. Mars,
mais le 14. du même mois; témoins encore saint
Hilaire, saint Basile, saint Chrysostome, saint
Ambroise, saint Remy, & une infinité d'autres
dont on ne célebre pas la fête au jour qu'ils sont
morts, mais en un autre qui se trouve plus ou
moins éloigné de cette mort, & que l'on a
choisi tantôt pour une raison, tantôt pour une
autre; témoin enfin, pour venir aux derniers
tems, saint Charles, saint François de Sales, &
semblables, que je serois trop long à rapporter.
Bien plus, il paroît que l'on a été si peu attaché
à cela, que de nôtre tems on a changé la fête de
sainte Therese, qui d'abord se fit le 5e. d'Octobre,
le lendemain de saint François où elle mourut,
& qui a été remise au 15e. en s'appuyant de la
correction de l'année, parce qu'on a vû que ces
deux fêtes étant si proches, s'incommodoient
l'une l'autre, & partageoient trop la dévotion
des fidéles.

La troisiéme chose que je supplie de remarquer, est qu'il seroit bon, avant que de faire fort sur ce jour des Calendes, de se bien assurer si Fauste avoit effectivement marqué le XII. étant plus aisé, comme j'ai dit, qu'il se soit glissé quelque faute dans ce seul chiffre que dans une infinité d'autres circonstances, dont cette bien-heureuse mort est environnée.

La quatriéme, que ce qui fait voir visiblement qu'il y a faute à ce nombre du XII. des Calendes, est que cela ne se peut nullement accorder ni avec le Jeudi 10. de Janvier, où j'ai fait voir que cet Auteur avoit placé le départ de S. Maur du Mont-Cassin, ni avec l'année 547. que j'ai montré être la seule où saint Benoît puisse être mort.

La cinquiéme, que quand même nous accorderions ce XII. des Calendes à ceux qui font fort là-dessus, ils n'auroient pas encore ce qu'ils pensent ; & c'est ce que je supplie le Lecteur de bien remarquer. Mais parce qu'il y a peu de personnes capables de bien discuter cela, & que néanmoins c'est sur cet unique fondement que s'appuyent ceux qui mettent la mort de saint Benoît au 21. Mars, & qui ensuite croyent avoir droit de renverser tout ce que l'on peut établir de plus certain pour fixer les années : je veux tâcher de les soulager, & je veux entrer dans le détail de tout ce qui nous peut servir à examiner ce point d'une maniére qui ne laisse aucun doute dans l'esprit, afin qu'on n'y puisse plus revenir.

XIII.

Examen particulier du jour qu'auroit marqué Fauste, s'il avoit écrit le 12, des Calendes d'Avril.

POUR garder ici toutes les mesures qui sont nécessaires, il faut bien considérer les paroles de cet Auteur. Voici donc comme il s'exprime aprés avoir marqué que le Vendredi Saint au soir S. Maur déclara à saint Romain qu'il avoit eu révélation que saint Benoît devoit bien-tôt sortir de ce monde. *Noctem illam*, dit-il, *quæ XII. Kalendas Aprilis habebatur, & quâ sacratissimum Vigiliarum Paschæ illucescebat Sabbatum... jejuni pervigilem duximus.*

Il est certain que Fauste ne pouvoit guéres parler ni plus nettement, ni plus distinctement, mais il faut le bien entendre. Il avoit deux choses à nous faire voir.

1. Le jour du mois où l'on étoit selon l'ordre civil.

2. La fête où l'on entroit, selon l'ordre ecclésiastique. Il exprime l'une par la maniére de compter des Romains, c'est-à-dire, par les Calendes; & il use, pour marquer l'autre de la phrase de l'Evangile, qui est tirée de l'usage des Juifs, lorsqu'ils commençoient leurs jours le soir, comme l'Eglise y commence encore les fêtes. *Noctem illam*, dit-il, *quâ sacratissimum Vigiliarum Paschæ illucescebat Sabbatum.* Ce soir là où commençoit le Samedi saint, veille de Pâque,

C'eſt donc du ſoir qu'il commence à parler;
c'eſt ce ſoir qu'ils entrent dans l'Egliſe, ſans avoir
rien pris , paſſant toute la nuit à jeun & en priè-
res. *Noctem illam jejuni pervigilem duximus.* Et
c'eſt ce ſoir où commençoit auſſi la veille de Pâque ſelon l'ordre de l'Egliſe, qu'il dit (comme
on le lit d'ordinaire) tomber au XII. des Calendes : *Quæ duodecimo Kalendas Aprilis habebatur* , ſuivant la maniére de compter des Romains.   Or il eſt certain que les Romains
commençoient à compter leurs jours par minuit , comme nous faiſons, & comme font
encore les Italiens : ſur quoi l'on peut voir M.
Gaſſendy & les autres qui ont parlé de l'année &
du Calendrier Eccléſiaſtique. Et partant ce XII.
des Calendes marqué par Fauſte , au ſoir duquel
commençoit le Samedi ſaint : *Quâ ſacratiſſimum
illuceſcebat Sabbatum* , étoit le jour qui avoit
commencé à minuit d'entre le Jeudi & le Vendredi ſelon les Romains , & devoit finir à minuit
d'en re le Vendredi & le Samedi où l'on entroit
dans le XI. des mêmes Calendes.

Fauſte dit auſſi expreſſément que ce fut ce Samedi à neuf heures du matin, *horâ tertiâ*, que
mourut ſaint Benoît , dont ils virent l'ame monter au ciel ; & par conséquent , ſelon cela, il
n'eſt point mort le XII. des Calendes , mais
l'XI. comme au contraire, ce n'eſt point en ce
XI. mais au XII. que commençoit le Samedi
ſaint , ſelon la façon de compter de l'Egliſe.

De ſorte que cette expreſſion de ce ſaint Religieux eſt pareille à celle de ſaint Matthieu, qui
dit : *Veſperè autem Sabbati quæ luceſcit in prima*

Sabbati, &c. Et il semble que d'en vouloir douter, soit se vouloir crever les yeux ; quoi-que ce
soit tout ce qui a fait conclure à mettre la mort
de saint Benoît au 21. Mars, au lieu que suivant
ce texte même, on auroit dû au moins la mettre
au 22. Tant il est vrai que cette question n'a jamais été examinée avec le soin qu'elle demande.

Personne ne pourra douter de ce que je fais
voir ici, si l'on considére que nos Fêtes commençant encore aux premiéres Vêpres, ces premiéres
Vêpres tombent toûjours dans un jour qui prévient celui de la Fête, soit selon les jours des
mois, soit selon les féries de la semaine. Mais
afin de mettre la chose hors de tout scrupule, je
veux encore l'appuyer d'une histoire remarquable, & toute pareille à celle de S. Benoît.

Il est rapporté dans la vie de sainte Gertrude
Abbesse du fameux Monastére de Nivelles en
Flandres, que se sentant approcher de la mort,
& n'en sçachant pas précisément le jour, elle
envoya consulter saint Ultan, qui s'étoit retiré
en un lieu assez éloigné, en sorte qu'il pouvoit
être déja tard quand l'envoyé arriva chez lui.

Mais tard ou non, car cela n'y fait rien, puisque le terme des jours marquez par les Calendes
va d'une mi-nuit à l'autre (comme tout le monde en convient.)

Le Saint répondit à cet homme qui venoit de
la part de la Sainte : *Hodie sextus decimus Kalen-*   Vita S. Gertr.
das Aprilis est ; crastino autem die inter Missarum   n. 8.
solemnia Dei ancilla, & Christi virgo Gertrudis de
corpore est migratura. On ne sçauroit guéres
trouver deux expressions plus semblables, ni deux

faits qui ayent plus de rapport.

Je demande donc si quand ce bon Abbé disoit que le jour qu'il faisoit sa réponse étoit le
16. des Calendes, & que la Sainte mourroit le
lendemain durant la Messe Conventuelle, il a
voulu marquer que sa mort seroit ce 16. & si l'on
n'en doit pas conclure au contraire, qu'elle n'est
morte que le 15. des mêmes Calendes, *quinto
decimo*, comme il est dit ensuite dans la même
vie, c'est-à-dire, le 18. Mars où l'on célébroit
en effet sa fête, quoi-qu'il soit arrivé depuis quelques brouilleries là-dessus, que j'éclaircirai dans
la suite.

Il en est de même ici, l'on n'a qu'à faire l'application de l'un à l'autre. Fauste, selon que
nous le lisons aujourd'hui, dit qu'ils entrérent
dans l'Eglise le XII. des Calendes au soir, &
que saint Benoît mourut le lendemain à l'heure
de Tierce. Donc cela posé, il ne peut être mort
que le XI. des mêmes Calendes, c'est-à-dire, le
22. Mars, quand même nous prétendrions que
ce texte fut aussi exemt de faute qu'on le veut
faire croire. Et de là il s'ensuit manifestement
que ceux qui sont dans d'autres sentimens que
nous, n'en peuvent rien conclure de juste pour
l'opinion commune.

Mais puisque ce texte de Fauste ne nous peut
de rien servir, & qu'il est visible, quelque opinion que l'on suive, qu'il est & corrompu & mal
pris : Corrompu, parce qu'il est impossible que
Fauste ait écrit le XII. Mal pris, parce que
quand on le liroit ainsi, il ne marqueroit nullement la mort de S. Benoît au 21. Mars. Voyons
qui

qui des adverſaires ou de nous le raccommodera
à moindres frais, & avec plus de fruit & de vrai-
ſemblance.

Les plus raiſonnables de ceux du parti contraire diront auſſi-tôt qu'ils n'ont beſoin que
d'un point, pour ajuſter toutes choſes; & que
ſuppoſant que Fauſte ait écrit *XIII. Kal.* au
lieu de *XII.* ils retomberont parfaitement dans
nôtre ſens, parce que ce ſera ce ſoir là du XIII.
des Calendes que ſaint Maur entra dans l'Egliſe
pour y paſſer la nuit en priéres, & que ſaint Benôît étant mort le lendemain au matin, il ſera
mort le XII. c'eſt-à-dire, le 21. Mars, où l'on
célebre ſa fête.

Je ſuis bien aiſe qu'ils reconnoiſſent enfin
qu'on ne peut rien faire de ce XII. des Calendes, & qu'il faut néceſſairement le corriger.
Mais en le corrigeant comme ils font, ils ne
quadrent pas encore avec le 10. de Janvier, jour
du départ de ſaint Maur, & ils ne trouveront
point de fête de Pâque au 22. Mars, comme il
le faudroit pour les juſtifier. Et au contraire, je
trouve toute mon affaire ſans demander plus de
grace qu'eux, c'eſt-à-dire, la réformation d'un
ſeul point, pourvû que ce ſoit en diminuant, au
lieu qu'ils le font en ajoûtant, & qu'on nous
permette de lire *XI. Kal.* pour *XII.*

Car cela ſeul poſé, ſaint Maur ſera entré dans
l'Egliſe le 22. Mars au ſoir, & ſaint Benôît ſera
mort le 23. au matin, qui étoit la veille de Pâque:
Je dis de la véritable Pâque, ſans aller chercher
des explications éloignées, & nous aurons Pâque le 24. du même mois, qui eſt celui de l'an

Z

547. où nous avons déja prouvé par une infinité de raisons , qu'il faut nécessairement que saint Benoît soit mort. Et alors toutes les choses quadreront parfaitement , soit avec le Jeudi 10. Janvier , jour du départ de saint Maur , soit avec la lettre Dominicale , & le reste qu'on peut desirer.

Je laisse donc aux sçavans à juger aprés cela s'il y auroit quelqu'autre difficulté qui nous pût empêcher d'en venir là. Je ne dis pas pour changer la fête de jour , comme je l'ai déja déclaré , mais pour déterminer précisément le jour & l'année de cette mort , qui est comme une Epoque à laquelle on peut rapporter diverses choses de l'Histoire Monastique & Religieuse.

XIV.

Réponse à ce qu'on peut alléguer de quelques Auteurs du moyen âge , comme d'Aimoin , des Martyrologes, d'Amalarius, &c.

MAIS ce XII. des Calendes , dit-on , se trouve pourtant marqué dans presque tous les Auteurs du moyen âge , comme dans Aimoin , & dans les Martyrologes , &c.

Je répons à cela , qu'il ne faut pas s'en étonner , & que comme il arrive souvent qu'une faute d'un texte s'étant glissée dans les premiéres copies , passe aisément dans toutes les autres , dont on voit même des exemples dans l'Ecriture sainte : aussi depuis qu'on s'est mis une imagination dans l'esprit , on suit presqu'aveuglément les choses sans

bien examiner ; ce qui peut être quelquefois occasion de grandes erreurs, & de plusieurs brouïl-
leries.

Pour Aimoin , quoi-qu'il soit venu un peu
tard , je ne crois pas néanmoins qu'il nous soit
tout-à-fait contraire. Voici ses paroles : *Ecce*   *Aim. l.*
nocte illa , quæ sanctum præcedebat diem Sabbati ,   *cap. 22.*
quâ Vigilia Resurrectionis colitur, scilicet XII. Kal.
Aprilis , &c.

Car ce *scilicet* , fait voir que ce XII. des Calendes doit être rapporté à cette nuit, qui selon
lui, précédoit le Samedi de la veille de Pâque ,
& par conséquent ce Samedi ne devoit tomber
que dans l'XI. des Calendes ; ce qui revient au
sens que nous avons déja expliqué , & fait seulement voir que cet Auteur ne commençoit pas le
Samedi au soir précédent. Ce qu'on pourroit
dire de plus , c'est qu'il s'est trompé en mettant
la vision qu'eût saint Maur dans la nuit : *Subito*
raptus spiritu Maurus vidit, ajoûte-t-il : au lieu
qu'il est certain que ce ne fût que le jour sur les
neuf heures , que ce Saint vit l'ame de son B.
Pére s'envoler au Ciel : *Transactâ jam horâ quasi*
tertiâ ipsius sacratissimæ diei , dit Fauste, où l'on
peut encore remarquer la grande exactitude de
cet Auteur , de laquelle Aimoin n'approche nullement ; des personnes habiles ayant déja remarqué qu'il y a plusieurs choses en lui à corriger.

Mais, ajoûte-t-on, nous avons des Martyrologes plus anciens que lui, qui mettent aussi
la mort de saint Benoît au XII. des Calendes
d'Avril.

Je ne m'en étonne pas non plus : cela fait voir ce que j'ai déja remarqué, que la plûpart des Auteurs ne font que se copier l'un l'autre, sans rien examiner. Car s'il est impossible, comme je croi l'avoir démontré, que saint Benoît soit mort ce jour-là, il est certain qu'il n'y a point d'autorité qui nous le puisse persuader. Mais de plus, il faut encore prendre garde que tous les Martyrologes que nous avons, font assez récens, n'y en ayant point qui passe le IX. siécle. Celui de Valdebert n'étant que de 840. sous l'Empereur Lothaire, & celui d'Usuard encore plus tard sous Charles le Chauve : & quand on nous rappelleroit à celui de Bede, il ne seroit toûjours que du VIII. Cependant, ajoûte-t-on, ils sont plus anciens qu'Odon de Glanfeuille : A la bonne heure. Cela montre donc, que ce n'est pas lui qui a corrompu le texte de Fauste, & que l'on n'a pas raison de le faire passer pour un homme de mauvaise foi.

Mais afin de faire voir que je n'ai pas dessein de rien retrancher de la force que peut avoir ce raisonnement de ceux qui tiennent pour ce XII. des Calendes, je veux bien y ajoûter encore l'autorité d'Amalarius, qui dans son explication de l'Office selon la Régle de saint Benoît, qui nous a été donnée par un sçavant Religieux de la Congrégation de saint Maur, rapporte les paroles de Fauste tout de même que les a mises l'Abbé Odon, avec les circonstances de la veille de Pâque, & le reste. Nous voyons donc encore par là, que cet Abbé n'y a rien changé ; puisque toutes les circonstances de cette mort, font les mêmes dans l'un que dans l'autre : mais nous ne sommes pas obligez de croire que cette faute de chiffre n'ait pû s'y glisser auparavant, c'est-à-dire, avant le régne de Louïs le Débonnaire, sous lequel vivoit Amalarius. Et il est facile de concevoir comment cela a pû se faire; ce qu'il ne sera peut-être pas inutile de representer.

X V.

Comment ce nombre, du XII. des Calendes, peut s'être glißé dans la narration de Fauste, & que la fête de saint Benoît semble avoir commencé assez tard à être célébrée publiquement dans l'Eglise.

Il faut, afin de donner plus de jour à ma réponse, qu'après tant de preuves démonstratives, par lesquelles j'ai établi la vérité, le Lecteur me permette de donner aussi lieu à la conjecture, s'il veut que je lui fasse voir comment cette erreur a pû s'introduire facilement.

Pour le faire avec plus de netteté, nous devons prendre garde que la fête de nôtre glorieux P. saint Benoît n'a pas commencé si-tôt à être célébrée publiquement dans l'Eglise. Ce n'est pas que sa mémoire ne fût en vénération à tout le monde : mais, comme il étoit mort en Carême, où l'on ne faisoit point de fêtes alors, & que l'on ne voyoit pas de sujet de fixer ailleurs sa mémoire, il y a bien de l'apparence qu'elle ne fut pas si-tôt solemnisée dans le public.

Z iij

Cette coûtume de ne point célébrer de fêtes en Carême, duroit encore au milieu du 7e. siécle, comme nous l'apprenons du X. Concile de Toléde tenu en 656. qui fait voir qu'on n'y faisoit seulement pas celle de l'Annonciation, ordonnant qu'on la célébrera 8. jours devant Noël avec octave.

D'ailleurs le Mont-Cassin ayant été ravagé par les Barbares, quelques 40. ans aprés la mort de saint Benoît, son corps demeura là enseveli dans les ruines, sans qu'il fut presque mention du lieu où il avoit été mis. Saint Grégoire même qui écrivit ses Dialogues à la fin du VI. siécle, & qui ne les entreprit, principalement que pour avoir occasion de parler de la vie de saint Benoît, ne lui donne que le nom de vénérable : *Vir vita venerabilis.*

Il est aussi remarquable qu'au milieu du 7. siécle le Pape Théodore dans ses lettres à Babulin Abbé du Monastére de Boby, fondé par saint Colomban en Italie, parlant de saint Benoît, ne lui donne que le titre de sainte mémoire, *sanctæ memoriæ* : ce qui semble témoigner que sa fête ne se faisoit pas encore.

Ce ne fut donc proprement qu'aprés sa translation, que le Saint commença à éclatter avec plus de lumiére. Aigulfe Moine de Fleury, fut celui qui y donna lieu, par la permission qu'il obtint de Mommole son Abbé, d'aller chercher ce précieux thrésor dans les décombres du Mont-Cassin, selon la révélation qui lui en avoit été faite; encore eut-il bien de la peine à le trouver, & il fallut une seconde révélation pour lui faire découvrir le lieu où étoit ce saint corps, dont il ne lui fut pas possible d'appercevoir aucunes marques.

Cette translation dans le Martyrologe de Fleury, cité par le R. P. Mabillon, n'est marquée qu'en 660. sous Clovis II. ce qui favoriseroit l'opinion de ceux qui font régner Dagobert jusqu'en 644. afin d'étendre les 18. années de régne que l'on donne à son fils jusqu'en 662. Mais cette opinion souffre de grandes difficultez : & les plus habiles croyent que l'on doit commencer les 16. années du régne de Dagobert dés l'an 622. qu'il fut associé à la Couronne, & déclaré Roi d'Austrasie par Clotaire II. Peut-être qu'il faudroit lire dans ce Martyrologe, 650. afin qu'étendant le régne de Clovis II. depuis 633. où il fut déclaré Roi de Neustrie, aussi-tôt aprés sa naissance jusqu'en 651. cela se trouvât toûjours renfermé dans son régne.

Quoi-qu'il en soit, ce n'est proprement que depuis cette translation que la mémoire de saint Benoît a commencé à être solemnisée avec pompe. Les François pour remercier Dieu d'une si grande faveur, furent dés premiers à en célébrer la mémoire. Mais comme il ne leur eut pas été permis alors de faire de fête en Carême, il est croyable qu'ils renfermérent la mort & la translation de ce saint Patriarche dans une même célébrité, qu'ils placérent au II. de Juillet. Ainsi ils n'eurent pas besoin de se mettre si fort en peine de sçavoir précisément en quel jour il étoit mort ; ce qui n'empêcha pas que bien-tôt aprés on ne mit le nom de saint Benoît dans les

Litanies publiques, & que l'on ne vit des Chapelles ou Eglises érigées sous son nom, comme celle de Castres vers l'année 677. ainsi que nous verrons ci-après; celle de Quincy en Poitou fondée par S. Filbert & autres.

Il y a grande apparence que les Italiens de leur côté ne se mettoient pas plus en peine de ces particularitez : & l'on est presque obligé d'avoüer qu'ils avoient un peu oublié leur B. Pére parmi les guerres & les malheurs dont ils étoient accablez, puisqu'il falut que Dieu envoyât un étranger pour déterrer ses reliques, & les enlever.

Ce ne fut donc que par cet enlevement & par les miracles continuels que Dieu faisoit en France par les mérites de ce Saint, qu'ils commencérent à se réveiller là-dessus; ensuite de quoi ils pensérent aussi à retourner au Mont-Cassin. Petronas fut celui qui eut plus de part à leur inspirer ce dessein, ou à les confirmer dans une si glorieuse entreprise; ce qui fut enfin exécuté vers l'an 720.

Nous ne devons pas douter qu'ils ne se portassent aussi alors à exalter la mémoire de leur glorieux Pére, & il y a apparence que pour contrecarrer les François, ils ne furent pas fâchez d'en célébrer la fête en Carême : ce qui leur fut d'autant plus facile, que l'on y faisoit déja celle de l'Annonciation, comme nous le voyons par le 6. Synode, qu'on nomme *in Trullo*, tenu à la fin du 7. siécle, & que celle de sainte Gertrude Abbesse de Nivelle, morte en 658. y fut aussi célébrée environ le même tems.

Cependant ces bons Religieux avoient peut-être aussi peu de mémoire du jour précis de la mort de saint Benoît, que du lieu de sa sépulture, dont personne ne se souvenoit plus, & qui au raport de Pierre Diacre, ne fut découvert que lorsqu'à la fin de l'onziéme siécle, l'Abbé Didier qui fut depuis Pape sous le nom de Victor III. fit jeter les fondemens de leur nouvelle Eglise.

Dans cete incertitude il étoit néanmoins toûjours resté quelque tradition que saint Benoît étoit mort vers l'équinoxe de Mars, & ils recherchérent sans doute le livre de Fauste (si toutefois il avoit pû soûtenir les horribles convulsions du settiéme siécle) & aparemment tout ce qu'ils y trouvérent, est que saint Maur entra dans l'Eglise pour prier, le *XI. des Calendes d'Avril* qui étoit le Vendredy saint. Car selon ce que j'ai fait voir, c'est tout ce que Fauste avoit pû écrire: mais comme ils n'entendoient pas assez ce qu'il avoit voulu dire, & que d'ailleurs ils étoient peu capables de discuter tout ce qui regardoit cette veille de Pâque ; il est fort vrai-semblable qu'ils aimérent mieux mettre le XII. qu'ils croyoient même pouvoir faire porter jusques sur le Samedy ; s'imaginant que par là ils se délivreroient de l'embaras de toutes les oppositions qu'on leur pouroit faire ; puisque marquant la mort de saint Benoît au plus bas terme où Pâque puisse ariver, & justement avant le jour, où pour cette raison on écrivoit dans les anciens livres d'Eglise, P R I-MUM Pascha ; qui étoit le 22. Mars; ils auroient toûjours l'avantage de pouvoir dire que leur saint Patriarche seroit mort avant Pâque ; en quelque jour que Pâque pût être célébré.

Peut-être aussi qu'ils furent trompez par cette

manière de comter les jours naturels en les commençant au coucher du soleil, qu'ils ne démê-
loient pas assez d'avec l'autre : & dont il semble
que les Italiens qui l'avoient prise des Lombars,
se servoient déja alors. Car encore que cela n'empêche pas, que quand une chose est arrivée le matin, ou à quelqu'autre heure que ce soit après minuit, on ne dise qu'elle est arrrvée à un autre jour
du mois & de la semaine, que celuy où l'on a
commencé à comter la premiere heure : Neanmoins dans l'obscurcissement que leur pouvoit
causer cette nouveauté, il leur fut facile de s'imaginer que ce XII. des Calendes devoit comprendre tout le tems qui étoit depuis la premiere heure jusqu'à la 24. & qu'ainsi saint Benoît fût mort
au même jour où saint Maur entra pour prier
Dieu pour lui dans l'Eglise.

Cette conjecture est d'autant plus vraisembla-
ble, que ce ne peut être que sur de pareils fondemens qu'on a voulu coriger le *decimo quinto Kalendas Aprilis*, où est marquée la mort de sainte
Gertrude par son Historien, comme je l'ai rapporté ci-dessus: d'où vient qu'Henschenius Jésuite lit lui-même *sexto decimo*, quoi-que les meilleurs manuscrits ayent *décimo quinto*, & que comme le montre fort bien le P. Mabillon, la réponse
du bon Solitaire Ultan décide ce point; puisqu'il
dit expressément à ceux qui l'étoient venũ consulter : *Hodie sextus decimus Kal Aprilis est dies:
crastino autem die* (c'est-à-dire, le XV.) *est mi
gratura*. Henschenius retient aussi cette lecture
en cet endroit, & néanmoins il se laisse aller à
l'autre un peu plus bas ; tant il est difficile de
se soûtenir toûjours également dans ces sortes de chicanes. Aussi est-il remarquable que le

*Not. in vit. S.
Gertrud.*

manuscrit d'Usuart cité par le P. Mabillon, qui est trés-ancien, marque cette mort de sainte Gertrude non au XVI. des Calendes, comme font Valdebert & Adon, qui y ont été trompez: mais au XV. en disant que c'est le jour qu'on en faisoit la fête au Monastére de Nivelle. C'est aussi celui où Henschenius écrit, que la font les Chanoines réguliers de saint Jean de Latran. Et le second Auteur de la vie de cette Sainte commence aussi par là : *Incipit vita B. Gertrudis, cujus festum colitur XV. Kal. Aprilis.* C'est-à-dire, le 18. Mars, encore que plusieurs la fassent aujourd'hui le 17. & célébrent en même jour l'autre sainte Gertrude la miraculeuse, Abbesse de Rotarde, qui vivoit au XII. siécle, & mourut le 17. de Novembre.

Je remarque ces particularitez, afin qu'on voye que ce n'est point merveille, s'il s'est glissé une faute toute semblable à celle de la vie de l'ancienne sainte Gertrude, dans l'ouvrage de Fauste; & que si nous avions des copies de cet ouvrage, nous trouverions trés-assurément que plusieurs autoriseroient nôtre *XI. Kal.* puisqu'il est impossible encore une fois, que Fauste ait écrit autrement. Ce qui doit suffire, ce me semble, pour nous empêcher de douter que la mort de nôtre saint Patriarche ne doive être rapportée au 23. Mars, quoi-que, comme j'ai dit, cela ne doive nullement préjudicier à sa fête.

Voilà ce que j'ai crû être obligé de répondre à ce qu'on allégue en faveur du 21. de Mars, afin d'en faire mieux voir l'impossibilité, & de couper toutes les voyes par où l'on y pourroit revenir. Il nous faut reprendre le voyage de saint Maur.

XVI.

Suite du voyage de saint Maur, son arrivée en Anjou, commencement de son Monastére.

FAUSTE continuant son discours, dit qu'Harderad voyant qu'il n'y avoit rien à faire auprés de l'Evêque du Mans, se retira chez lui en Anjou, où il avoit encore sa femme & ses enfans *, & envoya son neveu à S. Maur, pour le prier de ne se pas affliger du refus de cet Evêque, mais de le venir joindre au plûtôt, afin de prendre ensemble de nouvelles mesures sur ce qu'ils auroient à faire. Il n'y manqua pas, Harderad le fit connoître à Flore, qui étoit son parent, & l'un des premiers Seigneurs de la Cour, lequel vivoit dans une grande piété. Ils prirent ensemble le dessein de bâtir un Monastére dans la maison de Glanfeuille, dont Flore étoit Seigneur, & l'on commença aussi-tôt à y travailler avec grande diligence : *Factatisque fundamentis opus cœptum quotidie certatim accelerabant.*

Ainsi il ne faut pas s'étonner si le Monastére fut bien-tôt achevé. Car s'il est dit dans la vie de sainte Gertrude *part. 2. n. 10.* que le Monastére que sa sœur, nommée Bégue, fit bâtir, &

---

* J'ai expliqué ci dessus le mot de *Vicedominum* par celui d'Official, quoi-qu'on voye ici qu'Harderad étoit marié; mais on sçait aussi que cet office a été souvent donné à des laïques.

où il y avoit cinq Eglises, fut achevé en deux ans: & si nous lisons dans celle de saint Placide, que celui qu'il fonda en Sicile fut fait en quatre ans, à cause de la puissance de son pére, qui étoit Seigneur d'une partie de l'Isle : je laisse à penser ce que pouvoit un Roi de France, qui avoit donné ordre à Flore son favori, de ramasser par tout des ouvriers, pour y travailler. Car encore que Théodebert fut particuliérement Roi d'Austrasie, néanmoins quand le Royaume se partageoit ainsi, tous les Rois ne laissoient pas de s'appeller Rois de France, & d'avoir toûjours beaucoup de crédit & d'autorité dans toute la France, parce qu'on regârdoit toûjours ces Etats comme une seule Monarchie qui étoit gouvernée par les mêmes lois, & qui se réunissoit dans celui qui en étoit le Chef, au defaut d'enfans mâles dans les autres branches ; ce qui étoit encore plus vrai de Théodebert, que des autres ; parce qu'il s'étoit acquis plus d'autorité, & étoit le plus considérable des Princes de la Maison Royale. *Eo tempore*, dit Fauste, *Theodebertus Rex Regni Francorum apicem gubernabat.*

Flore même qui étoit Vicomte d'Anjou & de Glanfeuille, & qui n'avoit point d'autre desir que de se renfermer vîtement dans ce Monastére, pressoit l'ouvrage autant qu'il pouvoit. De sorte qu'en moins de 5. ou 6. ans la maison & ses quatre Eglises purent facilement être achevées.

Flore prit l'habit, lorsqu'on en fit la Dédicace, & le Roi voulut se trouver à cette cérémonie, & faire l'honneur à Flore de couper une partie de ses cheveux de sa propre main ; ce qui marque qu'il avoit déja fait quelque sorte de Noviciat auparavant ; puisque ce changement d'habit & cette coupure de cheveux ne se faisoit qu'à la Profession.

XVII.

Preuve des années de la mort de Théodebert.

PAR là on voit qu'il faut nécessairement que Théodebert ait vécu quelques années depuis l'arrivée de saint Maur en France, & que la chronologie de ceux qui le font mourir en 547. ou 548. est insoûtenable. Procope, comme nous avons dit, doit être plus croyable en cette rencontre, lequel fait vivre ce Prince jusqu'à la 17 année de la guerre des Goths ; ce que l'on peut encore confirmer par l'autorité d'Agathias, qui le méne jusqu'à l'arrivée de Narsés en Italie, lequel ayant succédé à Bélissaire, mit fin à cette guerre par la mort de Totila.

Or Procope remarque fort bien que la mort de Totila n'est arrivée qu'aprés la XI. année accomplie de son régne, ἐπὶ ἔνδεκα Γότθων ἄρξαντι, cap. 32. & il dit, qu'alors Justinien comptoit 26. années du sien, ἔτη τε καὶ εἴκοσὶ ἔτη Ἰουστινιανῷ ἔχοιτο, cap. 34. nous marquant aussi par les derniéres paroles de ce 4. livre, que la guerre avoit duré 18. ans en tout. De sorte que la 11. de Totila, la 26. de Justinien, & la 18. de la guerre concourent ensemble. Or nous avons fait voir que cet Empereur avoit commencé à régner au mois d'Avril de l'année de Jesus-Christ 527. & par conséquent sa 26. ne s'acheve qu'au mois d'Avril de l'année 553. & la 11. de Totila vers la fin de cette même année, & la 18. de la guerre aprés l'hiver. D'où il s'ensuit, que quand Théodebert seroit mort un an auparavant, il seroit toûjours venu jusqu'en 552. Par ce moyen nous trouvons plus de cinq années pour le bâtiment du Monastére de saint Maur; ce que l'on jugera être plus que suffisant, si l'on considére ce que nous avons dit auparavant. Il faut seulement prendre garde qu'il s'est encore ici glissé une faute de chiffre dans la narration de Fauste, qui dit que ces bâtimens ne furent achevez que la 8. année : *Octavo anno postquam ibi adveneramus.* Car Théodebert ne peut pas avoir tant vécu, à moins que l'on ne voulut entendre cela de quelques ajustemens ou de quelques petits restes qui n'empêchoient pas que la Dédicace à laquelle ce Prince assista, ne se fut faite plûtôt.

XVIII.

Preuve & distribution des années de saint Maur. Exactitude de son Historien, avec son retour en Italie.

DE là nous pouvons conclure que S. Maur ayant vécu 20. ans au Mont-Cassin, & 40. en France, c'est-à-dire, 60. ans depuis son entrée en Religion, selon que le lui prédit S. Benoît dans la lettre qu'il lui écrivit à son départ rapportée dans les mêmes actes, il a vécu en tout 72. ans, puisqu'il en avoit déja 12. quand il fut reçu Religieux.

Qu'ainsi il est mort en 587. puisqu'il est parti du Mont-Cassin en 547. & qu'il ne peut avoir vécu plus tard que cette année-là, parce que l'année de son départ doit être comprise entre celles de France, où il en passa la plus grand'partie.

Que par là nous trouvons la vérité de ce que dit Fauste à la fin de cette vie; sçavoir que saint Maur passa 20. ans auprés de nôtre P. saint Benoît, & 40. ans dans le Monastére, qu'il fit bâtir; parce que le tems que l'on mit à le bâtir doit être compris dans ce nombre.

Ce qui prouve encore qu'il doit avoir été commencé dés le tems de leur arrivée. Mais il faut prendre garde qu'il s'est encore ici glissé une faute dans le nombre des jours, où il faut lire, *diebus quatuor*, & non *quatuordecim*, quarante ans & quatre jours, & non pas quatorze jours; ce qui seroit tout-à-fait insoûtenable, quelqu'opinion que l'on pût suivre pour la mort de saint Benoît, puisque l'on demeure d'accord que saint Maur partit du Mont-Cassin le 10. Janvier, & qu'il est mort le 15. où nous célébrons sa fête; or nous voyons toûjours l'extrême exactitude de nôtre Auteur, qui n'a pas compris dans ce nombre le jour de leur départ, parce qu'ils ne partirent que tard, & logérent encore dans une ferme de l'Abbaye; & parce aussi que ce ne fut que le lendemain que saint Benoît leur dit le dernier adieu par la lettre qu'il leur écrivit. Il n'y a pas non plus compris le jour de sa mort

mort, parce qu'apparemment il n'en vit que la moindre partie, & alla passer la meilleure avec les Bienheureux en l'autre monde.

Cela s'accorde encore parfaitement avec ce que Fauste avoit dit auparavant que ce Saint est mort dans la 41. année, aprés qu'il fut arrivé en France; ou plûtôt aprés son départ du Mont-Cassin, parce qu'ainsi les 40. finissent au 10. de Janvier, & que les 4. jours qu'il y a de plus jusqu'à sa mort, sont de l'année quarante-uniéme.

Mais ce qui fait encore mieux voir la brouïl-lerie de XIV. pour IV. dans ce nombre de jours, dont j'ai parlé: c'est qu'apparamment le X. est tombé de plus haut: où l'on ne fait vivre l'Abbé Bertulfe que deux ans aprés saint Maur, au lieu qu'il faut lire X I I. comme l'ont déja remarqué les sçavans Auteurs de la nouvelle édition des Actes des Saints de l'Ordre, puisqu'autrement Fauste qui dit lui-même qu'il étoit dans une ex-trême vieillesse, *ultimam penè agens ætatem*, quand il s'en revint avec *Simplicius* en Italie, ne se trou-veroit pas si vieux, étant encore fort jeune quand il vint avec saint Maur, comme il se voit par son épitre qui sert de préface à cette vie. Outre qu'il y auroit peu d'apparence, qu'étant revenu à Rome de si bonne heure, il eût différé jusqu'au tems de Boniface I I I. ou I V. c'est-à-dire, prés de 10. ans, à nous donner cette vie dont il se voyoit tous les jours pressé par ses Fréres.

Il est vrai que saint Maur leur avoit lui-même ordonné en mourant de retourner le plûtôt qu'ils pourroient, à leur Monastére, *ad nostrum Mo-*

A a

nasterium, pour dire des nouvelles du progrés que l'Ordre faisoit en France, ce qui semble un peu contraire à ce delai de 12. ans.

Mais outre que le nouvel Abbé Bertulse les conjura de ne le pas abandonner si-tôt, comme Fauste le remarque, il faut encore prendre garde que la ruine du Mont-Cassin arriva dans cet entre-tems, comme on voit par saint Grégoire au 2. liv. de ses Dialogues, qu'il écrivoit en 593, & qui en parle comme d'une chose toute récente. De sorte qu'il est fort croyable que Fauste ne fut pas fâché d'attendre un peu, pour voir si ce Monastére ne se remettroit point, n'y ayant nulle apparence d'aller en Italie pendant qu'elle étoit ravagée par les Barbares, & que c'est ce qui lui donna occasion d'attendre la mort de son Abbé Bertulfe, aprés laquelle il ne crut pas devoir différer davantage son retour.

XIX.

Autre preuve de la mort de saint Benoît en 547. par l'inscription qui fut trouvée dans le tombeau de S. Maur.

Nous pouvons encore justifier le calcul, que nous avons suivi, par l'inscription qui fut trouvée dans le tombeau de saint Maur, lorsque l'Abbé Gauzelin qui vivoit au IX. siécle, fit transporter son corps derriére l'Autel, pour le mettre en un lieu plus honnorable. Car l'inscription que l'on trouva, & qui y avoit été mise avec le corps, étoit conçuë en ces termes: *Hîc*

REQUIESCIT CORPUS B. MAURI MO-
NACHI ET LEVITÆ, QUI TEMPORE
THEODEBERTI REGIS VENIT IN GALLIAM
ET XVIII. KAL. FEBRU. MIGRAVIT A
SÆCULO. Et il est expressément marqué qu'elle
fut trouvée avec les reliques de saint Etienne
premier Martyr dans une boête que l'Abbé Bertulfe y avoit mise sous le régne de Clotaire II.
TEMPORE CLOTARII II. REGIS. Or
le Roi Clotaire ne commença à régner qu'après
la mort de Chilpéric son pére, qui fut tué en
584. dans les bois de Chelle, comme il revenoit
de la chasse ; de sorte que ceux qui font mourir
saint Benoît en 545. ou 44. ne peuvent pas justifier cette inscription, puisque la 40. année d'a-
près sa mort, ne tomberoit qu'en 582. ou 83. auquel tems Clotaire n'étoit seulement pas encore
né, n'étant âgé que de 4. mois quand son pére
fut assassiné, comme j'ai dit.

C'est pourquoi ceux qui suivent l'une de ces
deux opinions, ne trouvent point moyen de se
sauver, qu'en disant que l'inscription ne fut mise
dans le tombeau du Saint qu'une année après sa
mort : ce qui ne peut passer que pour une fort
mauvaise défaite, puisqu'on ne voit pas quelle
raison auroit empêché de mettre trois lignes
d'écriture avec le corps dans la fosse, qui peuvent être faites en un moment. Outre que ce
n'est pas la coûtume de marquer dans ces sortes
d'inscriptions le tems auquel elles ont été mises,
mais le tems où est morte la personne pour qui
elles sont mises.

Enfin quand nous accorderions cela à ceux

qui l'avancent, ils n'y trouveroient nullement leur compte; parce que l'année d'aprés la mort de nôtre Saint ne seroit toûjours, selon eux, que 584. au mois de Janvier de laquelle Clotaire I I. ne régnoit pas encore, n'ayant commencé à régner que vers la fin de cette année là.

Bien plus, ceux qui pensent se tirer de là, en disant que c'est qu'alors on ne commençoit les années qu'au mois de Mars, & qu'ainsi celui de Janvier appartenoit à la précédente, ne sont pas plus heureux que les autres. Car encore qu'il soit assez difficile de bien discuter tout ce qui regarde le commencement de l'année parmi les François; il est certain néanmoins que sous cette première race de nos Rois on les commençoit plus ordinairement en Janvier. Et de plus il faut remarquer, que quand on les auroit commencées en Mars, cette raison seroit encore plus contraire à nos adversaires qu'elle ne leur seroit favorable. Car il faut prendre garde, que quand les François ont commencé à compter les années par l'Incarnation au mois de Mars, ils l'ont toûjours prise trois mois plus tard que ceux qui la comptoient par la Nativité au mois de Décembre, & non pas comme certains peuples qui prenoient le devant, c'est-à-dire, qui faisoient précéder de neuf mois leur année, qui commençoit à l'Incarnation, celle que nous commençons à la Naissance ou au mois de Janvier. Ainsi selon cet ancien calcul des François, si nous mettons la mort de saint Maur au commencement de nôtre année 583. il s'ensuivra qu'elle ne tombera

Voyez le P. Mabillon de re diplomat. liv. 2. chap. 2. & M. du Cange en son Glossaire sur le mot Annus.

que dans l'année 582. en la rapportant à cet ancien calcul ; ce qui l'éloigneroit encore plus du
régne de Clotaire , qui n'a commencé qu'en
Septembre 584.

Mais quoi-qu'il en soit , ce n'est pas de quoi
il est question , quand on rappelle les choses à
une certaine sorte d'années : ce n'est que comme
une mesure commune qu'on y applique pour revenir à son calcul , sans se mettre en peine si ces
années-là ont été ou n'ont pas été en usage au
tems dont on parle.

Et ainsi il n'est question que de voir où peuvent tomber les 40. années que saint Benoît
avoit prédit à saint Maur qu'il devoit passer en
France , & au bout desquelles il devoit mourir.
Si donc son arrivée en France est en 544. il est
certain que la quarantiéme d'aprés tombe en
583. parce que comme nous l'avons fait voir ci-
dessus , celle de son départ étoit comprise dans
ce nombre. D'où il s'ensuivroit qu'il ne seroit
pas mort sous Clotaire II. qui n'a commencé à
regner qu'à la fin de 584.

Il doit donc être constant qu'on ne peut placer la mort de saint Benoît en 544. non plus que
dans les autres années que j'ai déja rejettées.
D'où nous devons conclure encore , qu'il est
impossible de la mettre en une autre année qu'en
547.

XX.

Réponse à quelques objections particuliéres.

Et premiérement

De l'inscription qui fut mise sur le frontispice de l'Eglise de Castres.

IL faut seulement prendre garde que l'on ne peut rien inférer contre ce qui vient d'être établi de l'inscription qui se lisoit autrefois sur le portique de l'Eglise de Castres, en ces mots :

Faustinus lapsis à Mauri morte decem & octo.
Lustris has S. Benedicto dedicat aras.

Car encore que Faustin qui succéda à Robert Fondateur de cette Maison, ait été Abbé dés l'année 673. comme il est porté par la chronique de Castres, néanmoins il est bien certain qu'il n'acheva cette Eglise, à la construction de laquelle il consacra tout son bien, que quelques années aprés, puisque les Eglises ne se bâtissent pas tout en un jour. Ainsi si vous ajoûtez 18. lustres qui font 90. ans, à 587. où nous avons mis la mort de saint Maur, vous aurez 677. où nous croyons qu'on peut plus raisonnablement rapporter le tems de la Dédicace de l'Eglise marquée par cette inscription ; & puisque dans la même inscription il est fait mention de la piété, que Faustin avoit fait paroître depuis qu'il étoit Abbé,

Atque Abbas factus mira pietate refulsit.

Voyez le P. Mabillon en sa Préf. du 1. siécle.

il semble que l'on en doive conclure qu'il y
avoit déja quelque tems qu'il l'étoit, lorsqu'elle
fut mise.

De la mort de Théodebert.

L'ANNE'E de la mort de Théodebert sem-
ble plus difficile à déterminer à cause que les Auteurs ne s'accordent pas sur ce sujet. Je dirai en
peu de mots en quoi consiste cette différence. Il
faut seulement prendre garde qu'elle ne fait rien
contre ce que j'ai établi de la mort de saint Benoît, parce qu'il est bien certain que ce Saint
étoit mort devant ce Prince, puisque saint Maur
qui avoit vû monter saint Benoît au Ciel la veille
de Pâque, trouva Théodebert régnant, lequel
assista encore depuis à la Dédicace de son Eglise.
Pour moi j'ai pris le terme le plus éloigné afin de
faire voir que je ne voulois point éviter la difficulté, & pour ne rien laisser aux Lecteurs qu'ils
crussent nous pouvoir raisonnablement reprocher. Ceux qui le feront moins vivre nous seront encore plus favorables que les autres, puisqu'ils nous laisseront moins d'années à examin-
ner pour fixer cette mort de nôtre B. Pére. C'est
à eux aprés cela à voir comment ils trouveront
le tems de bâtir ce Monastére que Fauste dit n'a-
voir été achevé que la 8e. année. *Octavo anno* Vita B. Mauri
postquam ibi advenimus. n. 48.

Il est vrai qu'il peut y avoir quelque faute dans
ce nombre, comme je l'ai déja remarqué ci-dessus, & qu'apparemment il ne falloit pas tant de
tems à un si grand Prince pour mettre en état cet

A a iiij

édifice, puisque nous lisons dans la vie de saint
Placide, que celui qu'il fit bâtir en Sicile fut
achevé en quatre ans, à cause du pouvoir de
son pére, qui étoit Seigneur d'une partie du
païs.

Mais ce qui m'a plus porté à préférer l'autorité de Procope, c'est que nous ne voyons plus
que Grégoire de Tours ait été assez exact dans
le reste de ce qui regarde ces premiers Rois
d'Austrasie, témoin ce qu'il dit encore dans son
Hist. l. 3. c. 18. qu'aprés la mort de Clodomire
Roi d'Orléans, Childebert & Clotaire partagérent entr'eux ses Etats, sans qu'il fasse mention
de Thierry Roi de Mets, & frére de nôtre Théodebert. Car il est difficile de s'imaginer d'où le
Comté d'Anjou où ce Prince établit saint Maur,
comme dans ses Etats, pourroit lui être venu, si
ce n'est de cette succession : outre que Thierry
qui étoit puissant & généreux n'auroit eu garde
de souffrir cette injure, s'il s'étoit vû frustré de
ce partage.

Ainsi nous voyons dans Procope *l. 1. c. 13.*
que depuis cela les trois Princes, Childebert,
Théodebert, & Clotaire partagérent également
les terres & les finances que Vitige Roi des Os-
trogots, leur avoit laissées.

Il paroît même par d'autres circonstances,
que Grégoire de Tours qui n'étoit encore qu'un
enfant, quand Théodebert mourut, n'avoit pas
été bien informé des circonstances de cette
mort, puisqu'il ne le fait mourir que d'une longue maladie, dont il dit que les Médecins prirent grand soin sans rien avancer : au lieu que

Fortunat Evêque de Poitiers dit dans la vie de saint Germain Evêque de Paris, son ami particulier, que ce Prince passant par Chalon sur Saone, ce Saint, alors Abbé de saint Symphorien d'Autun, l'alla trouver, & qu'ayant obtenu de lui quelque grace pour son Eglise, il l'avertit qu'il n'avoit plus que fort peu de tems à vivre: & il ajoûte, que l'effet suivit la prédiction; le Roi étant mort peu de jours après, comme il s'en revenoit à Rheims : ce qui paroît plus conforme à ce que dit encore Agathias, qui le fait mourir d'une blessure qu'il reçut à la chasse d'une bête qu'il poursuivoit. D'où il semble que l'on puisse inférer qu'il n'étoit pas fort malade.

Enfin, Procope marquant si expressément non seulement tout ce qui regarde les expéditions de Théodebert en Italie, mais encore les Ambassades que les Gots & l'Empereur Justinien envoyérent vers son fils après sa mort, pour tâcher de l'attirer chacun à leur parti; il est difficile de s'imaginer qu'il ait pû ignorer l'année de cette mort à laquelle Grégoire de Tours a pu se tromper plus facilement. Surquoy l'on peut voir ce qui a été dit cy-dessus *n.* 17.

Fauste *n.* 59. fait mourir Théodebert après quatorze années de régne : *Cùm quatuordecim annis strenuè Francorum gubernasset imperium ;* ce qui a aussi été remarqué par Grégoire de Tours à la fin de son livre 3. Et cela pourroit tomber dans l'année 548. ou 549. en le prenant depuis la mort de Thierry son pére, que quelques-uns mettent en 534. Ou bien dans l'année 551. selon d'autres, qui ne font mourir Thierry qu'en 537. Mais soit d'une maniére ou d'une autre, l'année 547. en laquelle nous mettons la mort de saint Benoît, s'y trouve toûjours renfermée, ainsi qu'il a été dit.

A a v

De l'année du V. Concile d'Orléans.

Nous avons encore une autre difficulté à examiner
là-deſſus, qui eſt la datte du V. Concile d'Orléans
tenu immédiatement aprés la mort de Théodebert.
Car ſi nous nous en tenons aux ſouſcriptions des
Evêques, elles ſont du 5. des Calendes de Novembre,
c'eſt-à-dire du 28. Octobre, *l'année 38. du régne de
Childebert, Indiction XIII.* Ce qui, ſelon la plus commune opinion, tombe en l'année de Jesus-Christ
549. avec laquelle ſe rencontre fort bien l'Indiction
XIII. au mois d'Octobre, & l'année 38. du régne de
Childebert, mettant la mort de Clovis en 511. Et les
anciens livres, (dit le P. Sirmond) marquent auſſi que
ce Concile fut tenu aprés la mort de Théodebert, que
Grégoire de Tours met en la 37. année aprés celle de
Clovis ; ce qui s'accorde fort bien. Et c'eſt auſſi l'opinion du P. Labbe & du P. Pétau.

Néanmoins Binius ne met ce Concile qu'en 552.
non-plus que Baronius, prétendant que c'eſt tout ce
que nous marque l'année 38. de Childebert, parce
qu'ils font régner Clovis juſqu'en 514. Cela reviendroit mieux à l'opinion de Procope, qui fait vivre
Théodebert juſqu'en l'année 17. de la guerre des Gots,
laquelle année de la guerre concourt avec les années
552. & 53. de Jesus-Christ. Mais alors il faudroit lire
dans la datte de ce Concile, *Indiction* 15. au lieu de 13;
ayant été facile de prendre un 3. pour un 5. dans les
vieux livres : Outre qu'il faut auſſi remarquer que les
Indictions étoient de pluſieurs ſortes, & qu'il y en avoit
qui commençoient en diférens mois ; d'où vient qu'elles
portoient quelquefois ſur deux années diférentes : Ce
qui eſt néceſſaire à ſavoir pour bien démêler de certaines dattes. C'eſt à quoy je ne m'arrête pas icy. J'aime
mieux laiſſer toutes ces choſes à examiner aux ſavans,
puiſque

puisque cela ne fait rien à mon sujet, & que cette diversité de calculs ne peut en aucune façon ébranler ce que j'ai dit de la mort de saint Benoît, qui doit nécessairement être enfermée entre ces deux termes de la visite de Totila, & de la mort de Théodebert, en quelque année qu'on les puisse mettre.

On pourroit peut - être, pour favoriser l'opinion du P. Sirmond touchant la datte de ce Concile d'Orléans, dire que le Monastére de S. Maur aura pû être bâti en deux ans de tems, puisque nous lisons dans la vie de sainte Gertrude, que celui que sa sœur Bégue fit faire, où il y avoit sept Eglises, au lieu qu'il n'y en avoit que quatre dans celui de saint Maur, fut aussi achevé en deux ans. Ainsi supposant que saint Maur ait commencé à bâtir au mois de May de l'année 547. qui est celle de son arrivée en France, nous pouvons ne faire mourir Théodebert qu'au mois d'Octobre de l'an 549. ce qui donnera prés de deux ans & demi, aprés la mort duquel se sera tenu le Concile vers la fin du mê-me mois. Voilà, ce me semble, tout ce qu'on peut dire de plus favorable pour appuyer cette datte du Concile : mais cela ne satisfait pas encore au reste de ce que j'ai marqué, qui sembleroit plus aisé à ajuster, si l'on faisoit vivre Clovis jusqu'en 514. ou 515. Quoi-qu'il en soit, tant s'en faut que je veuille diminuer par là la créance que l'on doit avoir à Grégoire de Tours dans le reste de son Histoire, que je veux au contraire justifier jusqu'à son silence.

XXI.

Pourquoi Grégoire de Tours n'a rien écrit de saint Maur.

IL y a sujet de s'étonner que saint Grégoire
de Tours n'ait rien du tout écrit de saint Maur,
qui vivoit de son tems & dans sa province Ec-
cléfiastique, quoi-qu'il ait survécu ce Saint de
plus de huit ans, & qu'il ait fait des livres exprés
de la gloire des Confesseurs, qui étoient venus à
sa connoissance. Et il ne sera pas inutile de faire
voir quelle peut avoir été la cause de ce silence,
Cela n'est pas tout-à-fait hors de mon sujet,
puisqu'il sert extrémement à relever l'humilité
de saint Maur, & à faire connoître la grande retenuë de ses enfans.

Quelques Auteurs célébres ayant déja été sur-
pris de ce silence, ont tâché de le justifier, en
disant qu'il n'avoit pas non plus parlé de plusieurs autres, comme de saint Magloire & de
saint Samson, qui avoient été suffragans de son
siége & de l'Eglise de Tours. : mais cette réponse est plus propre à augmenter la surprise qu'à la
diminuer. Et quoi-que l'on puisse encore dire
qu'un Auteur n'est pas obligé de parler de tout
le monde, il est certain néanmoins que si nous
prenons les choses humainement, ceux qui le
touchent de plus prés ne doivent pas avoir le
dernier lieu dans ses écrits. Il faut donc qu'il y
ait une autre raison de ce silence, & je ne puis
l'attribuer qu'à la solidité de la vertu, & à la

grande modestie & humilité de ces siécles bien-
heureux de l'ancienne Eglise.

Saint Grégoire de Tours nous donne sujet
lui-même d'avoir cette pensée, lorsqu'il dit dans
sa Préface qu'il ne parle que des personnes dont
on lui a donné des mémoires certains & assurez,
ce qui d'une part ne sert pas peu à relever la bonne foi & l'exactitude de ce pieux Historien, &
de l'autre fait voir la grande modestie de ces
Eglises, qui voyant qu'il écrivoit de tant de
Saints, ne lui ont rien envoyé de ce qui touchoit ceux qu'ils regardoient comme leurs péres.

Cette modestie paroît particuliérement dans
les enfans de saint Benoît, & dans les Religieux
du Monastére de Glanfeüille; car ils étoient bien
éloignez d'envoyer des mémoires à Grégoire de
Tours, pour publier quelque chose de saint
Maur, puisqu'ils n'en écrivoient seulement pas
pour conserver parmi eux la mémoire de diverses choses. Fauste qui est le seul qui en a écrit,
& à qui saint Maur avoit donné la commission
de retourner en Italie pour dire des nouvelles
des bénédictions que Dieu répandoit en France
sur ce saint Ordre, n'écrivit rien de saint Maur
en particulier, que plus de 20. ou 30. ans aprés,
quoiqu'il s'en vit tous les jours pressé par ses
fréres. Et ce qui est encore plus surprenant, on
a été prés de 50. ans, sans rien écrire de nôtre
glorieux Patriarche saint Benoît, dont nous
n'avons que ce que le Pape saint Grégoire en a
écrit dans ses Dialogues, qu'il ne composa qu'à
la fin du VI. siécle. Ces grands hommes ne met-

B b

toient pas leur principale pieté à parler des
Saints, mais à les imiter, & ils aimoient mieux
travailler à se rendre de vives images de leurs péres en representant leurs vertus dans leurs actions
que d'en laisser quelque foible crayon dans leurs
écrits.

Ils étoient persuadez d'ailleurs qu'il n'y a rien
de plus facile que de se rechercher soi-même dans
la recherche que l'on fait de la gloire de sa maison
& de ses Péres; & ils ne pouvoient ignorer que la
véritable humilité ne consiste pas à changer d'am-
bition, mais à n'en point du tout avoir. La vanité, qui nous porteroit à parler de nous, seroit
trop grossiére; mais celle qui nous porte à nous
relever dans les avantages de ceux qui nous touchent est plus fine, & elle est quelquefois aussi
plus dangereuse. L'on s'en défait plus tard,
parce qu'on ne la reconnoît pas si-tôt, ou que
l'on s'efforce de la colorer de quelques spécieux
prétextes. Combien voyons-nous de Religieux,
par exemple, qui ont embrassé une vie humble,
pauvre & pénitente, qui sont dans un habit &
une posture qui ne prêche que l'humilité, lesquels auroient même de la honte de parler d'eux,
& qui cependant sont si sensibles à ce qui regarde leur ordre, leur maison & leur compagnie,
qu'ils ne peuuent souffrir la moindre chose, qui
seroit à leur desavantage. Ils se prétent même
quelquefois mutuellement la main dans ces rencontres : *Sibi mutuas praestant vices.* S'ils loüent
les autres Ordres, ce n'est qu'afin qu'on releve
aussi le leur, & ainsi il n'y a presque rien, où
l'on ne se recherche toûjours soi-même. Et voi-

là ce que ces vertueux disciples de ces grands Saints vouloient éviter par une si grande retenuë à publier les merveilles de leurs péres. Ce qui aura aussi été cause que Gregoire de Tours n'en aura pû rien dire.

Ce n'est pas neanmoins que je veuille absolument condamner ceux qui en ont usé autrement. Nous sçavons, par exemple, que l'on a commencé à écrire la vie de S. Martin, & celle de S. Bernard dés leur vivant : mais la conduite des autres paroît plus conforme à l'humilité chrêtienne , & elle est appuyée de l'exemple & de la pratique de Jesus-Christ & de ses disciples.

Si donc on auroit peu de raison de nous opposer le silence de Gregoire de Tours à l'égard de la vie de saint Maur , je croy qu'on voit aisément qu'on n'en a pas plus d'alleguer celui de saint Gregoire Pape à l'égard des circonstances qui peuvent avoir accompagné la mort de saint Benoît , telle que seroit celle de la veille de Pâque, veu sur tout qu'on pouvoit de même demander aux autres qui le font mourir le Samedi de la Passion ; comment saint Gregoire auroit aussi oublié à nous marquer cette particularité ? Mais on sçait quelle est la foiblesse de ces argumens negatifs, qui ne sont bons , que quand ils sont soûtenus par d'autres circonstances invincibles qui les environent.

Je croy donc que cela doit suffire pour satisfaire toutes les personnes raisonnables , sur ce sujet. Mais ce qui me reste en finissant ce discours ; est de suplier le Lecteur de me pardonner,

B b ij

fi je l'ay retenu un peu plus long-tems que je
n'aurois voulu dans la difcuffion de ces chofes
qui demandent tant d'application. J'aurois fou-
haité lui pouvoir épargner cette peine ; mais c'eft
dans ces rencontres où l'on peut dire que ce
n'eft rien faire , que de faire les chofes à demy.

Si d'ailleurs quelques-uns croyent qu'il y a encore icy des chofes qui portent à faux : Ou fi
d'autres penfent , que contre le principe que j'ay
étably, j'aye voulu rechercher ma propre gloire,
en établiffant celle de faint Benoît & de faint
Maur ; je les fupplie de croire que je feray toûjours tres-aife de recevoir tous les avis qu'on
voudra bien me faire la grace de me donner , foit
fur ce fujet ou fur l'autre , pourvû qu'en même
tems on demande à Dieu qu'il me faffe la grace
d'en profiter.

Mais comme cette Difquifition a été un peu
plus longue que je n'avois penfé, je croi qu'on
ne fera pas faché d'en trouver ici une petite récapitulation , afin qu'on voye mieux ce qui a
été traitté , en quoi confifte la difficulté du
point que nous examinons & les voyes que
nous avons fuivies pour la terminer.

X X I I.

Récapitulation de tout ce qui a été dit dans cette Difquifition.

On a fait voir premiérement que pour examiner le tems de la mort de faint Benoît , il n'étoit
pas néceffaire d'embraffer un fi grand nombre

d'années qu'on fait d'ordinaire , puisque toute la difficulté peut être renfermée dans cinq ou six ans , c'est-à-dire entre la visite que rendit Totila à saint Benoît , & la mort du Roi Théodebert , qui établit saint Maur en France. Que cette visite de Totila étant arrivée la seconde année de son régne , ne pouvoit être mise qu'en 543. ou 544. ce que pour prouver il a été nécessaire d'établir le commencement du régne de ce Barbare , qui dépend de celui de la guerre des Goths en Italie , comme celui de la guerre dépend du régne de l'Empereur Justinien.

Que d'autre part le Roi Théodebert , selon Grégoire de Tours , n'avoit pas passé 548. & que quand même nous préférerions l'autorité de Procope en ce point , ce Prince ne pouvoit avoir passé 551. ou 552. par où nous trouvons aisément le tems qui peut avoir été nécessaire pour la construction du Monastére de Glanfeüille , & de l'Eglise , à la Dédicace de laquelle assista Theodebert.

Ensuite on a montré que ceux qui rejettent Fauste , je dis même corrigé par Odon comme nous l'avons , ne doivent point être écoutez dans cette dispute , puis qu'étant le seul auteur qui en ait parlé , il faut nécessairement ou faire fonds sur sa narration , ou demeurer dans le silence : Et passant plus avant , on soûtient qu'on ne peut sans injustice pretendre que ce pieux Abbé ait corrompu ou alteré la narration de Fauste , en même tems qu'il proteste lui-même du contraire , en prenant Jesus-Christ & sa verité à temoins de ce qu'il dit.

B b iij

Cela posé on a fait voir que cet Auteur mettant constament la mort de saint Benoît, non seulement la veille de la grande solemnité de Pâques, mais dans le mois de Mars (& c'est ce qu'il faut bien remarquer) on n'a plus rien à discuter sur les Pâques qui arrivent en Avril : non plus que sur un terme de Pâque emprunté, comme seroit celui dont on voudroit marquer le Dimanche de la Passion.

Ce qui ne peut souffrir de difficulté, aprés cette foule de circonstances par lesquelles nôtre Auteur fait voir qu'il entend parler de la solemnité de la Resurrection.

On montre que cela étant, il ne reste plus que deux années à examiner, sçavoir 544. qui donne Pâque au 27. Mars, & 547. qui le donne au 24.

Ensuite dequoy l'on montre, que la premiére de ces deux années souffrant des difficultez insurmontables ; il ne reste plus que la seconde à laquelle nous puissions nous attacher.

Mais parce que ce qui arrête plus le monde dans cette recherche, est qu'ils s'embarrassent de la fête de S. Benoît, qui se fait au 21. on leur a soûtenu, qu'encore qu'on n'ait nul dessein de changer le jour de cette célébrité, puisqu'il importe peu pour l'honneur des Saints, en quel jour l'on fasse leur fête : neanmoins, quand on s'arréteroit précisément aux termes de Fauste, je dis même en y lisant le XII. des Calendes, comme on lit aujourd'hui ; il seroit impossible en le prenant dans son sens, que cela nous donnât la mort de saint Benoît au 21. Mars, comme on le prétend : d'où il s'enfuit qu'il nous eſt entierement libre d'en rechercher le jour veritable.

On a fait fait voir cependant que ce n'eſt que la prévention du XII. des Calendes mal entendu qui a empêché de comprendre Fauſte, lorſqu'il dit ſi nettement que S. Maur partit du Mont-Caſſin le Jeudi 10. Janvier, *quintâ Epiphaniorum Sabbati.* Ce qui ſeul pourroit ſuffire pour terminer toute la difficulté.

Enſuite on a répondu à ce qu'on allégue des Martyrologes, & l'on fait voir que leur autorité n'eſt pas aſſez grande, pour l'emporter ſur des raiſons convaincantes ; parce qu'ils ne ſont venus que tard, & qu'ils n'ont pû parler des choſes que ſelon qu'ils les voyoient établies: Et l'on a marqué, que la fête de ſaint Benoît n'ayant pas commencé à ſe faire au mois de Mars, où la mettent les Martyrologes, il a été facile à ceux qui les ont compoſez, de ſe tromper d'un jour ou deux dans leur compte, où l'on fait voir comme cette erreur a pû facilement ſe gliſſer.

Enfin on tâche de ſatisfaire aux objections qu'on auroit pû faire contre ce que nous avons étably ſoit par l'inſcription qui étoit ſur le portail de l'Egliſe de Caſtres, ſoit par l'année où Grégoire de Tours place la mort de Théodebert, & l'on a montré que cet Auteur a facilement pû ſe tromper en ce point, parce qu'il n'étoit encore qu'un enfant ſous le régne de ce Prince, & qu'étant le premier qui a écrit nôtre Hiſtoire, il ne fait proprement foi que dans ce qu'il a vû de plus prés & dans un âge plus

B b iiij

meur & plus capable d'en juger.

L'on ajoûte que le silence dont Gregoire de Tours ufe à l'égard de Saint Maur, ne peut préjudicier à la narration exacte du Bien-heureux Faufte, non plus que celui de S. Grégoire Pape, à la circonftance de la veille de Pâque dans la mort de faint Benoît. Et l'on termine cette Difquifition en relevant particuliérement l'humilité des enfans de ce B. Patriarche, qui les portoit à vouloir demeurer inconnus ; & montrant combien il eft dangereux à ceux qui ont fait profeffion de renoncer à leur propre gloire, de chercher tacitement à fe relever par celle des autres.

FIN.

TABLE

DES PRINCIPALES CHOSES
qui sont dans ce Livre.

A.

S. Abalard Abbé de Corbie IX. siecle. 265.

Agricole a surpassé en exactitude tous ceux qui ont écrit des mesures avant luy. 138.

Aix-la-Chapelle. Assemblée de tous les Abbez & Religieux de France en cette ville pour la reforme des Monasteres sous le Pape Paschal & l'Empereur Louis le Debonnaire en 817. 36.

Régle de S. Benoist adoucie en beaucoup de choses par cette assemblée. *Ibid.*

Explication de l'Ordonnance 57. de cette Assemblée entenduë jusqu'à present de peu de personnes. 36. & 37.

Ordonnance 22. de l'Assemblée d'Aix-la-Chapelle, qui declare que dans les lieux où il n'y aura point de vin, on donnera aux Religieux deux Hémines de bierre pour une Hémine de vin. 57.

meur & plus capable d'en juger.

L'on ajoûte que le silence dont Gregoire de Tours use à l'égard de Saint Maur, ne peut préjudicier à la narration exacte du Bienheureux Fauste, non plus que celui de S. Grégoire Pape, à la circonstance de la veille de Pâque dans la mort de saint Benoît. Et l'on termine cette Disquisition en relevant particuliérement l'humilité des enfans de ce B. Patriarche, qui les portoit à vouloir demeurer inconnus ; & montrant combien il est dangereux à ceux qui ont fait profession de renoncer à leur propre gloire, de chercher tacitement à se relever par celle des autres.

FIN

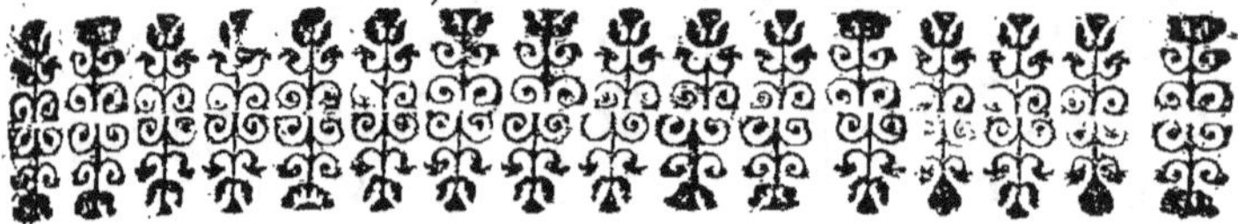

TABLE

DES PRINCIPALES CHOSES
qui font dans ce Livre.

A.

S. Abalard Abbé de Corbie IX. fiecle. 265.

Agricole a furpaffé en exactitude tous ceux qui ont écrit des mefures avant luy. 138.

Aix-la-Chapelle. Affemblée de tous les Abbez & Religieux de France en cette ville pour la reforme des Monafteres fous le Pape Pafchal & l'Empereur Louis le Debonnaire en 817. 36.

Régle de S. Benoift adoucie en beaucoup de chofes par cette affemblée. *Ibid.*

Explication de l'Ordonnance 57. de cette Affemblée entenduë jufqu'à prefent de peu de perfonnes. 36. & 37.

Ordonnance 22. de l'Affemblée d'Aix-la-Chapelle, qui declare que dans les lieux où il n'y aura point de vin, on donnera aux Religieux deux Hémines de bierre pour une Hémine de vin. 57.

ALEXANDRE de Halés Anglois de nation, & premier Docteur de l'Ordre des Cordeliers, Precepteur de S. Bonaventure & de S. Thomas vivoit au XIII. siecle. 86.

Son sentiment sur l'heure du repas avancé dés son temps à Nones en Carême. *Ibid.*

AMALARIUS vivoit sous Louis le Debonnaire. 357.

AUSTERITE'. Exemples d'austeritez de ces derniers siecles qui égalent celles des premiers. 166. *& suiv.*

B.

S BENOIST. Sa mort revelée à S. Maur. 329. 349.

C'est une tradition, qu'elle est arrivée la veille de Pasques. 331.

Grande diversité d'opinions sur l'année de cette mort. 315. 324.

Si on suit Fauste qui est le seul auteur qui en a parlé, il faut mettre cette mort en 547. 338. *& suiv.*

Il s'est passé prés de 50. ans sans qu'on ait rien écrit de la vie de ce Saint. 381.

Sa feste n'a pas esté sitost celebrée & pourquoy. 357.

Le corps de ce Saint deterré & enlevé par un Religieux de l'Abbaye de Fleury en France, aprés une revelation qu'il en avoit euë, l'an 660. 358. 359.

Sa memoire n'a commencé à être solemnisée

que depuis cette tranflation. 359.

Eglife de Caftres bâtie fous fon nom en 677. 360.

Si ce que la regle de S. Benoît ordonne aux freres fervans fe prenoit fur leur portion, ou s'il leur étoit accordé par deffus. 43.

S. Benoist Abbé d'Aniane appellé le S. Benoift de France prefida à l'Affemblée d'Aix-la-Chappelle. 265.

Bernard Abbé du Mont-Caffin a écrit un Commentaire fur la Régle de faint Benoift, XIII. fiecle. 59.

Bierre. Lorfqu'elle eft forté n'eft pas moins à craindre pour enyvrer, que le vin. 251.

Boherius Abbé d'Agnan ou Chagnan dans le Diocefe de S. Pons & depuis Ev. d'Orviette vivoit dans le 14. fiecle. 61.

Il a commenté la Régle de faint Benoift. *Ib.*

S. Boniface Apôtre de l'Allemagne. 159.

Boire. Coûtume des anciens de boire trois coups à leurs repas. 247. 273.

C.

Canon. Vray fens du Canon *folent* qui fe trouve dans les Capitulaires de Theodulphe Evefque d'Orleans qui vivoit fous Louis le Débonnaire. 83. 84.

Canons & Decrets des Conciles appellez *Capitula*, d'où eft venu le mot de Capitulaires. 113.

Caramwel Efpagnol de nation, & Bernardin

de profeſſion , & depuis Eveſque de Vigeva-
no en Italie, grand fauteur du relâchement.
123.

Il pretend que S. Benoiſt a accordé à chacun
de ſes Religieux un pain de deux livres par
jour , & un pot de vin de 48. onces , c'eſt à
dire de 3. chopines. *Ibid.*

Sa Theologie réguliere défenduë chez les
Benedictins & Bernardins reformez. 124.

CARESME , temps deſtiné pour expier les negli-
gences de toute l'année. 98.

Coûtume de ne manger qu'au ſoir en Carême , s'obſervoit encore du temps de ſaint
Bernard. Celebre paſſage de ce Saint & de
Pierre de Blois ſur ce ſujet, XII. ſiecle 81. 89.
100. *& ſuiv.*

Coûtume de celebrer l'Office de la Meſſe le
ſoir aux jours de jeûne. 82. 354.

Coûtume de ne point boire de vin en Carême. 101.

Coûtume de ne point celebrer de feſte en
Careſme , duroit encore au VII. ſiecle. 344.
358.

Repas avancé en Carême par Charlemagne,
qui en fut repris par un Evêque. 82.

Divers degrez du relâchement du jeûne de
Carême. 72.

Heure du repas avancée peu à peu aux jours
de jeûne en avançant auſſi le ſervice divin.
105.

CARMELITES déchauſſées établies par ſainte
Thereſe , leur vertu & leurs penitences ex-

traordinaires. 177.
CARMES deschauffez établis par sainte Terefe.
Quelle étoit leur austerité. 172.
CASSIODORE Secretaire de Theodoric, & de-
puis embraffa la vie religieufe. 255. 257.
CATHERINE de Cardone. Sa vie admirable. 181.
Elle a esté injuftement foupçonnée d'être la
mere de Jean d'Auftriche. 186.
Sa prediction à Jean d'Auftriche qu'il rem-
porteroit la victoire, verifiée en la bataille
de Lepante donnée en 1571. Ib.
CELESTINS, ont gardé exactement la Régle de
faint Benoift, qui ordonne une livre de pain
de 12. onces par jour à chaque Religieux. 63.
CHARLES MARTEL. Monafteres livrez à un
grand abandonnement de fon temps. 264.
COLLATION. Diverfes fignifications par lef-
quelles ce mot a paffé. 67. 77. 78. 79. 80. 109.
Origine des collations, les jours de jeune. 109.
Elle a commencé par boire feulement, & cela
s'obfervoit encore par plufieurs du temps du
Cardinal Cajetan, qui vivoit au commencement du XVI. fiecle. 111. 113.
On y a joint enfuite un peu de pain. 112.
Le mot de *Collatio* qui fe trouve dans les Capitulaires de Louis le Débonnaire, mal entendu par Monfieur de Filefac dans fon traité du
Carême. 114.
Canon du Concile de Nantes, où on pretend
fauffement que le mot de *Collatio* fe prend pour
le repas leger du foir aux jours de jeûne. 117.
118.

TABLE

COMMUNION. Ses differentes significations. 48.
& suiv.

Communion sous les deux especes, retranchée dés l'an 1261. dans le Chapitre General de Cluny pour les Freres Convers & les Religieuses. 74.

Communion sous une seule espece s'est établie insensiblement dans l'Eglise. *Ibid.*

Decret du Concile de Constance sur ce sujet, contre quelques Bohemiens, confirmé par ceux de Basle & de Trente. *Ibid.*

CONCILE de Vernon en 844. 266.

II. Concile de Paris en 551. & le III. en 557. 345.

IV. Concile d'Orleans, qui ordonne à tous les Prêtres de celebrer le jour de Pâques en même temps, selon les Tables de Victorius, & que chaque Evêque auroit soin d'annoncer à son peuple cette solemnité tous les ans au jour de l'Epiphanie. 317.

V. Concile d'Orleans tenu en 549. *Ibid.*

Concile X. de Tolede tenu en 656. 358.

CONGE, mesure Romaine pesoit 10. livres, c'est-à-dire 120. onces Romaines, qui font cent onze onces trois quarts du poids de Paris. 13. 15.

Le Conge étoit huit fois dans l'Amphore. 10.

Conge du temps de Vespasien conservé jusqu'aujourd'huy, se voit à Rome dans le Palais Farnese. 11 & 13.

Copie de ce Conge dans le cabinet de la Bi-

DES MATIERES.

bliotheque de l'Abbaye de sainte Geneviéve de Paris. 11.

Sa figure. 12.

CONGREGATION. Reforme de la Congregation de saint Maur établie en 1633. 137.

CONVERSION. Rien de si difficile que la conversion d'un méchant Moine. 308. 309.

CORNARO Noble Venitien, son regime de vivre, par le moyen duquel il a vêcu plus de 100. ans. 211. *& suiv.*

CROIX. S. Hermeland ou Herbland, multiplia le vin par la vertu du signe de la Croix. 261.

D.

DEMI-SETIER de la mesure de Paris, se peut appeller une livre de mesure, parce qu'il contient douze fois la mesure d'un pouce cube. 33.

Il pese 8. onces du poids de Paris. *Ibid.*

Demi-setier qu'on appelle bourgeois, plus fort que celuy de mesure, de 2. onces. 15. 247.

DIETTE. Que par le moyen de la diette, ceux qui sont de foible complexion, peuvent selon Galien arriver neanmoins à une extrême vieillesse. 211.

E.

EXTREME-ONCTION. Coûtume ancienne de la donner avant le saint Viatique dans l'Ordre de Cisteaux. 75.

TABLE

F.

FANNIUS disciple d'Arnobe, vivoit sous Constantin. 9.

S. FERREOLE Euêque d'Usez, VI. siecle. 145.

FESTINS défendus aux Clercs, par le Concile de Laodicée. 121.

FLORE, grand Seigneur de la Cour, fit bâtir le Monastere de Glanfueil pour saint Maur, & y prit l'habit à la Dedicace de l'Eglise. 365.

FOIBLE. Si les hommes sont plus foibles aujourd'huy, qu'autrefois. 165.

Que ce ne sont point les corps qui sont devenus plus foibles, mais que c'est la ferveur de l'esprit qui nous manque. 165. 166. 208.

S. FRANÇOIS de Paule a vêcu jusqu'à 91. ans, nonobstant ses grandes austeritez. 170.

S. FRUCTUEUX Archevêque de Brague 146.

FUEILLANS. Austeritez étonnantes des premiers Fueillans au siecle passé. 170.

G.

GALIEN exerçoit la Medecine à Rome sous les deux Antonins. 145.

GLANFUEIL. Le Monastere nommé aujourd'huy de S. Maur sur Loire fut bâti par Flore, l'un des premiers Seigneurs de la Cour, lorsque saint Maur vint en France. 286.

Ce Monastere ruiné depuis par un Italien, à qui Pepin pere de Charlemagne donna le Comté

Comté d'Anjou pour recompense de ses ser-
vices.   287.
Corps de S. Maur transferé du Monastere de
Glanfueil au Monastere des Fossez saint Maur
prés Paris, pour le sauver de la fureur des
Normans.   331.
S. GERMAIN Evêque de Paris. Sa vie écrite par
Fortunat Evêque de Poitiers.   377.
SAINTE GERTRUDE Abbesse de Nivelles, morte
en 658. Sa feste une des premieres qui a esté
celebrée en Carême.   360.
SAINTE GERTRUDE Abbesse de Rotarde vivoit
au XII. siecle.   363.
GRAMMAIRIEN. Erreur des Grammairiens sur
le mot de Pondo.   27. & 28.
GREGOIRE de Tours moins exact.   376.
GUY l'Aretin inventeur de la game de la Musi-
que.   282. 283.

H.

HEMINE. Ce nom vient d'un mot Grec, qui
signifie *la moitié*, parce que l'Hémine est la
moitié du setier.   3.

Hémine & Cotylé sont mots synonymes parmi les anciens.   4.

L'Hémine selon Cenalis, Garaut, Fernel &
Budé, est le demi-setier de Paris.   5.

L'Hémine Romaine étoit de 10. onces, qui
reviennent à 9. onces $\frac{5}{16}$ du poids de Paris.
15. 33.

Erreur de ceux qui concluent que l'Hémine est une grande mesure, parce qu'elle

est appellée une livre. 19. 31.

Quand on dit que l'Hémine est une livre, il
faut entendre une livre de mesure, c'est-à-dire la capacité d'un pouce cube prise 12. fois.
32. 33.

Passage d'Oribaze trés clair sur ce sujet. 32.

l'Hémine contenoit six cyathes 8.

L'Hémine selon le P. D. Hugues Menard, ne
contient que sept onces & demie du poids
Romain, ce qui ne feroit que sept onces du
poids de Paris. 144.

Alstedius ne donne à l'Hémine que 9. onces
de mesure qui ne feroient que 7. onces & demi de poids. Ib.

L'Hémine selon Lipse & Martinius est un demi-setier de 9. onces de vin. 139.

Selon Dubreüil elle est de deux chopines. 122.

Selon CaramWel, ce sont 48. onces, c'est-à
dire 3. chopines. 123. & 124.

Religieux de Mont-Cassin loüez par Ca-
ramvvel, parce que *leur Hémine est une mesure
sans mesure.* 129.

Comment on peut accorder Galien qui donne 12. onces de mesure à l'Hémine, avec Villalpandus qui luy en donne 18. 134. 228. &
suiv.

Hémine Benedictine plus forte que l'Hémine
Romaine, & de combien. 244. 245. 247.

Hesiode veut qu'on mette avec le vin trois fois
autant d'eau. 249.

Hildemare premier Commentateur de la Règle de saint Benoît, selon le P. Mabillon.
258. 270.

Il vivoit dans le IX. siecle, 258,

HOSPITALITE'. L'intemperance se couvre souvent du voile de la charité dans la reception des Hostes. 102.

HUGUES de S. Victor vivoit du temps de S. Bernard. 88.

HUILE plus legere que le vin d'un neufiéme. 140.

HUMILITE'. Pas une seule page de l'Ecriture, qui selon S. Augustin, ne nous prêche l'humilité. 384.

Comme le premier homme est tombé par l'orgueil, qui l'a éloigné de Dieu, la seule voye pour retourner à Dieu est l'humilité. 384.

I.

JEsus. Austeritez des premiers Religieux de la Compagnie de Jesus. 203.

INDRE. l'Evêque de Nantes établit des Religieux qu'il avoit tirez du Monastere de Fontenelle, dans l'Isle d'Indre 2. lieuës au dessous de Nantes. 260.

IOUR. Coûtume des Romains de commencer à compter leurs jours par minuit, comme font encore les Italiens aujourd'huy. 350.

S. ISIDORE non tout à fait exact dans son livre des Origines quoiqu'il ait esté revû & mis dans l'ordre où il est par S. Brauille Euêque de Saragoce. 18. & 19.

JUSTINIEN, fait Empereur l'an 527. 322.

L.

LANDEVENECH, ancien Monastere en Bretagne. 263.

LEON Evêque d'Ostie & auparavant Religieux du Mont-Cassin, premier auteur des Chroniques de ce Monastere, XI· siecle. 40.

LEPANTE. Fameuse bataille de Lepante donnée contre les Turcs le 7. Octobre 1571. où il y eut 200. vaisseaux ennemis pris ou coulez à fond , 250000. Turcs tuez ou faits prisonniers & 20000. Chrétiens délivrez.

L'INDISFERN , Monastere en Angleterre, où se retira le Roy Coëlvulfe qui y prit l'habit. 262.

LIQUEUR. Table de la difference des liqueurs pour le poids. 20.

LIVRE. La livre d'Italie étoit de douze onces, 23. 53. 61.

La LIVRE & L'AS font mots synonimes qui se prennent l'un & l'autre pour douze onces, & qui s'appliquent aussi l'un & l'autre à tout ce qui se divise en 12. parties égales. 24.

Table de la division de l'As en ses parties avec le nom & la proportion de chacune. Ib.

Ce que c'est que la livre de poids. 26.

Ce que c'est que la livre de mesure, Ib.

Agricole auteur de la découverte de cette distinction de livre de poids, & de livre de mesure. Ib.

Origine de ces mots LIVRE, FRANC, SOL,

M.

S. MARTIN. Sa vie écrite dés son vivant, aussi bien que celle de S. Bernard. 383.

MARTYROLOGE. Point de Martyrologe qui passe le IX. ou au plus le VIII. siecle. 356.

S. MAUR. Son arrivée en France en 547. 368. Sa mort en 587. à l'âge de 72. ans. 368. Voyage de S. Maur en France & sa vie décrite par Fauste & corrigée depuis par Odon ou Eudes Abbé de Glanfueïl qui vivoit sous Charles le Chauve IX. siecle. 331. Translation du corps de S. Maur à S. Maur des Fossez prés Paris, pour le sauver de la fureur des Normans. 331.

MESURE. Originaux des mesures se gardoient anciennement dans les Temples. 10. Difference entre une mesure de choses seches & une mesure de choses liquides. 20. Traité des anciennes mesures attribué par les uns à Fannius, & par les autres à Priscien. 252. Metianus sçavant Jurisconsulte & Précepteur d'Antonin le Philosophe. 9.

MIXTUM. Ce que signifie ce mot dans la Régle de saint Benoît 46. Monastere de Boby en Italie fondé par saint Colomban. 358.

MONTCASSIN, Monastere dans le païs de Benevent. 271.

TABLE

Ce Monastere ruiné 43. ans aprés la mort de saint Benoît. 40.

Ce Monastere rétabli seulement 141. ans depuis. *Ibid.*

Ce même Monastere saccagé par les Sarrazins en 884. *Ibid.*

Origine de la LIVRE monstrueuse du Mont-cassin. 39. 51. *& suiv.*

N.

NIVELLES. Sept Eglises dans le Monastere de Nivelles bâti par Begue sœur de sainte Gertrude. 379.

O.

ODON ou Eudes Correcteur de Fauste justifié de supposition & de mensonge. 325. *& suiv.*

ONCE d'Italie plus foible que la nôtre. 231.

Once se prend aussi bien pour une mesure que pour un poids. 25.

Raison de ces façons de parler *quincuncialis herba* dans Pline, & *Crassitudo trium unciarum* dans l'Ecriture. 25.

ORIBAZE Medecin de Julien l'Apostat. 141.

P.

PASQUE. S. Colomban renvoyé en son païs, parce qu'il vouloit celebrer la Pasque à la façon des Hibernois, se défendant par la tradi-

...tion de son Eglise, comme auoit fait autrefois saint Policarpe quand il vint à Rome sous le Pape Anicete. 319.

Ce que veut dire *Primum Pascha* dans les anciens livres d'Eglise. 361.

PHILON mis au nombre des Auteurs Ecclesiastiques par S. Jerôme. 95.

S. PIERRE ne vivoit que de Lupins, selon saint Gregoire de Nazianze. 148.

PIERRE DE BLOIS posterieur à S. Bernard. 85.

PIERRE DU MAS Abbé de Chezal-Benoît dans le Diocese de Bourges, reformateur de la Congregation qui portoit ce nom. 65.

Il vivoit au commencement du XVI. siecle sous François I. & Leon X. Ibid.

PINTE de S. Denis est de 48 onces, c'est à dire de 3. Chopines. 272.

S. PLACIDE. Monastere fondé en Sicile par saint Placide, dont le Pere étoit Seigneur d'une partie de cette Isle. 365.

POIDS. Pourquoy l'Ecriture nous parle si souvent du poids du Sanctuaire. 10.

Poids dont on use aujourd'huy à Rome, le même que l'ancien. 229.

Difference de poids entre les choses liquides. 20. 21.

Fausseté des poids de saint Maur. 54. 65. 66.

Comme de ceux de saint Medard de Soissons. 55. 56.

PREPOSITION. Signification de ces Preposition SUPER & DE. 43.

PRISCIEN contemporain de Cassiodore. 252.

Procope Secretaire de Beliſſaire, 313.
Profession. Le changement d'habit & la coupure des cheveux ne ſe faiſoit autrefois qu'à la profeſſion. 366.

R.

Raban Abbé de Fulde 265.
Religieux. Sa pieté doit être uniforme & paroître dans le Refectoir comme dans l'Egliſe. 76.
Regle. La Régle de ſaint Benoît appellée la Regle Sainte. 142.
La plus ſage & la plus moderée de toutes les regles. 307.
Explication d'un endroit de la Régle de ſaint Benoît où il marque ce que doivent prendre les Religieux ſervans avant le dîner. 43. & ſuiv.
Difference que la Régle de ſaint Benoît fait entre le Lecteur & les ſervans. 45.
Comment il faut entendre ces mots de la Régle de ſaint Benoît, *Propter ſanctam communionem.* 46. & ſuiv.
La Regle du Maître peut être du 8. ſiecle ou de la fin du 7. 70. 276.
Elle eſt reprehenſible en pluſieurs points. 70.
Coûtume de boire hors les repas, introduite premierement par cette Régle. Ibid.
Régle pour les Templiers faite au Concile de Troye, où aſſiſta S. Bernard. 79.
Traduction de la Régle de ſaint Benoît faite

par Guy Juvenal Abbé de saint Sulpice de
Bourges, alterée depuis. 64.
RUPERT Abbé de Limbourg 159.
RUTARD, le premier qui selon Tritheme a com-
menté la Régle de saint Benoît. 59.
Il étoit disciple de Raban, & est mort en 875.
60.

S.

SANTE'. Une grande santé n'est pas loin d'une
grande maladie. 211.
Grande Régle pour la santé selon Hippocra-
tes, manger sobrement & faire exercice. 218.
Les Maximes de santé vont encore plus loin
pour la sobrieté que la Régle de saint Benoît.
219.
SCALIGER, non fort exact.. 236.
Correction d'un endroit du texte de Scaliger.
237.
SETTIER Lat. *Sextarius* mesure Romaine appellée ainsi, parce qu'elle étoit six fois dans
le Conge. 9.
Il pesoit une livre & huit once, c'est à dire
20. onces qui en font de celles de Paris $18\frac{5}{8}$
13. 15.
Budé se trompe, donnant 3. petits Demi-se-
tiers au setier ancien. 171.
Erreur de Politien & d'Alabalde qui donnent
au setier Romain 3. Amphores, au lieu que
l'Amphore contenoit 8. Conges, & par consequent 48. settiers. 133.

SEVERE SULPICE. Explication d'un passage de ce Saint, 505. 506.

SMARAGDUS Commentateur de la Régle de saint Benoît IX. siecle. 272.

SOLIDE. Ce que c'est que les 30, Solides de pain qu'ordonne l'Assemblée d'Aix pour chaque Religieux. 37.
Erreur d'Alardus Gazeus & de Haësten sur ce sujet. 39.

SYNODE nommé *in Trullo*, par lequel il paroît que la feste de l'Annonciation se celebroit déja en Carême, VII. siecle sur la fin. 360.

T.

TEMPERANCE. Il est difficile de ne passer pas les bornes de la necessité dans le manger, parce que la volupté se couvre du pretexte de la necessité. Beau passage de saint Augustin & de saint Gregoire sur ce sujet. 125. 127.
Plusieurs Saints se sont prescrits une mesure pour le boire & le manger. 127.
Intemperance de la bouche cause toutes les autres chutes dans les Monasteres. 129.

THEODEMAR Abbé du Montcassin. Sa Lettre à Charlemagne est de l'année 774. 4.
Theodoric Roy des Goths puissant en Italie V. siécle. 255.
Il defait Odoacre Roy des Herules. *Ibid.*

THEOLOGIE REGULIERE de Caramwel defenduë par les Benedictins & Bernardins reformez. 124.

S. THOMAS d'Aquin. Son sentiment sur l'heure du repas aux jours de jeune. 88.

THERAPEUTES. Question si les Therapeutes, dont parle Philon, étoient Chrêtiens. 92.

Tibaud Artaud Religieux Celestin vivoit dans le XVI. siecle. 105.

Totila Roy des Goths rend visite à saint Benoît en 546. 254. 321.

Devient beaucoup plus doux depuis cette visite. 335.

Il prend Rome. 254.

Il est entierement défait par Narsés en 552. *Ibid.*

TRADUCTION. Une des régles de la traduction, de ne traduire que pour se faire entendre. 2.

TRAVAIL des mains, une des principales devotions des anciens Religieux de saint Benoît. 69.

TRITHEME, Ecrivain du XV. siecle. 62.

V.

VANDALES. Guerre des Vandales terminée par Belissaire, qui défit Gelimer en Afrique. 337.

S. VANDRILLE, Fondateur du Monastere de Fontenelle VII. siecle. 260.

UDALRIC Religieux de Cluny a écrit dans l'XI. siecle. 73.

VESPRES. Office de Vespres appellé *Lucernarium*, & pourquoy. 90.

S. Benoît vouloit qu'on prist de telle sorte l'heure de Vespres, qu'on pût manger sans avoir besoin de lumiere. 106.

Vespres & le repas avancez jusqu'à midi en Carême XIV. siecle selon Durand Evêque de Mande qui vivoit en ce siecle, enquoy il est contredit par Paludanus Dominicain, qui met à Nones l'heure du repas en Carême. 104. 107.

Vie des Chrêtiens doit être un jeûne continuel selon Salvien. 91.

Vie d'un Religieux, un veritable Martyre. 310.

Vin. Il n'a point esté fait pour les Moines selon un ancien pere du desert. 17. 246.

S. Ferreole dit dans sa régle que pour peu qu'un Religieux boive de vin, il se relâche. 145.

S. Fructueux ne donnoit qu'un poçon de vin à chaque Religieux. 146.

S. Pacome n'accordoit le vin qu'aux malades. *Ibid.*

Les Disciples de S. Martin n'en usoient que lors qu'ils y étoient contraints par quelque infirmité. 147.

Les Rechabites de l'ancien Testament n'en usoient point. *Ibid.*

Saint Jean Baptiste n'en a point usé. *Ibid.*

Les Apôtres, selon Baronius, ne mangeoient point de viande & ne bûvoient point de vin. 148.

S. Paul n'en ordonne à S. Timothée qu'à cause de ses infirmitez, & ne luy en ordonne que peu. *Ibid.*

Les premiers Chrêtiens, selon Baronius, n'usoient ni de viandes ni de vin. 149.

DES MATIERES.

Le vin & la viande défendus aux Moines, selon Theodoret. *Ibid.*

S. Bafile veut que les Religieux évitent autant le vin que les femmes. 150.

S. Pierre de Damien témoigne que S. Benoît n'a accordé un peu de vin à ses Religieux que comme l'Apôtre a permis aux fideles le mariage, *secundum indulgentiam.* 150. 246.

Les Chartreux dans leur premier établissement ne beuvoient point de vin. 153.

C'est une tradition à Clervaux, que lors qu'on voulut planter la vigne qui est au dessus du Monastere, Gerard frere de saint Bernard s'y opposa. 158.

Cesar raporte dans ses Commentaires, que les plus belliqueux d'entre les Belges & les Allemans ne laissoient point entrer de vin sur leurs terres, pretendant qu'il ne servoit qu'à rendre les hommes lâches & effeminez. 160.

Il ne faut pas égaler la necessité du vin à celle du pain. 163.

Ce seroit en vain que l'on auroit renoncé à l'usage de la viande pour mortifier le corps & le rendre plus soûmis à l'esprit, si on l'entretient dans la vigueur par l'abondance ou par la force du vin. 163.

Réponse d'Auguste aux plaintes que faisoit le peuple Romain de la cherté du vin. 163. & 164.

C'est au vin, dit Pline, qu'il faut attribuer, de ce que les hommes sont les seuls d'entre les animaux qui boivent sans avoir foif.

Rien de plus dangereux & pour le corps &
pour l'ame que le vin , lorſqu'on en prend
beaucoup.

210.

Fin de la Table des Matieres.

LETTRE

DE L'AUTEUR

DE LA

DISSERTATION

SUR L'HEMINE

DE

SAINT BENOIST

A UN DE SES AMIS,

Où il répond à quelques difficultez
que cet amy luy avoit faites sur le
jour de la mort de ce Saint,

ET

*Où par occasion il éclaircit encore d'autres
choses de l'Antiquité.*

A

V
tion
été
diff
fai
On
la
cla
po
ſieu
gra
bie
cis
tra
Ai
let
pu
qu
to
qu
le
ra

AVIS AU LECTEUR.

VOICY, mon cher Lecteur, une lettre de l'Auteur de la Dissertation sur l'Hémine de S. Benoît, qui a été écrite pour répondre à quelques difficultez qu'une personne luy avoit faites sur la mort de ce S. Patriarche. On a crû qu'il ne seroit pas inutile de la communiquer au public, afin d'éclaircir de plus en plus ce point important de l'histoire, & parce que plusieurs personnes qui n'aiment pas les grandes discussions, seront sans doute bien aises d'y trouver comme un précis des principales choses qui ont été traittées dans le livre de l'Hémine. Ainsi le Lecteur peut considérer cette lettre comme un supplément du livre, puis qu'il y trouvera diverses choses qui n'y avoient point été touchées; & tout ensemble comme un Abrégé de ce qui y a été dit plus amplement, par le moyen duquel il luy sera facile de rappeller les idées de tout ce qu'il y aura vû. C'eſt pour cela même, qu'on a jugé à propos de diviſer cette lettre en divers Articles, afin que le Lecteur ait moins de peine à la parcourir.

Mais comme les abrégez ſont ſujets à être obſcurs, peut-être que cette obſcurité portera quelques-uns de ceux qui auroient voulu ſe contenter de l'abrégé, à s'éclaircir à fond dans l'ouvrage même, où ils auront le plaiſir de trouver tout ce qu'ils pourront deſirer pour le fond de la queſtion ; & un grand nombre de choſes plus utiles encore & plus agréables que n'eſt le principal ſujet du livre.

Monsieur,

Je ne puis aſſez vous témoigner, combien j'ay été ravy d'apprendre de vos nouvelles, & de recevoir de vos lettres après un ſilence de tant d'années.

Je me tiens trop obligé à vôtre bonté de l'honneur qu'elle me fait, & de ce qu'elle a eû agréable le livre qu'on luy a envoyé de ma part. L'Approbation ſi générale que vous donnez à ce qui en fait la principale partie, ainſi que vous l'appellez : c'eſt à dire, à la *Diſſertation* & à la *Réponſe aux difficultez*, vaut-elle ſeule tout ce qu'on en pourroit tirer d'ailleurs ? Ce qui vous arrête ſur la mort de ſaint Benoît, qui ne fait que la moindre partie de l'Ouvrage, n'eſt pas conſidérable, ce me ſemble, comme j'eſpére vous le faire voir, après néanmoins vous avoir fait part d'une nouvelle qu'on m'a mandée, qui m'apprend que le R. P. Mabillon a reconnu luy-même, qu'il n'avoit pas bien pris le ſens de Fabretti, lors que dans ſon voyage d'Italie, page 73. il a dit que ce ſçavant homme faiſoit voir dans ſon livre des Aqueducs, p. 73. *Que le Conge du Palais Farnéze, ſur lequel on avoit pris quantité d'autres meſures, étoit une piéce entiérement ſuppoſée ; Omnino ſuppoſititium eſſe.* Ce qui ſembloit ſapper par le fondement tout ce que

I.
Differtation
ſur l'Hémine,
approuvée par
les perſonnes
les plus habi-
les.

II.
Conge du
PalaisFarnéze
autoriſé par
Fabretti,

D d iij

nous avons étably des mesures dans nôtre
Dissertation, qui suppose la réalité de ce
Conge, comme d'une piéce autentique &
dont jamais personne, que je sçache, n'avoit
encore douté. Mais ce Pére, qui a autant d'humilité que de sagesse, n'a point eû de peine à
avoüer qu'il s'étoit trompé. En effet, si l'on
considére un peu Fabretti, l'on verra qu'il est
bien éloigné de cette pensée, & que toute son
intention ne va qu'à combattre Villalpandus,
qui vouloit que ce Vase eût aussi été fait pour
servir à trouver la juste grandeur de l'ancien
pied Romain, & par là arriver à toutes les
autres dimensions d'étenduë ou de longueur.
Et Fabretti, sans nier absolument la possibili-
té de la chose, dit simplement qu'il ne croïoit
pas que c'eût été l'intention de ceux qui l'a-
voient fait faire, *Vas æneum Farnesianum ad
mensuram liquidorum institutum, per tot subti-
litates spatiis quoque dimetiendis applicabile
fuisse.* Fabretti reconnoît donc aussi bien que
tous les autres, que ce Vase a été étably pour
régler la mesure des choses liquides ; & cela
nous suffit. Le reste est une question de surcroît, que je laisse à démêler à ceux qui voudront prendre le party de Villalpandus contre
Fabretti. Mais si vous voulez sçavoir, Monsieur, en quoy consiste la difficulté de cette
question, vous n'avez qu'à prendre la peine
de lire l'*Apendix* qui est à la fin de la Dissertation, & il vous sera facile de voir combien
elle renferme de brouilleries. Au lieu que
toute la dispute de l'hemine est si claire en

III.
Toute la dis-
pute de l'Hé.

elle-même, qu'elle peut être comprise & terminée en deux mots. Car premiérement il
est certain que le nom d'Hémine signifie le
demy setier, & que celuy de S. Benoît étoit
celuy que nous appellons encore de S. Denis
ou de la grande mesure, qui est un tiers plus
fort que n'est celuy de Paris, comme il a été
assez prouvé dans nôtre livre. Mais la faute
que l'on fait en cecy, est de vouloir prendre
la pinte entiére de S. Denis, pour l'Hémine
seule de S. Benoît. Quoy que cette réverie,
qui choque toutes les personnes sages, se
refute assez par elle-même, puis que le mot
d'Hémine qui vient du Grec ἥμισυς, *dimi-*
dius, ne peut pas signifier une mesure entiére, quelle qu'elle soit, mais la moitié de
quelque mesure; comme peut être la moitié
du setier Romain, que nous appellons encore *demy setier*, & en quelques provinces,
demy chopine, parce qu'il se trouve deux fois
dans la chopine qui répond à ce setier des
anciens. Mais Bohérius rapporte que l'Hémine qu'on luy montra à S. Maur des fossez,
étoit justement *de trois chopines de Paris*, c'est
à dire, qu'elle faisoit cette pinte de S. Denis,
& Caramüel fait de même son pot de vin
pour les Religieux de 48. onces, ce qui revient à la même chose. On void donc qu'il
n'est pas difficile de comprendre en quoy
consiste toute cette dispute, que j'ay traittée
exactement dans la Dissertation, & l'on voit
d'où sont venuës toutes les erreurs qui s'y
sont glissées. De sorte qu'il paroît que com-

mine com-
prise en deux
mots: & qu'-
elle n'est au-
tre chose que
le demy se-
tier de Saint
Denis, qui est
de 12. onces.
Réverie de
ceux qui l'ont
voulu prendre
pour cette
pinte toute
entiére.

D d iiij

me nous avons fait voir que ce font les 30.
folides de l'Affemblée d'Aix la Chapelle, qui
ont pû donner lieu à la livre de 33. onces &
demi, que l'on montroit au Mont-Caffin pour
la mefure du pain : auffi c'eft cette pinte de S.
Denis mal appliquée, en prenant le tout pour
la partie, qui a fait naître cette Hémine de
48. onces, afin que la mefure du pain n'eût
rien à reprocher à celle du vin. Et nous
n'en pouvons prefque douter, puis que comme je l'ay fait voir, Dubreuil ancien Religieux de S. Germain des Prez prenoit ainfi fon
Hémine, affûrant qu'il n'y avoit que ce qu'il
faloit pour un homme fain, en faifant fervir
une moitié à dîner & l'autre à fouper. Mais
il n'y a perfonne qui ne reconnoiffe maintenant combien cela eft abufif : Et un Religieux qui voudroit aujourd'huy tenir ce langage parmy les honnêtes gens du monde, fe
mettroit en danger de paffer pour ridicule.

Vous voyez donc, Monfieur, que les chofes prifes de la forte parlent toutes feules, &
fe font entendre aux plus fimples. Après quoy
il ne reftoit plus pour contenter ceux qui ont
la curiofité de fçavoir quelle eft la proportion
de nos mefures avec les anciennes, que d'en
trouver une qui fût tout à fait jufte, & qui fe
pût comparer avec les unes & avec les autres :
Or c'eft ce qui ne fe pouvoit mieux exécuter
que fur le Conge du Palais Farnéze : Et bien
loin que Fabretti nous foit contraire en cela,
il avoüe luy-même que ce Conge eft d'une
mefure exacte, *menfura exacta*, lequel par

IV.
Explication
de l'Infcrip-
tion qui eft
fur le Conge,
par Fabretti.

conséquent peut beaucoup servir à régler toutes les autres. C'est pourquoy ce sçavant Auteur fait voir contre Villalpandus, que ces
mots qui se lisent encore dans l'inscription
qui est sur ce Conge, ne se doivent point
prendre au plurier, comme luy le vouloit, mais
au Genitif singulier, en sous-entendant le mot
de *Congius*. Et il fait voir par d'autres inscriptions, que le Nominatif y est ainsi ordinairement sous-entendu.

Je n'ay pas crû, Monsieur, que la réfléxion que je fais icy pour justifier Fabretti, &
faire voir qu'il s'accorde parfaitement avec
nous, fût indigne de vous être presentée à
la tête de cette lettre ; puis qu'elle pourroit
même vous devenir nécessaire, si quelqu'un
se vouloit servir de cet endroit du Pére Mabillon, pour combattre l'Approbation dont
vous honorez nôtre Ouvrage. C'est ce qui
me fait prendre la liberté de vous avertir aussi
d'un autre endroit du même voyage d'Italie,
où ce Pere dit encore qu'on leur montra dans
la Sacristie du Mont-Cassin, les poids que l'on
disoit être ceux que S. Benoît avoit laissez
pour la mesure du pain & du vin, *Pondera
panis & vini.* Car des personnes fort sages
& fort habiles ont dit là dessus, qu'après ce
qui avoit été dit sur ce sujet, dans nôtre livre
de la premiére Edition, il sembloit que ce
Pére n'en devoit plus parler ; ou qu'au moins
il devoit s'en expliquer davantage ; puis qu'autrement cela ne sert qu'à exciter la curiosité
des Lecteurs, qui s'imaginent qu'on leur a

V.
Poids du
Mont-Cassin
improuvez
par le Pére
Mabillon mê-
me.

voulu déguiſer quelque choſe. Néanmoins
noûs pouvons avoir des penſées plus favorables de ce vertueux & habile Religieux en
cette rencontre ; & aller même au devant de
l'abus que l'on pourroit faire de cet endroit
de ſon voyage , qui eſt en la page 121. auſſi
bien que de l'autre , qui eſt en la page 73.
Car puiſqu'il ajoûte incontinent, que ces
poids ne luy paroiſſoient pas ſi anciens ; *Sed
hæc non videntur tantæ antiquitatis* ; c'eſt une
marque qu'il n'y avoit pas grande foy luy-
même ; & par conſéquent qu'il n'en exige
pas davantage de ſes Lecteurs. On peut voir
dans la Diſſertation , ce que nous avons dit
de ces poids du Mont-Caſſin , & des autres
qu'on a montrez en divers lieux. Mais parce
qu'il ne s'agit icy que des poids du Mont-Caſſin , j'ay crû qu'on ne ſeroit pas fâché de voir
le témoignage de Dom Paul Auguſtin de Fe-
rare , Religieux de ce Monaſtere , qui ayant
été long-tems Secretaire de leur Abbé , ne
pouvoit pas ignorer ce qui les regardoit en
particulier. Ce ſçavant Religieux dit ſur le
chapitre 40. de la Régle qu'il fit imprimer à
Naples avec des Nottes en 1659. que cette
Hémine , qui fut renvoyée au Mont-Caſſin
par le Pape Zacharie, ne s'y trouve plus, *Mo-*
dò hîc non extat ; & il ajoûte, que ce que les
Péres de cette Congrégation ont dit dans
leur Déclaratoire ; que l'Hémine eſt une meſure bien plus grande que ce qui peut ſuffire
à la neceſſité de chaque particulier , ne vient
que de l'erreur ordinaire , *ex vulgari errore*;

de ceux qui croyent que l'un de ces deux poids , que l'on montre ainſi au Mont-Caſſin, fût pour la meſure du vin. On voit donc icy le peu de créance que ceux de la maiſon même ont à ces poids du Mont-Caſſin, & qu'ils ne regardent cela que comme une erreur & une fable. On auroit ſouhaité que le Pére Mabillon, ou n'en eût point du tout parlé, ou qu'il les eût traitez de même , afin de ne pas abuſer les eſprits ſimples , & ne pas donner lieu de croire qu'il prît plus d'interêt à cela que ceux de la maiſon même.

Venons donc maintenant , Monſieur, à ce que vous témoignez vous faire plus de peine dans la derniére partie de nôtre Ouvrage, qui regarde la mort de S. Benoît.

J'aurois fort ſouhaité que cette piéce eût pû vous être communiquée avant que de la mettre ſous la preſſe, afin de me conformer à vos ſentimens autant qu'il m'auroit été poſſible. Mais on eut peur de vous incommoder : & je la fis voir icy à un des plus habiles & des plus vertueux Religieux de la Province, qui m'ayant témoigné en être fort ſatisfait ; je l'envoyay à Paris.

La notte que vous m'alléguez, d'une perſonne fort habile, par laquelle il rejette l'Ouvrage de Fauſte , *comme fabuleux*, ne m'eût pas arrêté, à moins que je n'euſſe vû ſes raiſons ; quoy qu'on ſçache aſſez combien j'ay eu de liaiſon avec ce grand homme, & d'eſtime pour tout ce qui venoit de luy. Nous l'examinerons incontinent ; mais trouvez bon·

VI.
On commence à appuyer ce qu'on avoit dit de la mort de S. Benoît. Et l'on montre que l'on n'en avoit parlé que ſuppoſant l'autorité de l'écrit de Fauſte.

que je vous dife par avance, que pour ce qui
eft de moy, je me fuis affez declaré quand
j'ay dit que je n'écrivois de la mort de S. Benoît qu'en fuppofant l'autorité de l'écrit de
Faufte, & quand j'ay ajoûté que je ne croyois
pas qu'il nous fut licite d'en parler du tout,
fi l'on rejettoit cet ouvrage, puifque nous n'a-
vions point d'autre Auteur auffi ancien, qui
en eût marqué le tems : d'où je concluois
qu'il faloit abfolument, ou demeurer dans
le filence fi l'on abandonnoit Faufte, ou s'en
tenir à ce qu'il en dit, fi on le retenoit. Ainfi
je ne l'ay fait proprement, que pour ceux qui
recevant cet Auteur, fembloient néanmoins
n'être pas juftes dans ce qu'ils en inféroient
enfuite. Et je puis vous dire encore à cette
heure, Monfieur, que fi quelqu'un me peut
faire voir, que l'Ecrit de Faufte eft fuppofé,
ou qu'il a été alteré dans les faits par Odon,
je fuis tout prêt à retrancher ce que j'ay tiré
de luy. Mais il faudroit avoir de bonnes raifons pour me le perfuader, après le ferment
que cet Abbé, qui étoit reconnu pour homme de bien, fait expreffément du contraire.
On peut lire ce que j'ay dit là-deffus dans la
Difquifition. C'eft pourquoy j'ay été bien aife
de voir que vous reconnoiffiez vous-même
qu'il y a appel de cette Sentence. En effet, il
ne faut pas toûjours s'arrêter aux penfées qui
viennent ainfi aux hommes les plus habiles fur
des chofes conteftées, à moins qu'ils n'ayent
pris la peine de les difcuter dans la fuite &
de les bien examiner. Mais les fauffetez dont

on dit qu'il avoit reconnu que l'ouvrage de Faûſte étoit plein, ne ſont apparemment que celles que nous y avons auſſi remarquées comme les autres ; & que nous avons tâché de redreſſer avec les autres. Après quoy, il ne me ſemble point qu'il y ait ſujet de le rejetter comme fabuleux.

Vous ſçavez mieux que moy, Monſieur, qu'il y a grande différence entre les fautes d'ignorance ou de mépriſe ; ou celles mêmes de copiſte, qui ſe peuvent gliſſer dans tous les Auteurs ; comme ſeroit une erreur de chiffre, ou un nom propre mis pour un autre ; ſans que cela nous donne droit de traitter un Auteur, *de faiſeur de contes* ; & les déguiſemens que l'on commettroit de propos déliberé ; comme lors que l'on accompagne un fait de diverſes circonſtances feintes & ſuppoſées : ce qui alors nous donne droit, non ſeulement de traitter un Auteur de fauſſaire, mais ce qui nous oblige même de nous défier de luy dans le reſte, & de l'abandonner tout à fait ; parce que s'il a pû nous tromper dans un endroit, il pourroit bien auſſi nous tromper encore dans un autre.

Vous voyez ſans doute, Monſieur, où je veux venir par ces démarches, puis qu'il eſt clair, ce me ſemble, que ſi l'on a pû ſuivre Faûſte pour nous donner la vie de S. Maur tirée de luy ; nous pouvons bien auſſi le ſuivre dans les circonſtances dont il accompagne la mort de S. Benoît, & qui l'attachent neceſſairement à la veille de Pâques ; après

VII.
Grand diſcernement à faire entre les eſpeces de fautes qui ſe trouvent dans un Auteur.

quoy tout ce que nous en inferons pour trouver le jour & l'année de cette mort, s'enfuit
neceſſairement.

Mais ſi nous ne pouvons pas ſoupçonner
Fauſte de manquer de fidélité à raconter les
choſes qu'il avoit vûës, nous ne pouvons
pas auſſi accuſer Odon de manquer de ſincérité en nous les expoſant, après le ſerment
ſolemnel qu'il fait, en jurant *par la vérité
de J. C.* de n'y avoir rien altéré. Ce changement même que nous y remarquons de
quelques noms propres, doit plûtôt être une
preuve, que la piéce eſt exemte de duplicité,
puiſque d'ordinaire c'eſt en quoy les four-
bes ſont plus ſur leur garde, afin de ne pas
donner priſe ſur eux, par des choſes qui
puiſſent ſervir à les convaincre. Mais après
tout, quel intérêt auroit eu Odon d'uſer
icy de déguiſement, & de nous vouloir tromper ? Au contraire, vous y remarquez par
tout un air de ſincerité, qui pourroit ſuffire
pour le juſtifier de ce reproche. D'abord vous
voyez un homme, qui ſuivant ſimplement
Fauſte pas à pas, commence ſon Epitre limi-
naire en relevant la grace de J. C. Par où il
fait voir qu'il étoit un véritable Diſciple de
S. Benoît, qui la reléve auſſi extrémement
" dans ſa Régle. Mais Odon fait voir particu-
" liérement que c'eſt elle qui nous prévient
" toûjours ; elle qui opére en nous la volonté
" & l'exécution ; elle qui nous ſoûtient dans
" les bonnes œuvres, & qui nous y fait perſé-
" vérer juſqu'à la fin ; elle qui nous fait toû-

VIII.
Premiére
raiſon qui fait
que nous ne
devons point
douter de la
ſincérité d'O-
don, dans la
reviſion de
l'ouvrage de
Fauſte, priſe
du ſerment
qu'il fait de
n'y avoir rien
altéré.

IX.
Seconde
raiſon ; l'air
de ſincerité
que l'on y
remarque par
tout.

jours croître dans la foy de plus en plus, & «
qui fait que Dieu enfin récompenfe de la béa- «
titude éternelle, les dons qu'il avoit lui-mê- «
me mis en nous. Or fi l'on y prend un peu
garde, on verra aifément, que ce n'eft point
là le ftile d'un fourbe ni d'un faifeur de contes; & que l'on a tort de foupçonner la fidélité d'un homme qui tient ce langage, lors
que l'on ne voit rien dans fa vie qui fe démente; étant certain que rien n'eft plus éloigné du ftile ou de la conduite des difciples
de la grace, que la duplicité & la fourberie.

Le R. P. Mabillon appuie encore par une
autre preuve, la fidélité de toute cette narration, quoy que retouchée par Odon, qu'il
fait confifter en ce qu'il y eft fouvent parlé des
Dialogues de S. Grégoire; de quoy il femble
qu'un fourbe ne fe feroit pas tant mis en peine:
Et que dans le nombre ou chapitre 14. Faufte
parle comme témoin d'un miracle omis par
S. Grégoire dans la vie de S. Benoît ; ce
qu'Odon n'auroit eu garde de feindre ou d'in-
venter, puis qu'un impofteur qui ne parle-
roit que trois cens ans après que fe font paffez
les faits qu'il raconte, auroit dû craindre
qu'il ne fe trouvât toûjours quelque chofe qui
fervît à le démentir.

Enfin, Monfieur, tout confpire à nous faire
voir la fincérité d'Odon dans cette hiftoire,
& je ne vois rien qui nous oblige à le foupçonner de fauffeté, & à le rejetter ; au contraire nous perdons beaucoup à l'un, & nous
ne gagnons rien à l'autre. Sans cet Ouvrage

X.
Troifiéme raifon, en ce qu'il nous rappelle fouvent aux Dialogues de S. Grégoire, & parle même d'un miracle de S. Benoît, dont luy étoit témoin, & qui avoit été oublié par S. Grégoire.

XI.
Que rien n'oblige à rejetter cet Ouvrage, & que l'on perd beaucoup à ne le pas recevoir.

de Faufte, je dis tel qu'il eft revû & corrigé par Odon, non feulement nous ne pouvons fçavoir le jour ni les particularitez de la mort de S. Benoît ; mais nous ignorons même tout ce qui regarde la vie de S. Maur, hors le peu qui s'en trouve dans S. Grégoire : Sa Miffion & fon arrivée en France, fon établiffement à Glanfeüil, & le refte que Faufte feul nous a laiffé, & qu'Odon nous a confervé. Nous y perdons même ce qu'il dit encore de S. Romain, que nous devons confidérer comme le pére de S. Benoît ; puis que ce fut luy qui le revêtit de l'habit de Religion, & qui le nourrit même de fes propres alimens durant quelque tems. Cependant fi l'on nous ôte Faufte, nous ne fçavons plus ce que devint après cela cet excélent Religieux. Et c'eft encore icy une marque qu'Odon n'a point été un conteur de fables & un faifeur de romans : parce que s'il avoit été tel, c'étoit une rencontre où il pouvoit beaucoup fatisfaire fon humeur, en difant des chofes raviffantes fur l'étonnement où fe trouvérent ces Saints de fe revoir après tant d'années ; au lieu qu'il paffe tout cela fort légérement.

Je dis plus ; il y a même d'autres points de difcipline, dont nous trouvons icy l'éclairciffement, & non ailleurs, & dont on nous dérobe par-là la connoiffance. Par exemple : Tout le monde fçait la difficulté qu'il y a eu autrefois dans l'Eglife, touchant les enfans offerts à Dieu, & engagez à la Religion par

leurs

XII.
Quatriéme preuve de la fincérité d'Odon tirée de la fimplicité avec laquelle il raconte l'entrevûë de S. Maur & de S. Romain.

XIII.
De l'Oblation des enfans ; & que S. Benoît leur faifoit ratifier les vœux de leurs parens, quand ils étoient devenus grands.

leurs parens. Les premiers Péres ne croyoient
pas qu'ils euſſent le pouvoir de les engager à
la continence, ni par conſéquent à la Religion, avant qu'ils fuſſent en âge de faire eux-
mêmes choix de leur vocation. Ceux du
moyen âge ont été plus févéres là-deſſus ; &
nous avons encore la déciſion du IV. Concile
de Toléde où préſida ſaint Iſidore de Séville,
qui dit expreſſément au Canon neuviéme :
*Monachum aut paterna devotio, aut propria
voluntas facit : Quicquid horum fuerit obliga-
tum tenebit.* Cependant les Papes des derniers
ſiécles ſont revenus au ſentiment des premiers, & ont declaré, que les enfans ainſi
offerts à Dieu, étant devenus grands, ſeroient
encore libres de faire choix de leur vocation :
*Si dictus puer, cùm ad annos diſcretionis per-
venerit, habitum retinere noluerit monachalem,
non eſt ullatenus compellendus,* dit la Décré-
tale de Céleſtin III. qui fut fait Pape en
1190.

On demande donc quel peut avoir été le
ſentiment de ſaint Benoît là-deſſus, puis qu'il
s'eſt trouvé comme au milieu de ces deux
âges & de ces deux différentes pratiques ?
Perſonne n'a parlé plus expreſſément que lui
de cette Oblation des enfans, & perſonne ne
touche moins ce point qui concerne la force
qu'elle doit avoir : De ſorte qu'aucun commentaire de ſa Régle qui ſuivra ſimplement
ſon texte, ne nous y peut donner de véritable
lumiére. Mais ſi nous avons recours à cette
hiſtoire de Fauſte, nous verrons la choſe en-

tiérement décidée. Car il ne dit pas seulement parlant de lui-même, qu'il fut presenté à Dieu, & mis entre les mains de saint Benoît à l'âge de sept ans : mais il ajoûte qu'étant sorti de l'enfance, il ratifia encore l'Oblation & les vœux de ses parens. Ce qui marque que tel étoit l'usage que saint Benoît introduisit d'abord dans ses Monastéres ; & c'est ce que je ne crois pas que l'on puisse trouver aussi nettement décidé ailleurs.

Les paroles de Fauste sont remarquables à ce sujet : Voicy comme il s'explique dans l'Epitre que j'ay déja citée : *Postquàm, ut ipsi superno placuit opifici, annos puerilis ætatis emensus sum, & uti jam liberæ facultatis cœpi permissione ; ex integro, me pro viribus & scire, monasticæ mancipavi observationi.* Après „ quoy il ajoûte, que depuis cela il ne crût pas „ qu'il luy fût permis de tourner seulement la „ tête ailleurs, mais qu'il avoit toûjours la vûë „ sur son Pére saint Benoît, pour s'instruire de „ sa doctrine & pour se former sur son exemple. Ce qui montre qu'il s'y croyoit plus obligé qu'il n'avoit été auparavant, & fait voir quel a été l'esprit de saint Benoît dès son premier établissement.

X I V.
Que l'on ne peut pas soupçonner cet endroit être de l'invention d'Odon, & pourquoy?

Or je ne pense pas que l'on puisse dire que cet endroit soit de l'invention d'Odon, puis qu'au contraire il vivoit en un tems, où les sentimens étoient diamétralement opposez à cette pratique, & où le pouvoir des parens étoit si grand pour engager leurs enfans, que l'on ne croyoit plus ces ratifications nécessaires. Nous le voyons par l'Ordonnance du Concile de Vormes tenu en 868. qui au Canon 22. dit expreſſément que les enfans qui auront été une fois offerts par leurs pàrens, ne pourront plus ſortir quand ils ſeront grands : *Ut non liceat eis poſtquam ad pubertatis venerint annos , egredi.* Et cette pratique étoit tellement reçûë alors, que c'eſt ainſi que l'Empereur Charles le Chauve, auprès duquel Odon avoit beaucoup de pouvoir, engagea luy-même ſon fils Carloman à la Religion, quoy qu'il n'y réüſſit pas : & qu'étant ſorty àprès être devenu grand, il tomba dans des deſordres & des révoltes qui portérent ſon pére à luy faire crever les yeux.

Rien n'eſt donc plus fort que cet endroit pour faire voir tout enſemble & la ſincérité d'Odon, & l'intégrité de cet Ouvrage de Fauſte, tel qu'il nous le donne; puis qu'un homme, je ne dirai pas fourbe, ni conteur de fables; mais un peu adroit & complaiſant, n'auroit eu garde non ſeulement d'ajoûter ces choſes à un Auteur qu'il vouloit publier, mais de les y laiſſer même, s'il les y avoit trouvées, dans un tèms où il voyoit que la pratique de la Cour & du Souverain, appuyée de l'Ordonnance d'un Concile, y étoit diamétralement oppoſée, & où il pouvoit bien juger que rien n'eût été plus capable d'irriter l'eſprit de l'Empereur ſon maître. On ſçait quelle eſt la conduite que tiennent les Abbez de Cour en ces rencontres, & combien ils ont ſoin d'aller eux-mêmes au devant des moin-

X V.
Cinquiéme preuve de la ſincérité d'O-don.

E e ij

dres chofes qui peuvent déplaire aux Princes dont ils dépendent. D'où il s'enfuit mani-feftement , ce me femble , qu'Odon n'a point été de ces gens-là ; & que fa conduite n'a rien qui ne nous prêche cette grande fincérité, qu'il affuroit avec ferment, avoir gardée dans la révifion de cet Ouvrage. Mais pour vous montrer , Monfieur , que je ne fuis pas feul de ce fentiment , vous pouvez voir combien le Pére Mabillon reléve encore la fincérité & le mérite d'Odon , en divers endroits des Nottes dont il a enrichi les Actes des Saints de l'Ordre.

XVI.
Que l'autorité de Bede ne peut point l'emporter fur Odon, quant au point de la mort de S. Benoît , & pourquoy ?

Je vous laiffe à conclure après cela, fi rien nous peut empêcher d'ajoûter foy à la narration fi exacte & fi particularifée que Faufte nous fait de la mort de faint Benoît arrivée la veille de Pâques ; ou fi l'on peut être reçû à dire que toutes ces particularitez font de l'invention d'Odon : Et je vous laiffe à juger, fi un feul endroit de Bede qui n'eft appuyé de rien,peut l'emporter fur tant d'autoritez & de raifons. Bede , dites-vous, fait mourir faint Benoît le 21. Mars. Je le veux bien : Mais d'où l'a-t-il pris , finon de l'opinion qui s'é-toit déja répanduë de fon tems ; c'eft-à-dire dans le huitiéme fiécle, plus de deux cens ans après faint Benoît ; & qui apparemment n'étoit née, que de ce que les Actes de Faufte étant déja perdus, l'on n'avoit pas bien compris ce XII. des Calendes d'Avril, qui s'é-toit gliffé dans les copies qu'on en avoit faites. Je vous demande donc , Monfieur ,

fi rien nous peut obliger de nous en tenir à
cela ; puifque j'ay fait voir dans la Difquifition, que quand nous voudrions fuivre ce
XII. des Calendes, au fens qu'il fe trouve
dans la narration de Faufte, nous devrions
toûjours faire la fête de faint Benoît un jour
plus tard que nous ne la faifons : ce qui montre qu'il s'eft certainement gliffé quelque
broüillerie dans cet endroit, & qu'il a befoin d'être racommodé : & c'eft ce que je
ne crois point que l'on puiffe faire autrement
que je l'ai mis dans la Difquifition. Confultez-
la vous-même, s'il vous plaît ; & faites y encore un peu de réfléxion, je vous fupplie.

D'ailleurs, Monfieur, il faut bien prendre
garde, que nous ne devons pas toûjours
nous attacher fi fort aux décifions des Auteurs
du moyen âge, dans les faits où nous voyons
qu'il y a fujet de douter ; à moins que nous
ne reconnoiffions qu'ils ont de fortes raifons, & qu'ils ne s'attachent pas fimplement
aux coûtumes de leur tems. L'ignorance générale étoit fi grande alors ; & ce qu'il y avoit
d'habiles gens étoient fi fort occupez en des
chofes plus importantes & plus néceffaires,
qu'ils avoient peu de loifir de difcuter le refte
qui nous occupe maintenant, & ils n'avoient
pas même les fecours que nous avons pour
en venir à bout. Je fçai que Bede étoit habile dans les chofes faintes, & confommé
dans la lecture des Péres ; qu'il étoit verfé dans l'hiftoire de fon païs dont il nous a
laiffé des livres. Mais il ne s'enfuit pas qu'il

” fût auſſi éclairé dans l'hiſtoire étrangére ; &
” vous étes obligé de le reconnoître vous-mê-
” me, quand vous avoüez qu'il ne ſemble ſeulement pas avoir eu aucune connoiſſance de
ſaint Maur, puis qu'il ne l'a point inſéré
dans ſon Martyrologe. Or un homme qui
n'a point connu le fils qui étoit plus proche
de lui, peut-il pas bien avoir auſſi ignoré
quelques particularitez de la mort du Pére
qui en étoit plus éloigné, & quant au lieu
& quant au tems ? Je vous avoüe que toutes ces raiſons m'avoient paru aſſez fortes
pour me porter à écrire ce que vous avez vû.
Néanmoins je ſerai toûjours prêt à le ſou-
mettre à vôtre jugement & à vos lumiéres,
quand vous aurez pris la peine de l'examiner
encore ; & je me ferai un honneur d'écouter
avec ſoumiſſion les raiſons par leſquelles vous
appuirez le ſentiment que vous aurez jugé le
plus véritable. Trouvez bon ſeulement,
Monſieur, que je vous conſulte encore icy
ſur une autre choſe qui regarde le général de
l'Ouvrage que vous approuvez, afin que je ne
tombe pas encore dans quelque ſentiment qui
ſoit moins conforme au vôtre.

XVII.
Que la vie réduite à l'hémine de S. Benoît, eſt ſi favorable pour la ſanté, qu'il s'eſt trouvé d'habiles Médécins qui au-

C'eſt ſur le titre du livre, qui Dieu merci
eſt fort bien reçû par tout. Mais un habile Médécin qui ne vous eſt pas inconnu, croit que
nous aurions mieux fait de mettre, *Diſſertation ſur le Régime de ſanté* ; au lieu que nous
avons mis ; *Diſſertation ſur l'Hémine de ſaint
Benoît* : Et il voudroit même que nous puſ-
ſions encore le changer. Sa raiſon eſt, qu'il

ne croit pas qu'il y ait rien de plus avantageux pour la santé, que de garder une grande fobriété dans la vie : Et comme il a vû
la difcuffion exacte que nous faifons de la livre ancienne, auffi bien que de l'Hémine,
par la jufte proportion des poids & des mefures Romaines avec les nôtres ; l'intérêt que
fa charité auffi bien que fa profeffion, l'oblige
de prendre à la fanté de tout le monde, lui
feroit fouhaiter que chacun voulût fuivre ce
Régime, ou en approcher au moins autant
qu'il pourroit. Et il croit pour cela qu'il feroit bon qu'il y eût un titre à ce livre qui pût
attirer les hommes à le lire, la plûpart ne
jugeant fouvent des ouvrages que par le tître,
& étant toûjours bien plus portez à s'appliquer à ce qui regarde leur fanté, qu'à tout
le refte.

   Il eft certain qu'il y a la moitié des gens
qui font dans la difpofition que marque nôtre
habile Médécin : & ainfi l'on ne peut douter
que ce qu'il nous reprefente, ne foit parfaitement bien penfé ; néanmoins pour ce qui eft
de faire ce changement de Tître, il faut prendre garde qu'il y a deux chofes à confidérer
là-deffus. La premiére, que le livre n'a pas
été fait par un deffein prémédité où l'on fût
libre de prendre toutes fes mefures comme on
auroit voulu ; mais par une fimple rencontre,
qui nous a mis fur le pied où nous fommes,
& qu'il ne nous eft pas libre de changer :
Surquoy l'on peut voir ce qui a été dit au commencement de la Differtation. La feconde,

roient fou-
haité qu'on
eut intitulé
cet Ouvrage,
*Régime de fan-
té* : Et pour-
quoi l'Auteur
n'a point crû
néanmoins le
devoir faire.

E e iiij

que comme l'on sçait que l'Auteur de ce livre est maintenant Religieux ; il est aussi à
propos que l'on voye que son principal but a
toûjours été de tendre à la piété, qui est la
santé de l'ame, avant que de songer à celle
du corps ; & d'y procéder en commençant
par le rétranchement de tout excès, & par l'é-
tablissement d'une étroite abstinence, & d'une
parfaite sobriété dans le boire. & dans le
manger. La santé du corps ne laissera pas de
s'y trouver ensuite avec le reste : mais ce
n'est point elle qu'il a dû envisager d'abord.
Il faut premiérement établir celle de l'ame,
& s'étudier à faire régner Dieu dans nôtre
cœur, en éloignant tout ce qui lui peut déplaire. *Quærite primùm regnum Dei, & justi-*
tiam ejus, dit le Sauveur, *& hæc omnia ad-*
jicientur vobis. Car la parfaite sobriété ne
contribuë pas seulement à nous faire acquerir
& conserver la santé du corps : elle sert encore plus à établir & fortifier celle de l'ame,
parce qu'elle éteint en nous les flâmes criminelles de la convoitise, & y attire les
dons de l'esprit, soit naturels ou surnaturels.
De sorte qu'un homme replet n'est ordinairement, ni fort sain dans son corps, ni capable de grandes lumiéres dans son ame ; au
lieu qu'un homme sobre est propre à tout.
Voilà donc ce qui me porteroit à laisser simplement le tître de nôtre livre comme il est,
quand même nous serions libres de le réformer : quoy que, comme je vous ay dit, la
chose ne soit plus en cet état-là ; sur tout à

cette heure que voilà une seconde Edition faite, & dont il y a déja plusieurs exemplaires distribuez. En effet, si vous y prenez garde, Monsieur, vous verrez que le titre qui y est, nous méne à la santé par la tempérance dont il nous fait prendre d'abord quelque idée ; au lieu que l'autre ne nous méneroit à la tempérance, que par la considération de la santé : ce qui seroit proprement rappeller l'exercice de la vertu à l'amour de soy-même, & non point à l'amour du Créateur.

Ce n'est pas que je ne me tienne infiniment obligé à nôtre incomparable Médecin, & que nous ne puissions tirer un grand avantage de ses avis ; puis que s'il y avoit encore quelques bons Religieux qui eussent peine à se rendre sur la question des grandes mesures, en s'imaginant qu'elles sont nécessaires à leur santé ; on n'auroit qu'à leur representer que c'est tout le contraire, & qu'ils n'ont qu'à consulter là-dessus les anciens Médecins & les nouveaux, pour s'en assûrer ; puis qu'il s'en est même trouvé de ceux-cy, qui auroient souhaité qu'on eût intitulé le livre, *Régime de santé*, ne croyant pas qu'il y eut rien qui fut plus propre à l'entretenir où à la réparer, que de mener une vie qui approchât de celle oui nous a été tracée par saint Benoît, & que l'on a tâché d'appuyer par cette *Dissertation*. Et ce sentiment est d'autant plus considérable, qu'il s'accorde entiérement avec celuy des plus habiles Commentateurs de la Bible, qui mettent entre les causes qui ont servi

26

*Sinopf. Criticor. Tom. I.
Col. 69.*

à prolonger si fort la vie des hommes avant le Deluge, leur sobriété, & particuliérement, de ce qu'ils ne mangeoient point de chair, & qu'ils ne bûvoient point de vin.

XVIII.
Maniére dont les plus simples peuvent lire la Dissertation avec fruit, & qu'on la pourroit aussi appeller l'*Histoire de l'abstinence.*

Que le Lecteur qui voudra s'appliquer à prendre quelque soin de la santé de son corps aussi bien que de celle de son ame, prenne donc la peine de parcourir nôtre livre, passant, s'il veut, les choses qui lui paroîtroient de trop grande discussion, & qui ont été nécessaires néanmoins, pour faire voir que l'on n'avançoit rien qui ne fut dans la derniére exactitude. Qu'il considére le soin que l'on a eu de ne s'éloigner jamais du sens de la sainte Régle : Qu'il lise tant d'exemples héroïques que l'on a rapportez sur la tempérance, & tant de sentences remarquables des Saints sur ce sujet : Il verra que cette vertu est même avantageuse pour rétablir les corps les plus malsains, & pour prolonger jusques dans une vénérable vieillesse, la santé de ceux qui veulent bien pratiquer ou imiter ce que l'on dit. Enfin il y trouvera l'*Histoire de l'Abstinence,* assez bien déduite, ce me semble, & representée dans la vie des plus grands hommes qui ayent été avant J. C. ou depuis ; confirmée par l'exemple & par les maximes des Saints & des Philosophes, & poussée jusques dans la pratique des derniers tems. Il y trouvera que les Religieux qui s'imaginent avoir besoin de beaucoup de vin, pour soûtenir les exercices de leur vie, sont beaucoup à plaindre ; parce qu'outre qu'ils s'éloignent par-là

de la perfection qu'ils avoient voulu embraſ-
ſer; ils trouvent encore la diminution de leurs
forces & de leur ſanté, dans les choſes mêmes
qu'ils s'imaginoient pouvoir plus contribuer
à les augmenter.

Je crois, Monſieur, qu'il n'eſt pas beſoin
que je m'étende icy davantage là-deſſus, puis
que vous reconnoîtrez aiſément que ce ſont
des choſes qui ont été amplement diſcutées
dans nôtre livre, qui prouve fort bien que
jamais la vie des Moines n'a été ni plus longue ni plus ſainte, que quand ils ont pratiqué
une plus grande ſobriété ; ce qui a fait rapporter à ſaint Benoît cette parole remarquable d'un ancien Pére, qui diſoit que le vin
n'avoit point été fait pour les Moines, *Vinum*
omnino Monachorum non eſſe. Et ce qui a auſſi
fait dire aux plus habiles Médecins, ſoit anciens ou nouveaux, que jamais le vin n'a été
regardé comme généralement néceſſaire à la
vie. Ajoûtons qu'il y a même des tempé-
ramens à qui il peut être fort nuiſible pour
la ſanté de l'ame, auſſi-bien que pour celle
du corps, ſur tout dans les jeunes gens : Et
que s'il eſt néceſſaire à d'autres, comme aux
vieillards & à ceux qui ont l'eſtomach foible,
ou qui ſont attaquez de pluſieurs infirmitez;
ce n'eſt néanmoins qu'en petite quantité, comme ſaint Paul l'ordonne à ſon Diſciple Timothée, *Modico utere vino*, dit-il, *propter ſto-*
machum tuum & frequentes tuas infirmitates.

Mais une autre choſe, Monſieur, qui me
porteroit encore à ne point changer le titre

XIX.
Combien le
vin a toû-
jours été in-
terdit aux
Moines &
aux Servi-
teurs de J. C.

1. Tim. ſ.
25.

XX.
Combien on
peut tirer d'u-
tilitez diffé-

de nôtre livre; c'est que cette difcuffion exacte que l'on a été obligé de faire des poids & des mefures anciennes, ou de leur jufte proportion avec les nôtres, qui n'avoit jamais encore été pouffée fi loin, a raport à mille chofes de la vie humaine, qui n'ont nulle relation à la fanté & au regime; & elle nous apprend à réduire toutes les mefures des anciens & toutes leurs monnoyes aux nôtres : ce qui n'eft pas un petit avantage pour bien entendre les Auteurs, & pour bien démêler divers points de l'antiquité. Enfin, il y a beaucoup d'hiftoires faintes & profanes qui y font touchées, & qui n'en font pas un des moindres ornemens, lefquelles cependant n'auroient nul rapport à ce tître de fanté. Permettez-moy d'ajoûter encore, Monfieur, que je ne fçai même s'il feroit avantageux de tant relever cette confidération de la fanté, à la tête d'un livre qu'on prefente à des gens qui font déja morts à eux & au monde, s'ils font tels qu'ils doivent être, ou qui pourront croire qu'on fe moque d'eux, s'ils ne le font pas. Car que diroient ceux qui n'ont encore pû goûter cette Differtation au point qu'il feroit à defirer, fi on la leur alloit encore prêcher comme un régime de fanté? Ne s'imagineroient-ils pas qu'on voudroit les joüer ? Et dans l'idée qu'ils s'en formeroient, n'y auroit-il pas à craindre qu'ils ne vouluffent faire éclatter leur reffentiment contre le livre ou contre l'Auteur ? Mais parmi les meilleurs Religieux mêmes, croyez-vous que les Bernardins de l'Etroite Obfervance, par exemple, qui ont seiz e onces de vin à dîner & autant à souper ; c'est-à-dire une chopine mesure de Paris : Ou les Bénédictins réformez à qui leurs constitutions * en accordent vingt onces à chaque repas, pussent se persuader que cela incommode leur santé ; ou qu'ils se tinssent obligez à ceux qui dans cette vûë-là les réduiroient à l'Hémine de saint Benoît, qui hors les travaux extraordinaires n'en donne que douze onces pour tout le jour ? On ne revient pas si vîte des choses où l'on a quelque penchant, sur tout quand on les voit établies, & que l'on y a contracté quelque habitude.

Il vaut donc bien mieux ménager l'esprit de nos fréres avec toute sorte de douceur & de charité, afin de les ramener peu à peu ; premiérement par l'autorité de la Régle bien prise & bien entenduë : Et secondement par les exemples des Saints que nous avons rapportez dans nôtre livre, & que nous devons suivre nous-mêmes les premiers pour frayer le chemin aux autres. Après cela nous devons espérer de la miséricorde de Dieu qu'il en touchera d'autres : Sur tout, Monsieur, si vous voulez bien nous faire la grace de joindre vos priéres avec les nôtres, pour attirer sa bénédiction sur nous & sur cet Ouvrage, que je puis vous assûrer n'avoir entrepris que pour la gloire de Dieu, & pour

XXII.
Combien il est avantageux de ménager les esprits avec douceur, & de les former par le bon exemple.

* C'est sur le Chapitre 40. de la Régle. Leurs Tierceaux vont même jusqués à vingt-deux onces, comme je l'ay marqué dans la réponse aux difficultez, page 295. Mais c'est qu'on supposoit qu'on ne les rempliroit pas tout-à-fait, quoy qu'aujourd'huy on se dispense aisément de cette réserve.

l'honneur particulier de l'Ordre de faint Benoît.

J'apprens que les Supérieurs des autres Ordres commencent déja à le goûter, & que des Evêques mêmes le font lire dans leurs Séminaires, afin de donner plus de vénération pour la fobriété, & plus d'éloignement de tout excès à leurs Eccléfiaftiques. Nous devons donc efpérer que les enfans d'un fi vénérable Pére ne feront pas les derniers à faire profit de ce qui n'avoit proprement été écrit que pour eux ; & qu'ils reconnoîtront au moins, combien on avoit quelquefois flétri & mal entendu une Régle qui eft appellée *fainte* par excélence dans les Conciles, & qui a donné plus de Saints au Ciel, qu'aucune des autres, tant qu'elle a été fidélement obfervée ; au lieu que les relâchemens qui s'y font gliffez dans les derniers tems, n'ont fervy qu'à rendre fouvent méprifable un des plus faints Ordres de l'Eglife, & à fcandalifer les plus éclairez d'entre les fidéles, qui fçavoient cette parole de faint Grégoire, que faint Benoît renfermoit en luy ce qu'il y avoit de plus faint & de plus excélent dans tous les juftes, *Omnium juftorum fpiritu plenus fuit*, & qui voyoient combien fes enfans étoient éloignez de cette vertu. Dieu néanmoins n'a pas laiffé de faire paroître de grandes lumiéres parmy cet obfcurciffement, & de faire refleurir la vigueur de cette Régle fainte dans quelques maifons qui la fuivent ponctuellement. Je ne m'arrêteray pas icy à parler du Monaftére d'où j'ai été tiré par des voyes dont il faut laisser à Dieu le jugement, je dirai seulement que la régularité y étoit parfaitement obser- vée aussi bien pour le boire que pour le man- ger, & pour le reste, sans que personne s'en plaignît jamais.

S'il est donc vrai, comme l'assure un des plus célebres Conciles de France, où il se trouva jusques à cinquante-quatre Evêques, que rien n'est plus puissant pour bannir tous les maux du monde, que de procurer aux Moines les moyens de vivre dans une grande paix & dans une grande régularité qui leur fournisse les moyens de s'entretenir dans le recueillement & dans la priére : Je laisse à juger à toutes les personnes sages, s'il n'est pas utile qu'on travaille à éclaircir la Régle que tant de Maisons font profession de suivre, & qu'on contribuë autant qu'on peut à la faire pratiquer avec pureté ; je rapporteray seulement les termes du Concile dont j'ay parlé, c'est-à-dire, de celuy d'Autun de l'an- née 670. qui s'énonce ainsi dans son Canon 15. *Si enim hæc fuerint legitimè apud Abba- tes, vel Monasteria conservata, numerus Mo- nachorum, Deo propitio, augebitur ; & mun- dus omnis per eorum orationes assiduas malis carebit contagiis.*

Vous serez bien aise de sçavoir encore avant que je quitte cette lettre, qu'un vertueux Ec- cléfiastique de cette Province, qui méne une vie à peu près comme la vôtre, m'écrivant hier pour me remercier d'un de nos livres que

discipline & de la ferveur Monastique en ces der- niers tems.

XXV.
Priéres des bons Reli- gieux, source de bénédic- tions pour tout le mon- de.

je luy avois envoyé, ne se plaignoit de rien, sinon de ce que j'avois un peu agrandi l'Hémine, c'est-à-dire de quelques deux onces seulement plus qu'à la premiére Edition : Et j'ay admiré en cela la providence de Dieu, qui veut que nous ayons des exemples d'une sobriété plus grande parmy le Clergé, que parmy les Religieux Réformez ; les Clercs s'y portent volontairement, & les Religieux ne peuvent s'y rendre, quoy qu'ils ne puissent éviter en cela la condamnation de leur Régle, ni empêcher que plusieurs vertueux Séculiers ne s'élevent même contr'eux au jugement de Dieu, puis qu'il est certain qu'il y en a beaucoup qui boivent moins que les Moines. Car de dire que c'est que le poisson demande plus de vin pour être digéré, que ne fait la viande, c'est dequoy les Médecins ne demeureront pas aisément d'accord, y en ayant beaucoup qui sont de plus facile digestion que la viande ; outre que le plus grand reméde à toutes ces indigestions, a toûjours été l'exercice & le travail joint à la sobriété.

XXVI. Hémine Romaine de dix onces, & celle de saint Benoît de douze.

Cet Ecclésiastique donc, bien loin de se plaindre que je fisse l'Hémine trop petite, auroit souhaité au contraire que je fusse demeuré dans les termes de la premiére Edition, où je ne la faisois que de quelques dix onces. Mais il faut être juste en tout : & comme on ne doit point trouver mauvais que je me sois corrigé de quelque chose, parce que j'ay reconnu effectivement que l'Hémine de saint Benoît étoit de quelques deux onces

plus

plus forte que la Romaine. Je croy aussi que l'on doit moins excuser ceux qui ne se rendent point, même après cela, mais qui se moquent au contraire de ce que j'ay corrigé en leur faveur. En quoy ils font encore une seconde faute, plus grande que la prémiére : puis qu'ils ne peuvent pas ignorer que le saint Patriarche dans sa Régle ne deffend rien plus expressément que la raillerie.

Si donc vous reconnoissez par-là, Monsieur, combien j'aime la justice en toutes choses, faites-moy la grace de croire que je ne tiens à rien qu'à la vérité dans toutes ces sortes de questions & de disputes, non-plus que dans le reste, & que je l'aime autant lors qu'elle me condamne, que lors qu'elle me favorise. J'espére que vous me ferez aussi la grace d'être fortement persuadé que c'est elle seule que j'ai eu en vûë dans ce que je vous ay tracé icy pour l'éclaircissement de votre difficulté sur la mort de saint Benoît, & sur l'autorité que l'on doit donner à l'écrit de Fauste, tel que nous l'avons corrigé par l'Abbé de Glanfeüil; aussibien que sur la réalité du Conge du Palais Farneze, & sur la justification de Fabretti. Néanmoins comme j'ay toûjours sujet de me défier beaucoup de moy-même, je ne seray en repos sur tout cela que quand je recevray vôtre réponse, pour laquelle j'auray toute la déférence que vous pourrez souhaitter, vous suppliant seulement de me tenir toûjours pour un de vos plus fidelles serviteurs, & de me vouloir bien faire la grace de peser toutes ces

chofes au poids du Sanctuaire, avant de vous
déterminer à rien ; & fur tout de ne donner
aucun lieu à l'impreffion que l'idée de ce que
vous avez crû jufqu'à prefent de l'ouvrage de
Faufte, pourroit avoir laiffée dans votre efprit :
car il faut être tout-à-fait libre & dégagé de
tout pour reconnoître la vérité & pour la
fuivre.

DERNIERE REVISION
de la Differtation fur l'Hémine de vin
de faint Benoît.

ON a été averti que les deux célébres Abbez dont
on parle dans les pages 251. & 290. n'ufoient pas
d'une fi grande réferve pour le boire des Religieux, que
celle qu'on leur attribuë. Et c'eft dequoy l'on a crû
devoir avertir ici le Lecteur, afin de garder une entiére
exactitude en toutes chofes. On peut dire néanmoins
qu'on l'avoit fait fimplement, & parce qu'on croyoit la
chofe telle qu'on la rapportoit. Après tout, ce n'eft pas
faire tort à des perfonnes de mérite, que d'avoir d'eux
une opinion un peu plus avantageufe, & qui les approche de la Régle de leur Bienheureux Pére. Au contraire
c'eft leur faire honneur, & l'on peut même efpérer que
cela leur y fera faire quelque réfléxion.
Page 27. ligne 23. le texte de l'Evangile porte :
Quia frater tuus habet aliquid adverfum te. C'eft-à-
dire, felon faint Auguftin : Que votre frére a jufte fujet
de fe plaindre de vous. Mais cela renferme auffi l'autre
fens que l'on a fuivi.
P. 53. Ce que j'ay dit dans la Differtation, que la
livre du Mont-Caffin étoit de trente-trois onces & demi
eft pris du Déclaratoire de cette Congrégation, dont
j'ay cité les paroles en la p. 53. vers la fin. Et cela
fuppofé, il n'y a perfonne qui ne demeure d'accord

qu'il est au moins fort probable que ce poids d'un nombre rompu pourra avoir été pris fur les trente folides
de l'Affemblée d'Aix-la-Chapelle. Mais parce que Dom
Paul Auguftin Religieux de cette même Maifon dit
expreffément dans les Notes qu'il a fait imprimer à
Naples avec la Régle, que des deux poids qui font au
Mont-Caffin, l'un eft de trente-neuf onces, & l'autre de
quarante-huit ; cela auroit befoin de nouvelles expériences pour s'en affurer, puifque les Religieux du même
lieu n'en conviennent pas entr'eux.

Quant à ce que le P. Paul Auguftin ajoûte, qu'il ne
fçait point d'où les Péres de fa Congrégation auront pû
prendre leur livre de trente-trois onces & demi, il fera
toûjours fort probable de dire qu'ils l'ont prife de ces
trente folides de l'Affemblée d'Aix, puifqu'il eft vifible
qu'un nombre rompu ne peut guéres venir que de la
réduction d'un autre nombre dans ces rencontres, comme je l'ay fait voir dans la Differtation. Ce qu'il faut
feulement remarquer eft, que fuppofé que le P. Paul
Auguftin ait plus de raifon que toute la Congrégation,
la faute alors ne devra être attribuée qu'à ces derniers
Religieux, & non aux anciens. D'où nous pouvons
conclure en même-tems, que bien loin que la Congrégation du Mont-Caffin ait eu quelque créance en ces
fortes de poids qui font chez eux, fans qu'on fçache
d'où ils font venus ; au contraire elle s'eft crû obligée
de remonter plus haut pour s'affurer de quelque chofe ;
quoy qu'en cela elle n'ait pas été plus heureufe que les
autres : tant il eft vray que cette matiére n'avoit jamais
été bien examinée.

P. 75. l. 29. *Il faudroit corriger ainfi :* Enfin l'on y
voit que l'Abbé faifoit autrefois luy-même la cuifine
en certains jours ; que les Religieux obfervoient un tresgrand filence, ne parlant fouvent que par fignes ; qu'ils
avoient encore quelque refte du travail manuel ; & fur
tout que le Service divin s'y faifoit, &c.

P. 192. *Aprés le premier à linea il faudroit ajoûter*
neuf ou dix lignes qui étoient dans la premiére édition,
& qui ont été oubliées dans celle-cy. Comme tout ce tra-
cas interrompoit beaucoup le cours de fa méditation,

& qu'un jour elle fût tombée malade, cela luy fit penser davantage au besoin qu'elle avoit de quelque assistance & corporelle & spirituelle. Dieu luy fit connoître alors qu'il luy envoyeroit des Religieux qui prendroient soin d'elle, & qui bâtiroient un petit Monastére sur cette sainte montagne. Je serois trop long si, &c.

P. 293. On a dit, que la Régle veut que de la même Hémine dont on a bû à dîner, il y en ait aussi pour le soir, quand on ne jeûne pas. C'est-à-dire, supposé qu'on voulût boire du vin le soir. Car il y en a qui croyent qu'un Religieux peut boire toute son Hémine à dîner, pouvû qu'il s'en passe à souper. Ce que nous examinerons dans le Commentaire de la Régle. Mais comme on avoit à répondre icy à un Auteur, qui croit qu'on pouvoit boire la valeur de deux pintes de vin à dîner ; on a dû supposer qu'il n'étoit pas de ceux qui veulent que l'on s'en passe à souper : & on luy a dit qu'en ce cas il devoit se souvenir que la Régle vouloit que la même Hémine servît pour les deux fois, puis qu'elle n'en donne qu'une pour tout le jour, *Heminam per diem*. De-même que la livre de pain sert aussi aux deux repas.

P. 338. lig. 8. avant la fin *selon Grégoire de Tours*. Ce mot a besoin d'explication, il le faut prendre dans le sens que nous allons donner icy.

P. 389. l. 12. *Que Théodebert, selon Grégoire de Tours n'avoit point passé* 548. On ne veut pas dire que cet Auteur fasse vivre ce Prince jusques en cette année là ; mais seulement que selon ses principes on ne peut le porter plus loin. On sçait qu'il ne marque pas précisément le tems de cette mort. Mais ce qu'on a voulu dire, est que faisant vivre ce Prince 14. ans après son pére Thiéry, duquel on croit pouvoir mieux fixer l'époque qu'il n'a fait, il a donné lieu à plusieurs savans, de placer cette mort en cette année 548. Je sçay bien que Grégoire de Tours ne fait mourir Théodebert que 37. ans après Clovis, ce qui selon son calcul ne viendroit pas là, à beaucoup près : parce qu'il nous rappelle à la mort de saint Martin, depuis laquelle il comte 112. ans jusqu'à celle de Clovis. Mais c'est vouloir rechercher

l'éclairciffement d'une chofe obfcure par une autre encore plus obfcure, n'y ayant rien de fi difficile à difcuter
que cette année du grand faint Martin. C'eft pourquoy
j'ay déja marqué , que ces premiers tems dont parle
Grégoire, avoient befoin de quelque reméde, & qu'il le
falloit lire là-deffus avec précaution.

P. 391. l. 8. avant la fin. *Par l'année où Grégoire de
Tours place la mort de Théodebert.* C'eft-à-dire encore
où il donne lieu de la placer, par les 14. années de Régne
qu'il luy attribue fuivant ce qui vient d'être dit. Et ainfi
du refte.

FIN

Fautes à corriger.

Page 40. ligne 3. de la note *onces.* lifez *années.*

56. lig. 21. *corrompu.* lifez *rompu.*

72. l. 2. *ils changeoient leur dîné en foupé.* lif. *ils changeoient leur foupé en dîné.*

79. l. 5. avant la fin *Clervaux,* lif. *Cifteaux.*

104. l. 15. *de Meaux,* lif. *de Mande.*

110. l. derniére effacez *plus.*

125. l. 12. *dans une vertu,* lif. *d'une vertu.*

140. à la derniére ligne de la marge, *p.* 41. lif. *p.* 21.

144. l. 21. $\dfrac{63}{6}$ lif. $\dfrac{63}{64}$

158. l. derniére *lrurs,* lif. *leurs.*

209. l. dern. *maës,* lif. *maïs.*

258. l. 9. *puiffent,* lif. *puffent.*

264. à la marge *Ruf. in,* lif. *Rufin.*

273. l. 3. *auffi grande,* lif. *plus grande.*

321. l. 10. effacez ces mots, *à celle de Grégoire de Tours qui*

329. l. 17. *illufcebat,* lif. *illucefcebat.*

331. l. 19. *ici,* lif. *ainfi*

336. l. 16. *cette année,* lif. *ces années.*

356. à la marge aprés *Analectes,* ajoutez *tom. 2.*

359. l. 5. avant la fin, 11. lif. XI.   Corrigez la même faute page 366. l. 4 avant la fin, & p. 367. l. 3.

363. l. 18. *s'il s'eft gliffé,* ajoutez *dans l'ouvrage de Faufte,* & effacez les deux lignes au deffous.

Ibid. l. 21. *de cet ouvrage,* ajoûtez *de Faufte dans la pureté & dans l'état où il étoit avant la correction d'Odon.*

367. l. 6. & 7. *il feroit toujours venu,* lif. *il auroit toujours vécu.*

368. l. 8. avant la fin, *Or nous.* lif. *En quoy nous.*

376. l. 7. *plus.* lif. *pas.*

Ibid, l. 14. *frére.* lif. *pére.*

378. l. 19. *qu'il fut tenu.* lif. *que ce Concile fut tenu.*

391. l. 4. *fais fais voir,* lif. *fais voir.*